高等学校工程创新型"十二五"规划教材

电子技术基础

李小珉　潘　强　叶晓慧　编著

电子工业出版社

Publishing House of Electronics Industry

北京·BEIJING

内 容 简 介

为配合教育部"卓越工程师教育培养计划"及军队院校教育改革,突出工程教育的特点,教材编写时淡化繁琐的数学推导及内部电路分析,强调器件参数、外特性的应用和基本电路的分析,并按照先"模拟"后"数字"的顺序展开。主要内容包括:半导体器件、放大器基础、反馈电路、集成运算放大器的应用、直流稳压电源、逻辑门电路、组合逻辑电路、时序逻辑电路、中规模信号产生与变换电路、可编程逻辑器件等。

本书从实际工程出发,贯彻由浅入深,由特殊到一般的原则,知识点讲述有详、有略,分析方法浅显、易懂,同时还配套出版《电子技术基础实验与学习指导》辅助教材,帮助学生理解知识,提高动手能力。

本书可作为工科学校本科各专业的电子技术基础性教材,或高职高专学校电子信息与电气专业教材,参考学时为 80 学时。

图书在版编目(CIP)数据

电子技术基础 / 李小珉,潘强,叶晓慧编著. —北京:电子工业出版社,2013.2
ISBN 978-7-121-19467-2

Ⅰ. ①电… Ⅱ. ①李… ②潘… ③叶… Ⅲ. ①电子技术—高等学校—教材 Ⅳ. ①TN

中国版本图书馆 CIP 数据核字(2013)第 014542 号

责任编辑:陈晓莉
印   刷:北京虎彩文化传播有限公司
装   订:北京虎彩文化传播有限公司
出版发行:电子工业出版社
　　　　　北京市海淀区万寿路 173 信箱　　邮编 100036
开   本:787×1092　1/16　印张:16.25　字数:436 千字
版   次:2013 年 2 月第 1 版
印   次:2023 年 2 月第 11 次印刷
定   价:36.00 元

凡所购买电子工业出版社图书有缺损问题,请向购买书店调换。若书店售缺,请与本社发行部联系。联系及邮购电话:(010)88254888。

质量投诉请发邮件至 zlts@phei.com.cn,盗版侵权举报请发邮件至 dbqq@phei.com.cn。

服务热线:(010)88258888。

前　言

随着军队信息化建设的推进,电子系统装备在军事装备中所占比重逐渐增大,电子技术本身已经成为战斗力的重要构成要素,对电子信息系统的全面掌控能力成为新型军事人才的必备素质。目前,军队院校教育已从一般工程技术人才的培养转变为初级指挥军官的合训培养,为了适应军校的转型,培养宽口径的人才,我们对人才培养方案做了全面调整和精心定位。

当今社会是信息社会,对人才的信息素质有了更多的要求。基于这种理念,将"电子技术基础"课程定位为全校统一的平台课程,淡化传统的电子技术教学内容在电类和非电类专业的区别和要求,强调信息基础的构建和培养。

在教材编写中,总结了多年来的教学研究成果和实践经验,注意吸收国内外先进的教学理论。配合教育部"卓越工程师教育培养计划"及军队院校教育改革,针对合训专业学员以及工科学校学生的特点,突出了集成技术和数字技术及其应用,删减了器件内部电路的分析、繁琐的数学推导,强调器件参数、外特性的应用和基本电路的分析。在内容的安排上,贯彻了从实际出发,由浅入深、由特殊到一般的原则,知识点的把握上有详有略,分析方法浅显易懂。力图通过课程教学,使学生掌握电子技术的基本理论、基本电路、基本分析方法,具有一定的分析问题和解决问题的能力,获得一定的电路设计基本技能,为今后的学习及工作打下良好的基础。

本教材共 10 章,分为上下两篇:模拟电子技术和数字电子技术,按照先"模拟"后"数字"的顺序展开。模拟部分通过各种半导体器件及其电路来阐明电子技术中的基本概念、基本原理和分析方法。数字部分从基本的逻辑代数和逻辑门出发,阐述数字电路的基本性能和特点,着重于 MSI 集成电路的分析和设计。为了加深学生对课堂知识的理解,本书列举了若干电路实例和一定数量的例题、思考题和练习题,并同步出版了学习、实验辅导书《电子技术实验与学习指导》。本书开发了多媒体教学课件,需求的老师可在华信教育资源网上注册、索取(http://www.hxedu.com.cn)。

教材是按 80 学时(不含实验)编写的,大致分为:模拟电子技术 45 学时,数字电子技术 35 学时,可根据具体的教学情况进行调整。如果学时较少,可以适当删减部分内容。

本书模拟电子技术部分由李小珉负责并编写了第 1、2 章,马知远编写了第 3、4 章,尹明编写了第 5 章,数字电子技术部分由潘强负责并编写了第 7、8 章,朱旭芳编写了第 6 章,潘红兵编写了第 9 章,王红霞编写了第 10 章。叶晓慧提出了许多宝贵意见。

本书是面向工科学校各专业的电子技术基础性教材,也可作为从事电子技术的工程人员及大专和本科学生的教学参考书。

电子技术是应用十分广泛、发展最为迅速的工程技术之一,由于编者的水平所限,加之时间仓促,书中不当甚至错误在所难免,恳请广大读者批评指正。

编者

2013 年元月于海军工程大学

目　录

第一篇　模拟电子技术基础

第二篇　数字电子技术基础

第一篇　模拟电子技术基础

电子技术是应用电子元器件或电子设备达到某种特定目的或完成某项特定任务的技术。电子技术研究的对象是电子元器件和由电子元器件构成的各种基本功能的电路,以及用某些基本功能电路组成的具有专门用途的装置或系统。电子技术按照其处理信号的不同,分为模拟电子技术和数字电子技术两部分。模拟电子技术是研究平滑的、连续变化的电压或电流,即模拟信号下工作的电子电路及其技术;数字电子技术是研究在离散的、断续变化的电压或电流,即数字信号下工作的电子电路及其技术。

"电子技术基础"课程是工程类专业入门性质的技术基础课。它的任务是使学生获得电子技术的基本理论、基本知识和基本技能,培养学生分析问题和解决问题的能力,为以后深入学习电子技术知识和在专业中的应用打好基础。基本理论主要是指电子电路的分析方法;基本知识是指基本的电子元器件和电子电路的功能、性能及应用,基本技能是指电子测试技术及电子电路的识图、运算和应用能力。

电子技术基础尤其是模拟部分,内容庞杂繁多,具有不同于"物理"、"电路"等课程的特殊概念及独特的分析方法,即定性分析、定量估算、实验调整。初学者普遍感到不好理解、知识点零散、变化多,学了心中无底。这是课程本身特点所致,在学习的过程中要注意适应并掌握这个特点。更为重要的是要循序渐进,勤奋学习,刻苦钻研,突出基本概念、分析思路和理论联系实际。通过教学双方的共同努力开拓学习知识的兴趣、广度和深度,圆满完成本课程的学习任务。

第1章　半导体器件

半导体器件是构成各种电子系统的基本元件。学习电子技术,必须首先学习常用半导体器件的基本结构、工作原理和特性参数。本章主要介绍的半导体器件有二极管、三极管、场效应管等。

1.1　半导体的基础知识

各种半导体器件均是以半导体材料为芯片,其导电机理和特性参数都与半导体材料的导电特性密切有关,因此,在学习半导体器件前应对半导体、PN结的基本性能有一定的了解。

1.1.1　本征半导体

半导体是一种具有晶体结构,导电能力介于导体和绝缘体之间的固体材料。经过高度提纯,几乎不含有任何杂质的半导体称为本征半导体。本征半导体的原子在空间按一定规律整齐排列,又称为晶体,所以半导体管也称为晶体管。属于半导体的物质很多,用于制作半导体器件的材料主要是硅(Si)、锗(Ge)和砷化镓(GaAs)等,其中硅的应用最广泛。它们的共同特点是:导电能力随温度、光照和掺杂的变化而显著变化,有热敏特性、光敏特性和掺杂特性。

（1）**热敏特性**：半导体对温度很敏感，其电阻率随温度升高而显著减小。该特性对半导体器件的工作性能有不利影响，但利用这一特性可制成自动控制中有用的热敏元件，如热敏电阻等。

（2）**光敏特性**：半导体对光照很敏感，受光照时，其电阻率会显著减小。利用这一特性可制成光电二极管、光敏电阻等。

（3）**掺杂特性**：半导体对掺入其内的杂质很敏感，在半导体里掺入微量杂质，其电阻率会显著减小。如在半导体硅中只要掺入亿分之一的硼，电阻率就会下降到原来的几万分之一。正因为半导体具有这种特性，于是人们就用控制掺杂方法制造出多种不同性能、不同用途的半导体器件。

半导体之所以具有上述独特导电特性的根本原因在于半导体的特殊结构。

硅和锗都是Ⅳ价元素，每个原子的最外层具有 4 个价电子（为 4 价元素），属于不稳定结构。当硅（或锗）原子结合成晶体时，它们靠互相共用价电子而连接在一起实现稳定结构。共用价电子使两个相邻原子间产生一种束缚力，使之不能分开。相邻原子共用价电子形成的束缚作用称为共价键。每个硅（或锗）原子有 4 个价电子，要分别与 4 个与其相邻原子的价电子组成 4 个共价键。此时，硅（或锗）原子最外层具有 8 个电子处于较为稳定的状态，晶体的共价键结构示意图如图 1.1.1 所示。

晶体中的共价键具有较强的结合力，若无外界能量的激发，在热力学温度零度（-273℃）时，价电子无力挣脱共价键的束缚，晶体中不存在自由电子，其导电能力相当于绝缘体。

在室温或光的照射下，因热或光的激发，少数价电子可以获得足够的能量而挣脱共价键的束缚成为自由电子，同时在原来共价键上，留下相同数量的空穴，这种现象称为本征激发。在本征半导体中，每激发出来一个自由电子，就必然在共价键上留下一个空穴。可见，自由电子和空穴总是相伴而生，成对出现，称为自由电子—空穴对，如图 1.1.2 所示。自由电子带负电荷，空穴因原子失去电子而产生，故带正电荷。由于它们都是携带电荷的粒子，又称为载流子。在没有外加电场作用时，自由电子和空穴的运动是杂乱无章的，不会形成电流。

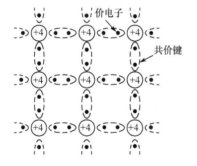

图 1.1.1　硅或锗晶体的共价键结构

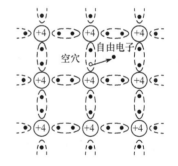

图 1.1.2　本征激发产生自由电子—空穴对

当半导体两端加上外电场时，半导体中的载流子将产生定向运动，称为漂移运动。其内部将出现两部分电流：一部分是自由电子在外电场作用下逆电场方向运动形成的电子电流；另一部分是空穴在外电场作用下顺电场方向运动形成的空穴电流。由于自由电子和空穴所带的电荷极性相反，它们的运动方向也是相反的，而形成的电流方向则是一致的，即流过外电路的电流等于两者之和。温度越高，本征激发产生的自由电子—空穴对越多，即载流子数目越多，产生的电流越大。

在半导体中,同时存在着电子导电和空穴导电,这是半导体导电方式的最大特点。

1.1.2 杂质半导体

在本征半导体中,由于载流子数量极少,导电能力很弱,故其实用价值不大。如果在其中掺入某些微量杂质元素,就可以大大提高其导电能力,这种掺入了杂质元素的半导体称为杂质半导体。按掺入的杂质不同,杂质半导体可分为两类:N 型半导体和 P 型半导体。

在本征半导体硅(或锗)中掺入微量 V 价元素(如磷、砷、锑等),就形成了 N 型半导体。其结构示意图如图 1.1.3(a)所示。杂质原子有 5 个价电子,其中 4 个将分别与相邻硅(或锗)原子的价电子组成共价键,多余一个价电子因只受原子的吸引作用,所以很容易挣脱杂质原子而成为自由电子,杂质原子则成为带正电荷的离子,由于这个多余的价电子不在共价键中,因此,在成为自由电子时不会同时产生空穴。在室温下,杂质原子都处于这种电离状态,每个杂质原子产生一个自由电子,致使 N 型半导体中自由电子的数目显著增加,例如:在本征硅中掺入百万分之一的磷原子,在硅晶体中则会产生 $5 \times 10^{22} \times 10^{-6} = 5 \times 10^{16}$ 个/cm^{-3} 个自由电子(硅的原子密度为 5×10^{22} 个/cm^{-3}),而同时由本征激发产生的载流子浓度仅为 1.5×10^{10} 个/cm^{-3}。于是半导体中的自由电子数目多于空穴的数目,自由电子成为多数载流子,简称多子;空穴成为少数载流子,简称少子。这种主要靠自由电子导电的半导体称为电子型半导体或 N 型半导体。

在本征半导体硅(或锗)中掺入微量 Ⅲ 价元素(如硼、铝、铟),就形成了 P 型半导体。其结构示意图如图 1.1.3(b)所示。在组成共价键时,每个杂质原子产生一个空穴。在室温下,空穴能吸引邻近的价电子来填补,杂质原子获得电子变成了带负电荷的离子。由于每个杂质原子都可向晶体提供一个空穴,但同时不会产生自由电子,于是半导体中的空穴数目多于自由电子的数目,空穴成为多数载流子,自由电子为少子。这种主要靠空穴导电的半导体称为空穴型半导体或 P 型半导体。

应该指出,在杂质半导体中,本征激发所产生的载流子浓度远小于掺杂所带来的载流子浓度。但是掺杂并没有破坏半导体内正、负电荷的平衡状态,它既没有失去电子,也没有获得电子,仍呈电中性,对外是不带电的。

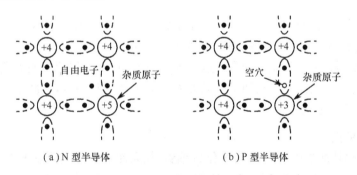

（a）N 型半导体　　　　　　　　　　（b）P 型半导体

图 1.1.3　杂质半导体结构示意图

1.1.3　PN 结

在已形成的 N 型或 P 型半导体基片上,再掺入相反类型的杂质原子,且浓度超过原基片杂质原子的浓度,则原 N 型或 P 型半导体就会转变为 P 型或 N 型半导体,这种转换杂质半导体类型的方法称为杂质补偿。采用这种方法,将 N 型(或 P 型)半导体基片上的一部分转变为 P 型(或 N 型),这两部分半导体分别称为 P 区和 N 区,它们的交界面将形成一个特殊的带电薄层,称为 PN 结。PN 结是构成半导体二极管、三极管、集成电路等多种半导体器件的基础。

1. PN 结的形成过程

为了便于分析,将 N 区和 P 区简画成如图 1.1.4(a)所示,交界面两侧两种载流子浓度有很大的差异,N 区中电子很多而空穴很少,P 区则相反,空穴很多而电子很少。这样,电子和空穴都要从浓度高的地方向浓度低的地方扩散。因此,一些电子要从 N 区向 P 区扩散;也有一些空穴要从 P 区向 N 区扩散。当 P 区中空穴扩散到 N 区后,便会与该区自由电子复合,并在交界面附近的 P 区留下一些带负电的杂质离子。同样,当 N 区中自由电子扩散到 P 区后,便会与该区空穴复合,而在交界面附近的 N 区留下一些带正电的杂质离子。结果是在交界面两侧形成一个带异性电荷的薄层,称为空间电荷区。这个空间电荷区中的正、负离子形成一个空间电场,称它为内电场,如图 1.1.4(b)所示。

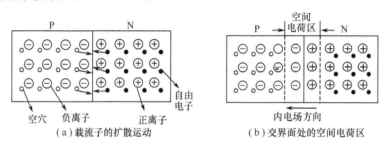

（a）载流子的扩散运动　　　　　　　　（b）交界面处的空间电荷区

图 1.1.4　PN 结的形成

内电场形成后,一方面其电场会阻碍多数载流子的扩散运动,把 P 区向 N 区扩散的空穴推回 P 区,把 N 区向 P 区扩散的自由电子推回 N 区。另一方面,其电场将推动 P 区少数载流子自由电子向 N 区漂移,推动 N 区少数载流子空穴向 P 区漂移,漂移运动的方向正好与扩散运动的方向相反。

由上面分析知道,内电场有两个作用:阻碍多数载流子的扩散运动;有利于少数载流子的漂移运动。

扩散运动和漂移运动是互相联系,又互相矛盾的。在开始形成空间电荷区时,多数载流子的扩散运动占优势,随着扩散运动的进行,空间电荷区逐渐加宽,内电场逐步加强,多数载流子的扩散运动逐渐减弱,少数载流子的漂移运动则逐渐增强;而漂移使空间电荷区变窄,电场减弱,又使扩散容易。而当漂移运动和扩散运动处于动态平衡状态时,空间电荷区宽度、内电场强度不再变化,PN 结形成。

2. PN 结的特性

在 PN 结两端外加电压,称为给 PN 结以偏置,如果使 P 区接电源正极,N 区接电源负极,称为加正向电压,也称为正向偏置,简称正偏,如图 1.1.5(a)所示。这时外加电压对 PN 结产生的电场,称为外电场,其方向与内电场方向相反,从而使空间电荷区变窄、内电场减弱,破坏了扩散运动与漂移运动的动态平衡,扩散运动占了优势,电路中产生了由多数载流子扩散运动形成的较大电流,称为扩散电流或正向电流 I_F,这时 PN 结呈现的电阻很低,呈导通状态。

如果使 P 区接电源负极,N 区接电源正极,称为加反向电压,也称为反向偏置,简称反偏,如图 1.1.5(b)所示。这时外加电压对 PN 结产生的外电场与内电场方向相同,从而使空间电荷区变宽,内电场加强,破坏了扩散运动与漂移运动的动态平衡,漂移运动占了优势,电路中产生了由少数载流子漂移运动形成的极小电流,称为漂移电流或反向电流 I_R,这时 PN 结的电阻很高,呈截止状态。

　　PN 结加正向电压时导通,产生较大正向电流;加反向电压时截止,产生极小反向电流(可忽略不计)。这就是 PN 结的单向导电性。

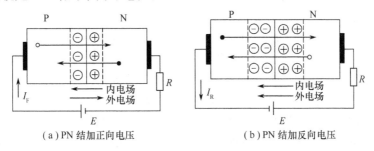

（a）PN 结加正向电压　　　　　　　　　　　　（b）PN 结加反向电压

图 1.1.5　外加电压时的 PN 结特性

1.2　半导体二极管

1.2.1　二极管特性与参数

　　半导体二极管也称为晶体二极管,简称二极管。其内部就是一个 PN 结,其中 P 型半导体引出的电极为阳极,N 型半导体引出的电极为阴极。电路符号如图 1.2.1 所示。箭头方向表示单向导电时,正向电流流动的方向。

　　常用二极管可按以下几种方式分类:按材料分为硅二极管和锗二极管;按 PN 结面积大小分为点接触型、面接触型;按功能分为整流、稳压、发光、光电、检波、激光和变容二极管等。

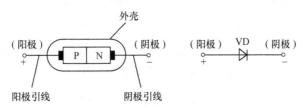

图 1.2.1　二极管的电路符号

1. 二极管的伏安特性

　　二极管既然是一个 PN 结,它当然具有单向导电性。其导电性能常用伏安特性来表征。

　　加在二极管两极间的电压 V 和流过二极管的电流 I 之间的关系称为二极管的伏安特性,用于定量描述这两者关系的曲线称为伏安特性曲线。二极管典型伏安特性曲线如图 1.2.2 所示。现分析如下:

　　（1）正向特性

　　正向特性是指二极管加上正向电压时电流与电压之间的关系。当外加正向电压很低时,外电场不足以克服

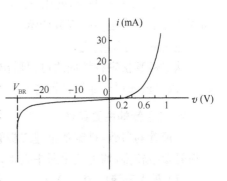

图 1.2.2　二极管伏安特性曲线

内电场对多数载流子扩散运动的阻力,产生的正向电流极小,当正向电压增加到一定值时,随着外加正向电压的增大,内电场被大大削弱,使正向电流迅速增大,二极管处于正向导通状态,其值称为导通电压,用 $V_{D(on)}$ 表示。在正常使用条件下,二极管正向电流在相当大的范围内变化时,二极管两端电压基本上等于导通电压,硅管约为 0.7V,锗管约为 0.2V。此经验数据常作为小功率二极管正向工作时两端直流电压降的估算值。

（2）反向特性

反向特性是指二极管加上反向电压时电流与电压之间的关系。外加反向电压加强了内电场,有利于少数载流子的漂移运动,形成很小的反向电流。由于少数载流子数量的限制,这种反向电流在外加反向电压增加时并无明显增大,通常硅管为几微安到几十微安;锗管为几十微安到几百微安,故又称反向饱和电流。对应的这个区域称为反向截止区。

当反向电压增大到一定值时,反向电流急剧增大,特性曲线接近于陡峭直线,这种现象称为二极管的反向击穿。之所以产生反向击穿是因为过高的反向电压将产生很强的外电场,可以把价电子直接从共价键中拉出来,使其成为载流子。处于强电场中的载流子能获得足够的动能,又去撞击其他原子,把更多的价电子从共价键中撞击出来,如此形成连锁反应,使载流子的数目急剧上升,反向电流越来越大,最后使二极管反向击穿。发生反向击穿时,二极管两端加的反向电压称为反向击穿电压,用 V_{BR} 表示。二极管反向击穿后,如果反向电流和反向电压的乘积超过容许的耗散功率,将导致二极管热击穿而损坏。

（3）二极管的伏安特性表达式

在二极管两端施加正、反向电压时,通过管子的电流如图 1.2.2 所示,根据理论分析,该特性曲线可表达为

$$i_D = I_S(e^{\frac{v_D}{V_T}} - 1) \tag{1.2.1}$$

式中,i_D 为流过二极管的电流;v_D 为二极管两端电压;V_T 为温度电压当量,且 $V_T = \dfrac{kT}{q}$,其中 k 为玻耳兹曼常数,$k = 1.38 \times 10^{-23} \text{J/K}$,$q$ 为电子电荷,$q = 1.60 \times 10^{-19} \text{C}$,$T$ 为热力学温度,即绝对温度,室温下(300K)$V_T = 26\text{mV}$;I_S 为二极管的反向饱和电流,对于分立器件,其典型值的范围为 $10^{-8} \sim 10^{-14} \text{A}$,在集成电路中的二极管,其值更小。

① 当二极管正偏时,电压 v_D 为正值,当 v_D 比 V_T 大几倍时,式(1.2.1)中的 $e^{\frac{v_D}{V_T}}$ 远大于1,括号中的1可以忽略。这样二极管的电流 i_D 与电压成指数关系,如图 1.2.2 中横轴右半部分所示。

② 当二极管反偏时,电压 v_D 为负值,若 $|v_D|$ 比 V_T 大几倍时,指数项趋向于0,$i_D = -I_S$,如图 1.2.2 中横轴左半部分所示。可见当温度一定时,反向饱和电流是个常数 I_S,不随外加反向电压的大小而变化。

从二极管伏安特性曲线可以看出,二极管的电压与电流变化不是线性关系,其内阻不是常数,所以二极管属于非线性器件。

2. 二极管的主要参数

二极管的参数,是定量描述二极管性能优劣的质量指标。是设计电路时选择器件的依据。二极管参数较多,均可从手册中查得。现列举几个主要参数。

（1）最大整流电流(I_F)

最大整流电流是指二极管长时间工作时,允许通过的最大正向平均电流。使用二极管时,

应注意流过二极管的电流不能超过这个数值,否则可能导致二极管损坏。

（2）最高反向工作电压（V_{RM}）

最高反向工作电压是指二极管正常使用时允许加的最高反向电压。数值通常为二极管反向击穿电压 V_{BR} 值的一半。使用中不要超过此值,否则二极管有被击穿的危险。

（3）反向电流（I_R）

在室温下,管子未被击穿时的反向电流值。其大小是温度的函数,其值越小,管子的单向导电性越好。

1.2.2 二极管的电路模型

当二极管两端所加电压变化很大时,称其为大信号工作状态。这时,可将二极管伏安特性近似地以两条折线表示如图 1.2.3(a)所示,折线在导通电压 $V_{D(on)}$ 处转折,直线斜率的倒数 R_D 称为二极管的导通电阻,显然

$$R_D = \frac{\Delta V}{\Delta I}$$

R_D 表示大信号工作下二极管呈现的电阻值,因二极管正向特性曲线很陡,其导通电阻极小。若把图 1.2.3(b)曲线定义为理想二极管特性,即正向偏置时二极管压降为0,反向偏置时二极管电流为0,便可将二极管用图 1.2.3(c)所示电路等效。通常,可将阻值很小的导通电阻 R_D 忽略,则二极管等效电路如图 1.2.3(d)所示。

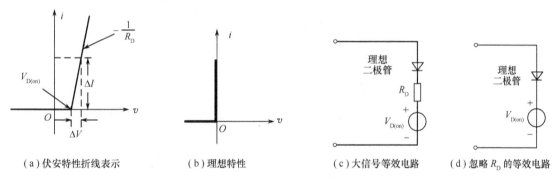

（a）伏安特性折线表示　　（b）理想特性　　（c）大信号等效电路　　（d）忽略 R_D 的等效电路

图 1.2.3　二极管大信号工作

1.2.3 二极管应用举例

二极管应用范围很广,利用其单向导电性,可以构成整流、检波、限幅和钳位等电路。

【例 1.2.1】二极管整流电路如图 1.2.4(a)所示,VD 为理想硅二极管,已知输入 v_i 为正弦波电压,试画出输出电压 v_o 的波形。

解:由于二极管是理想二极管,根据单向导电性,当 v_i 正半周时,VD 导通相当于短路线,$v_o = v_i$;v_i 负半周时,VD 截止相当于开路,$v_o = 0$。由此画出输出的波形如图 1.2.4(b)所示。此电路称为二极管半波整流电路。

【例 1.2.2】二极管限幅电路如图 1.2.5(a)所示,VD_1、VD_2 的导通电压为 0.7V,试求在图示输入信号 v_i 作用下,输出电压 v_o 的波形。

解:在图示大信号输入作用下,将二极管以其相应的等效电路代替,得图 1.2.5(b)。由图可知,v_i 正半周电压小于二极管导通电压 0.7V 时,VD_1、VD_2 均截止相当于开路,$v_o = v_i$;v_i 正

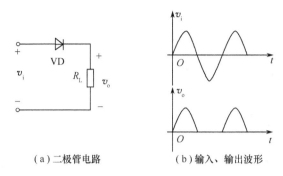

(a) 二极管电路　　　　　　　(b) 输入、输出波形

图 1.2.4　例 1.2.1 电路

半周超过导通电压 0.7V 时，VD_1 导通、VD_2 截止开路，$v_o = 0.7V$；v_i 负半周时，情况相反，VD_1 截止开路、VD_2 导通 $v_o = -0.7V$。由此可得出输出波形如图 1.2.5(c) 所示。此电路称为双向限幅电路。

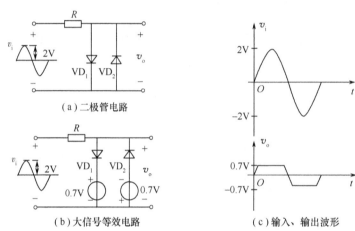

(a) 二极管电路

(b) 大信号等效电路　　　　　　　(c) 输入、输出波形

图 1.2.5　例 1.2.2 电路

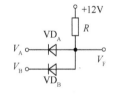

图 1.2.6　例 1.2.3 电路

【例 1.2.3】电路如图 1.2.6 所示，VD_A、VD_B 的导通电压为 0.7V，若 $V_A = 3V$，$V_B = 0V$ 时，求输出端的电压 V_F。

解：当两个二极管阳极连在一起时，阴极电位较低的二极管优先导通。图中 $V_A > V_B$，所以 VD_B 抢先导通，$V_F = 0.7V$。VD_B 导通后，VD_A 反偏而截止。在这里 VD_B 起钳位作用，把输出端的电位钳制在了 0.7V 上。

1.2.4　特殊二极管

二极管的基本特性是单向导电性，除此之外，还具有击穿特性、变容特性等，利用这些特性工作的二极管统称为特殊二极管。

1. 稳压二极管

稳压管是一种特殊的晶体二极管，是利用 PN 结的反向击穿特性来实现稳压作用的。在不同的工艺下,可使 PN 结具有不同的击穿电压,以制成不同规格的稳压二极管。

　　稳压管的电路符号和伏安特性如图 1.2.7 所示,与普通二极管的特性曲线非常类似,只是反向特性曲线非常陡直。正常工作时,稳压管应工作在反向击穿状态。反向电压超过击穿电压时,稳压管反向击穿。此后,反向电流在 $I_{Zmin} \sim I_{Zmax}$ 之间变化,但稳压管两端的电压 V_Z 几乎不变。利用这种特性,稳压管在电路中就能达到稳压的目的。

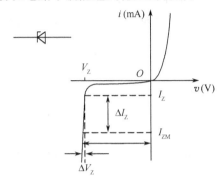

图 1.2.7　稳压管的电路符号及伏安特性

稳压管的主要参数如下。

（1）稳定电压（V_Z）:流过规定电流时,稳压管两端的电压,其值即为 PN 结的击穿电压。

（2）稳定电流（I_Z）:稳压管的工作电流,通常 $I_Z = (1/2 \sim 1/4)I_{Zmax}$。

（3）动态电阻（r_Z）:指稳压管端电压的变化量与相应的电流变化量的比值,即

$$r_Z = \frac{\Delta V_Z}{\Delta I_Z}$$

稳压管的反向伏安特性曲线越陡,则动态电阻越小,稳压性能越好。

2. 变容二极管

　　二极管正常工作时,可等效为可变结电阻和可变结电容的并联。由伏安特性可知,正偏时结电阻随外加电压的变化而变化,所以等效为可变结电阻。结电容的大小除了与本身结构和工艺有关外,也与外加电压有关,它随反向电压的增加而减小,这种效应显著的二极管称为变容二极管,其电路符号和变容特性如图 1.2.8 所示。变容二极管在高频技术中应用较多。

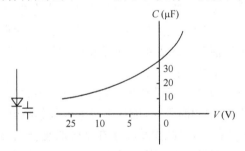

图 1.2.8　变容二极管的电路符号及变容特性

3. 光电二极管

　　在光电二极管的管壳上备有一个玻璃窗口以接收光照,其反向电流随光照强度的增加而上升。图 1.2.9 给出了光电二极管的电路符号,其主要特点是,它的反向电流与照度成正比。

　　光电二极管可用来作为光的测量,当制成大面积的光电二极管时,可当作一种能源,称为

光电池。

4. 发光二极管

发光二极管通常用元素周期表中Ⅲ、Ⅴ族元素的化合物如砷化镓、磷化镓等制成。当这种管子通以电流时,将发出光来,这是由于电子和空穴直接复合而放出能量的结果,光谱范围比较窄,其波长由所使用的基本材料而定。图1.2.10所示为发光二极管的电路符号,它常用作显示器件,除单独使用外,也常制作成七段式或矩阵式,工作电流一般在几个毫安至十几毫安之间。

图 1.2.9　光电二极管　　　　图 1.2.10　发光二极管

1.3　半导体三极管

半导体三极管,又称晶体三极管,简称三极管或晶体管。由于参与管子导电的有空穴和自由电子两种载流子,故又称为双极型晶体管。它是由两个相距很近的 PN 结构成的,由于 PN 结之间的相互影响,使三极管表现出不同于单个 PN 结的特性而具有电流放大功能,从而使 PN 结的应用发生了质的飞跃。本节将围绕三极管为什么具有电流放大作用这个核心问题,讨论三极管的结构、放大原理、特性曲线及参数。

1.3.1　三极管的基本结构

三极管是在硅(或锗)基片上制作两个靠得很近的 PN 结,构成一个三层半导体器件,若是两层 N 型半导体夹一层 P 型半导体,就构成了 NPN 型三极管;若是两层 P 型半导体夹一层 N 型半导体,则构成了 PNP 型三极管。三极管若在硅基片上制成,称为硅管;若在锗基片上制成,称为锗管。通常 NPN 型管多为硅管,PNP 型管多为锗管。

无论三极管为哪种结构,都具有两个 PN 结,分别称为发射结和集电结;都形成三个区域,分别称作发射区、基区和集电区,由这三个区域引出的三个电极分别称为发射极、基极、集电极,并分别用字母 e、b、c 表示。NPN 型和 PNP 型三极管结构示意图及电路符号如图 1.3.1 所示。电路符号中,发射极的箭头方向表示发射结正向偏置时的电流方向。为了保证三极管具有放大特性,其结构具有如下特点:

（1）发射区杂质浓度大于集电区杂质浓度,以便于有足够的载流子供"发射";

（2）集电结的面积比发射结的面积大,以利于集电区收集载流子;

（3）基区很薄,杂质浓度很低,以减少载流子在基区的复合机会。

通过以上描述可以看出,三极管的结构是不对称的,所以集电极和发射极不能对调使用。由于硅三极管的温度特性较好,所以应用较多。下面将以 NPN 型硅三极管为主进行原理分析。PNP 型管的工作原理与 NPN 型管相似,不同之处仅在于使用时,工作电源的极性相反。

1.3.2　三极管的电流分配与放大作用

要使三极管正常放大交流信号,除了需要满足内部(结构)条件外,还需要满足外部条件:

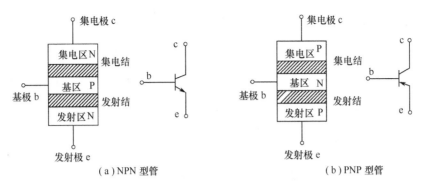

（a）NPN 型管　　　　　　　　　　　　（b）PNP 型管

图 1.3.1　三极管结构示意图及电路符号

发射结正偏，集电结反偏。图 1.3.2 是一个处于放大状态的 NPN 型三极管内部载流子的传输过程。电源 V_{BB} 使发射结处于正向偏置，发射区的多子电子将不断通过发射结扩散到基区，形成发射结电子扩散电流 I_{EN}，其方向与电子扩散的方向相反；同时基区的多子空穴也要扩散到发射区，形成空穴电流 I_{EP}，其方向与空穴扩散的方向相同。I_{EN} 和 I_{EP} 一起构成受发射结正向电压控制的发射结电流 I_E，即 $I_E = I_{EN} + I_{EP}$。由于发射区掺杂浓度远大于基区，所以 I_{EP} 很小，$I_E \approx I_{EN}$。

发射区的电子到达基区后，由于浓度差，且基区很薄，电子很快到达集电结。在扩散过程中，有一部分电子与基区的空穴相遇而复合，同时电源 V_{BB} 不断向基区补充空穴，形成基区复合电流 I_{BN}。由于基区掺杂浓度低且薄，复合的电子很少，即 I_{BN} 很小。

电源 V_{CC} 使集电结处于反向偏置，有利于少子的漂移运动，使基区中到达集电结边缘的电子很快漂移过集电结，被集电区收集形成 I_{CN}。同时基区自身的少子电子和集电区少子空穴也要向对方区域漂移，形成反向漂移电流 I_{CBO}，所以 $I_C = I_{CN} + I_{CBO}$。I_{CBO} 的大小取决于基区和集电区的少子浓度，数值很小，但受温度影响很大，易使管子工作不稳定。

由图 1.3.2 可得基极电流为

$$I_B = I_{EP} + I_{BN} - I_{CBO} = I_{EP} + I_{EN} - I_{CN} - I_{CBO}$$
$$= I_E - I_C$$

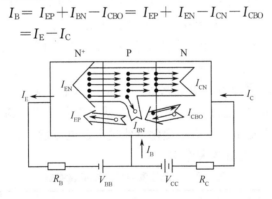

图 1.3.2　放大状态的三极管内部载流子的传输过程

一个放大器必须有两个端子接输入信号，另外两个端子作输出端，提供输出信号，而三极管只有 3 个电极，因此，用三极管组成放大器时必须有一个引出端作为输入和输出信号的公共端。采用不同的公共端有 3 种不同的组态，即共发射极电路、共基极电路和共集电极电路，如图 1.3.3 所示，在放大电路中，共发射极电路应用最多。

需要说明的是，无论是哪种连接方式，要想使三极管具有放大作用，都必须保证发射结正偏,集电结反偏。而因其内部载流子的传输过程相同,所以 3 个电极的电流分配关系相同。

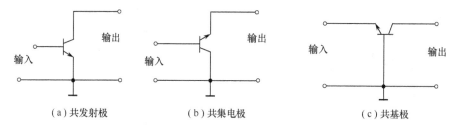

（a）共发射极　　　　（b）共集电极　　　　（c）共基极

图 1.3.3　三极管的三种连接组态

图 1.3.4 为 NPN 型管共发射极实验电路。基极电源 V_{BB} 使发射结加正向偏置,而集电极电源 V_{CC} 使集电结加反向偏置,电路中有 3 条支路的电流通过三极管,即集电极电流 I_C、基极电流 I_B 和发射极电流 I_E。电流方向如图中箭头所示。调节电位器 RP 的阻值,可以改变发射结的偏置电压,从而控制基极电流 I_B 的大小。而 I_B 的变化又将引起 I_C 和 I_E 的变化。每取得一个 I_B 的确定值,必然可得一组 I_C 和 I_E 的确定值与之对应,实验取得数据如表 1.3.1 所列。

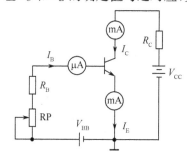

图 1.3.4　三极管电流分配实验电路

由表 1.3.1 看出:

（1）流过三极管的电流无论怎样变化,始终满足三极管的电流分配规律,即

$$I_E = I_C + I_B \text{ 且 } I_C \gg I_B, I_E \approx I_C$$

（2）基极电流有微小变化,集电极电流便会有较大变化。例如,当基极电流由 0.01mA 变化到 0.03mA 时,对应集电极电流则由 0.56mA 变化到 1.74mA,I_B 变化量 $\Delta I_B = 0.02\text{mA}$,而 I_C 变化量 $\Delta I_C = 1.18\text{mA}$,两个变化量之比 $\Delta I_C / \Delta I_B = 55$（倍）,这个比值通常用符号 β 表示,称为三极管交流电流放大系数,记为 $\beta = \Delta I_C / \Delta I_B$,此式表明集电极电流变化量为基极电流变化量的 55 倍。由此可见,基极电流的微小变化可使集电极电流发生更大的变化。这种 I_B 对 I_C 的控制作用,称为三极管的电流放大作用。

表 1.3.1　三极管电流分配实验数据

I_B(mA)	0	0.01	0.02	0.03	0.04	0.05
I_C(mA)	0.01	0.56	1.14	1.74	2.33	2.91
I_E(mA)	0.01	0.57	1.16	1.77	2.37	2.96

1.3.3　三极管的特性曲线

描绘三极管各电极电压与电流之间关系的曲线称为三极管的特性曲线,也称伏安特性曲线。它是三极管内载流子运动规律的外部表现,是分析三极管放大器和选择管子参数的重要依据。常用的三极管特性曲线有输入特性曲线和输出特性曲线。

1. 输入特性曲线

当三极管集电极与发射极之间所加电压 v_{CE} 一定时,加在基极与发射极之间的电压 v_{BE} 与对应产生的基极电流 i_B 之间的关系曲线 $i_B = f(v_{BE})\big|_{v_{CE}=常数}$,称为三极管输入特性曲线。输入特性曲线可采用查找半导体器件手册或用"晶体管特性图示仪"测量等方法获得。由于器件参数的分散性,不同三极管的输入特性曲线是不完全相同的,但大体形状是相似的。当 v_{CE} 为不同值,输入特性曲线为一簇曲线,当 $v_{CE} \geqslant 1V$ 后,曲线簇重合,如图 1.3.5 所示。

v_{BE} 加在三极管发射结上,该 PN 结相当于一个二极管,所以三极管的输入特性曲线与二极管伏安特性曲线很相似。v_{BE} 与 i_B 呈非线性关系,同样存在着导通电压,用 $V_{BE(on)}$ 表示。只有当 v_{BE} 大于 $V_{BE(on)}$ 时,三极管才出现基极电流 i_B。否则三极管不导通。当三极管正常工作时,NPN 型(硅)管的发射结电压 $V_{BE(on)} = 0.7V$,PNP 型(锗)管的 $V_{BE(on)} = -0.2V$。这是检查放大器中三极管是否正常工作的重要依据。若检测结果与上述数值相差较大,可直接判断三极管有故障存在。

2. 输出特性曲线

在基极电流 i_B 为确定值时,v_{CE} 与 i_C 之间为 $i_C = f(v_{CE})\big|_{i_B=常数}$,其关系曲线称为三极管输出特性曲线。输出特性曲线同样可采用查找半导体器件手册和用"晶体管特性图示仪"测量等方法获得。图 1.3.6 所示即为 i_B 取不同值时,NPN 型硅管的输出特性曲线簇。由图中的任意一条曲线可以看出,在坐标原点处随着 v_{CE} 的增大,i_C 跟着增大。当 v_{CE} 大于 1V 以后,无论 v_{CE} 怎样变化,i_C 几乎不变,曲线与横轴接近平行。这说明三极管具有恒流特性。通常把三极管输出特性曲线簇分为 3 个区域,这 3 个区域对应着三极管 3 种不同的工作状态。

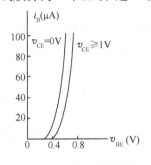

图 1.3.5 输入特性曲线

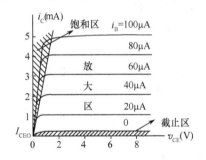

图 1.3.6 输出特性曲线

(1) 放大区

输出特性曲线平坦部分的区域是放大区。工作在放大区的三极管发射结处于正向偏置(大于导通电压),集电结处于反向偏置。i_C 与 i_B 成比例增长,即 i_B 有一个微小变化,i_C 将按比例发生较大变化,体现了三极管的电流放大作用。在垂直于横轴方向作一直线,从该直线上找出 i_C 的变化量 Δi_C 和与之对应的 i_B 变化量 Δi_B,即可求出三极管的电流放大系数 $\beta = \Delta i_C / \Delta i_B$。这些曲线越平坦,间距越均匀,则三极管线性越好。在相同的 Δi_B 下,曲线间距越大,则 β 值越大。

(2) 饱和区

输出特性曲线簇起始部分的区域是饱和区。三极管工作在这个区域时,v_{CE} 很低,$v_{CE} < V_{BE}$,集电结处于正向偏置,发射结也处于正向偏置。在这个区域,i_C 不受 i_B 控制,三极管失去

电流放大作用。其集电极与发射极之间电压称为三极管饱和压降，记为 V_{CES}。对于 NPN 型（硅）管 $V_{CES}=0.3V$，PNP 型（锗）管 $|V_{CES}|=0.1V$。

（3）截止区

$i_B=0$ 那条输出特性曲线以下的区域为截止区。要使 $i_B=0$，发射结电压 V_{BE} 一定要小于导通电压，为了保证可靠截止，常使发射结处于反向偏置，集电结也处于反向偏置。由图可见，$i_B=0$ 时，$i_C\neq0$，还有很小的集电极电流，称为穿透电流，记为 I_{CEO}。硅管 I_{CEO} 很小，在几微安以下；锗管稍大些，为几十微安到几百微安。

1.3.4　三极管的主要参数

三极管的参数是用来表征三极管性能优劣及其应用范围的指标，是选用三极管及对电路进行设计、调试的重要依据。

1. 电流放大系数

电流放大系数是表征三极管电流放大能力的参数，电流放大系数有直流、交流之分。

① 直流电流放大系数 $\bar{\beta}$：无交流信号输入时，三极管集电极直流电流 I_C 与基极直流电流 I_B 的比值，记为 $\bar{\beta}=I_C/I_B$。

② 交流电流放大系数 β：有交流信号输入时，三极管集电极电流变化量 Δi_C 与基极电流变化量 Δi_B 的比值，记为 $\beta=\Delta i_C/\Delta i_B$。

常用三极管的 β 值在 $20\sim200$ 之间，若 β 太小，三极管放大能力差；β 太大，则三极管工作时稳定性差。直流电流放大系数 $\bar{\beta}$ 与交流电流放大系数 β 的含义不同，但数值相差很小，应用时通常不加以区别。

2. 极间反向电流

极间反向电流是决定三极管工作稳定性的重要参数，也是鉴别三极管质量优劣的重要指标，其值越小越好。

（1）集电极—基极反向饱和电流（I_{CBO}）

三极管发射极开路，集电结加反向电压时产生的电流，称为集电极—基极反向饱和电流，记为 I_{CBO}，如图 1.3.7 所示。性能好的三极管 I_{CBO} 很小，一般小功率硅管该电流为 $1\mu A$ 左右，锗管为 $10\mu A$ 左右。I_{CBO} 受温度的影响大，随温度升高而增大，是使三极管工作不稳定的重要因素。

（2）穿透电流（I_{CEO}）

三极管基极开路，集电极与发射极之间加上一定电压时，流过集电极与发射极之间的电流，称为穿透电流，记为 I_{CEO}，如图 1.3.8 所示。两种极间反向电流 I_{CBO} 与 I_{CEO} 的关系是：$I_{CEO}=(1+\beta)I_{CBO}$。与 I_{CBO} 一样，I_{CEO} 受温度的影响很大，温度越高 I_{CEO} 越大，三极管工作越不稳定。

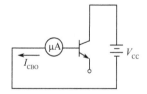
图 1.3.7　集电极—基极反向饱和电流 I_{CBO}

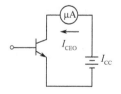
图 1.3.8　穿透电流 I_{CEO}

3. 极限参数

极限参数是指三极管正常工作时，所允许的电流、电压和功率等的极限值。如果超过这些数值，就难以保证管子正常工作，甚至损坏管子。常用极限参数有以下 3 个。

（1）集电极最大允许电流（I_{CM}）

当集电极电流增大到一定数值后，三极管的 β 值将明显下降。在技术上规定，使三极管 β 值下降到正常值三分之二时的集电极电流称为集电极最大允许电流，用 I_{CM} 表示。在使用三极管时，如果 I_C 超出 I_{CM} 不多，三极管不一定损坏，但其 β 值已显著下降，如果超出太多，将烧毁三极管。

（2）集电极—发射极间反向击穿电压（$V_{(BR)CEO}$）

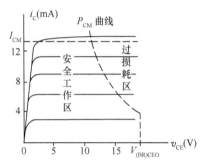

图 1.3.9　三极管 P_{CM} 功耗线

基极开路时，加在集电极与发射极之间的最大允许电压，称为集电极—发射极间反向击穿电压，用 $V_{(BR)CEO}$ 表示。在使用三极管时，集电极与发射极间所加电压绝不能超过此值，否则将损坏管子。

（3）集电极最大允许耗散功率（P_{CM}）

三极管因温度升高而引起的参数变化不超过允许值时，集电极消耗的最大功率称为集电极最大允许耗散功率，用 P_{CM} 表示。依据 $P_{CM}=V_{CE}I_C$ 的关系，可在输出特性曲线簇上绘出 P_{CM} 允许功率损耗线，如图1.3.9 所示。P_{CM} 曲线右上方为过损耗区；左下方由 I_{CM}、$V_{(BR)CEO}$ 和 P_{CM} 三者共同确定了三极管的安全工作区。

1.4　场效应晶体管

场效应晶体管也是一种三端半导体器件，其外形与普通三极管相似，但与三极管相比，具有输入电阻高、噪声小、功耗低和热稳定性好等特点，因而在集成电路尤其是计算机电路的设计中应用广泛。

场效应管根据结构的不同可以分为结型场效应管（Junction Field Effect Transistor，JFET）和绝缘栅型场效应管（Insulated Gate Field Effect Transistor，IGFET）两种类型，其中IGFET 制造工艺简单、便于集成、应用更广泛，本书仅介绍 IGFET。

绝缘栅场效应管 IGFET 又称为金属—氧化物—半导体场效应管（Metal-Oxide-Semiconductor Field Effect Transistor，MOSFET）。按照制造工艺和性能的不同又分为增强型（enhancement MOS 或 EMOS）与耗尽型（Depletion MOS 或 DMOS）两大类，每类又有 N 沟道（channel）和 P 沟道两种导电类型，但它们的工作原理相同。

1.4.1　N 沟道增强型 MOSFET

图 1.4.1(a)所示是增强型 NMOS 管的结构示意图，它是在一块 P 型半导体基片（又称衬底）上面覆盖一层二氧化硅绝缘层，在绝缘层上开两个小窗用扩散的方法制成两个高掺杂浓度的 N$^+$ 区，分别引出电极，称为源极（Source，用 S 表示）和漏极（Drain，用 D 表示）。在 S、D 两极之间二氧化硅绝缘层上面再喷一层金属铝，引出电极称为栅极 G（Gate，用 G 表示）。在基片（衬底）下方引出电极 B，使用时通常和源极 S 相连（有些管子出厂时，已在内部连接好）。由于此类管子的栅级（G）与源极（S）、漏极（D）之间都是绝缘的，故又称绝缘栅场效应管，

图 1.4.1(b)是它的电路符号。

1. 栅源电压对导电沟道的影响

由图 1.4.1(a)看出,NMOSFET 的两个 N^+ 区被 P 型衬底隔开,成为两个背靠背的 PN 结。在栅源电压 V_{GS} 为零时,不管漏源电压 V_{DS} 为何值,总有一个 PN 结是反向偏置的,因此漏极和源极之间不可能有电流流通。

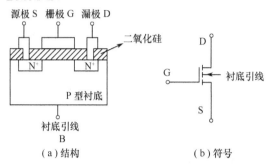

图 1.4.1 增强型 NMOSFET

当把源极 S 和衬底 B 接地,并在栅、源极间加正电压 V_{GS},就会在栅极与衬底之间建立起一个垂直电场,其方向由栅极指向衬底,在此电场作用下,P 型衬底中的少数载流子自由电子被吸引到栅极下面衬底的表层,形成一层以电子为多数载流子的 N 型薄层,这是一种能导电的薄层,它与 P 型衬底的类型相反,故称为反型层。反型层把源区和漏区连成一个整体,形成 N 型导电沟道,如图 1.4.2(a)所示。v_{GS} 值越大,形成的导电沟道越宽,沟道电阻越小。这种在 $v_{GS}=0$ 时没有导电沟道,必须依靠栅源电压的作用才能形成导电沟道的 FET 称为增强型 FET。图 1.4.1(b)中所示的电路符号中,虚线即为沟道线,反映了增强型 FET 在 $v_{GS}=0$ 时沟道是断开的特点。

导电沟道形成后,在漏极(D)和源极(S)之间加上正电压 v_{DS},就会产生漏极电流 i_D。使 D、S 极之间开始导电的栅源电压称为开启电压,用 V_T 表示。

由上述可见,MOS 管的截止和导通是通过改变栅源电压 V_{GS} 而实现的,所以 MOS 管是一种电压控制型导电器件;它在工作过程中只有一种极性的载流子参与导电,也称为单极型器件。

2. 漏源电压对导电沟道的影响

当 $v_{GS} \geq V_T$,外加较小的 v_{DS} 时,漏极电流 i_D 将随 v_{DS} 的上升迅速增大,在输出特性上如图 1.4.3(a)所示的 OA 段,曲线斜率较大。但随着 v_{DS} 的上升,由于沟道存在电位梯度,所以造成沟道厚度的不均匀,靠近源端厚,靠近漏端薄,即沟道呈楔形。当 v_{DS} 增大到一定数值,使得 $v_{GD}=v_{GS}-v_{DS}=V_T$ 时,靠近漏端的反型层消失,沟道发生预夹断,如图 1.4.2(b)所示。但耗尽区中仍有电流通过。v_{DS} 继续增加时,增加的部分主要降落在夹断区,沟道上的电压基本不变,所以 v_{DS} 上升,i_D 趋于饱和,这时输出特性曲线斜率为 0,如图 1.4.3(a)所示的 AB 段。

3. 输出特性曲线和转移特性曲线

增强型 NMOS 管的输出特性是指栅源电压 v_{GS} 一定的情况下,漏极电流 i_D 与 v_{DS} 之间的关系,如图 1.4.3(a)所示。与三极管输出特性曲线十分相似,MOS 管的输出特性曲线也分为3 个工作区:可变电阻区、饱和区和截止区。

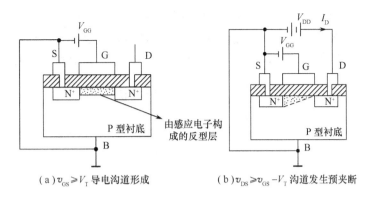

（a）$v_{GS} \geqslant V_T$ 导电沟道形成　　　（b）$v_{DS} \geqslant v_{GS} - V_T$ 沟道发生预夹断

图 1.4.2　增强型 NMOS 管的导电沟道

在截止区：$v_{GS} < V_T$ 沟道尚未形成，$i_D = 0$，MOS 管工作在截止状态。

在可变电阻区：$v_{GS} > V_T$，且 $v_{DS} < v_{GS} - V_T$，沟道尚未发生预夹断，MOS 管可以被等效为受 v_{GS} 控制的可变电阻。

在饱和区：$v_{GS} > V_T$，且 $v_{DS} \geqslant v_{GS} - V_T$，$i_D$ 只受 v_{GS} 控制，与 v_{DS} 无关。呈现恒流特性，场效应管用作放大时就工作在这个区域，所以饱和区又称放大区。满足

$$i_D = K_n V_T^2 \left(\frac{v_{GS}}{V_T} - 1 \right)^2 = I_{DO} \left(\frac{v_{GS}}{V_T} - 1 \right)^2 \tag{1.4.1}$$

式中 $I_{DO} = K_n V_T^2$，电导常数 K_n 的单位是 mA/V^2。

由于预夹断的条件是 $v_{GD} = v_{GS} - v_{DS} = V_T$，所以 $v_{DS} = v_{GS} - V_T$ 是可变电阻区与饱和区的分界点，据此可画出预夹断轨迹如图 1.4.3(a)中虚线所示。显然，该虚线是可变电阻区与饱和区的分界线。

增强型 NMOS 管的转移特性曲线如图 1.4.3(b)所示。它表示输入栅源电压 v_{GS} 对输出漏极电流 i_D 的控制特性。该曲线在水平坐标轴上的起点 V_T 即为开启电压，只有栅源电压 $v_{GS} > V_T$，导电沟道才能形成，管子才导通。

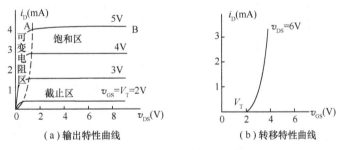

（a）输出特性曲线　　　　　　　　（b）转移特性曲线

图 1.4.3　增强型 NMOS 管的特性曲线

1.4.2　N 沟道耗尽型 MOSFET

当用 P 型半导体基片（衬底）制造 MOS 场效应管时，通过扩散或其他方法在漏区和源区之间预先制成一个导电的 N 沟道，于是就成为耗尽型 NMOS 场效应管。这种场效应管在加上漏源电压 v_{DS} 后，即使栅源电压 v_{GS} 为零，仍将有一个相当大的漏极电流 i_D。把 $V_{GS} = 0$ 时的 I_D 称为漏极饱和电流，记为 I_{DSS}。

当 v_{GS} 为正，导电沟道变宽，i_D 增大；当 v_{GS} 为负，导电沟道变窄，i_D 减小。当 v_{GS} 负到一定

程度时,导电沟道被夹断,$i_D=0$,此时的栅源电压 v_{GS} 称为夹断电压,用 V_P 表示。显然,这种管子可以在正或负的栅源电压下工作,而且基本上无栅流,这是耗尽型 MOS 管的重要特点。

耗尽型 NMOS 管的转移特性曲线输出如图 1.4.4 所示。在饱和区满足

$$i_D = K_n V_P^2 \left(1 - \frac{v_{GS}}{V_P}\right)^2 = I_{DSS}\left(\frac{v_{GS}}{V_P} - 1\right)^2 \tag{1.4.2}$$

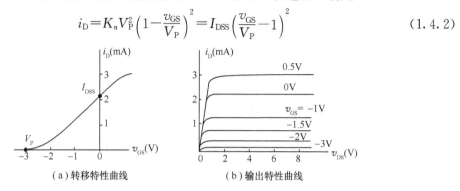

（a）转移特性曲线　　　（b）输出特性曲线

图 1.4.4　耗尽型 NMOS 管的特性曲线

1.4.3　场效应管的特性与参数

当把上述两种场效应管的基片(衬底)换成 N 型半导体,源区、漏区和导电沟道改成 P 型,就分别得到增强型 PMOS 场效应管和耗尽型 PMOS 场效应管。为了便于比较和使用,现将 4 种类型 MOS 管的符号,特性曲线归纳列于表 1.4.1 中。(图中假定 i_D 的正向为流进漏极)

表 1.4.1　4 种类型 MOS 管的符号及特性曲线

管型	增强型 NMOS 管	耗尽型 NMOS 管	增强型 PMOS 管	耗尽型 PMOS 管
电路符号				
转移特性				
输出特性				

• 18 •

（1）为了表明是 NMOS 管还是 PMOS 管，管子符号中以衬底引线 B 的箭头方向来区分。箭头指向管内为 NMOS 管，指向管外为 PMOS 管。

（2）为了表明是增强型管还是耗尽型管，在管子符号中，以漏源极之间的连线来区分。断续线表明 $V_{GS}=0$ 时，管子 D、S 极间无导电沟道，为增强型；连续线表明 $V_{GS}=0$ 时，管子有导电沟道，为耗尽型。

（3）从输出特性曲线和转移特性曲线可以看出，NMOS 管和 PMOS 管外加电源电压极性是相反的，例如增强型 NMOS 管的栅源电压 v_{GS} 应加正电压，而增强型 PMOS 管的栅源电压 v_{GS} 应加负电压。

场效应管的主要参数如下：

（1）跨导（g_m）：指 V_{DS} 为某一固定值时，栅源电压对漏极电流的控制能力，定义为

$$g_m = \frac{\Delta i_D}{\Delta v_{GS}}\bigg|_{V_{DS}=\text{常数}} \tag{1.4.3}$$

从转移特性曲线上看，跨导就是工作点处切线的斜率。

（2）直流输入电阻（R_{GS}）：栅源电压与栅极电流的比值，其值一般大于 $10^9\,\Omega$。

（3）漏极饱和电流 I_{DSS}：定义为当 $V_{GS}=0$ 时，在规定的 v_{DS} 下所产生的漏极电流。此参数只对耗尽型管子有意义。

（4）开启电压（V_T）：增强型 FET 的参数。当 v_{DS} 一定时，使管子导通的最小栅源电压。

（5）夹断电压 V_P：耗尽型 FET 的参数。当 v_{DS} 一定时，使管子截止的最小栅源电压。

由于 MOS 场效应管的栅极与其他电极之间处于绝缘状态，所以它的输入电阻很高，可达 $10^9\,\Omega$ 以上。因此，周围电磁场的变化很容易在栅极与其他电极之间感应产生较高的电压，将其绝缘击穿。为了防止损坏，保存 MOS 场效应管时，应把各电极短接，焊接时应把烧热的电烙铁断电或外壳接地。近年，生产出内附保护二极管的 MOS 场效应管，使用时就方便多了。

1.5　光电耦合器

光电耦合器是把发光二极管和光电三极管封装在一个管壳内构成的，其电路符号如图 1.5.1 所示。

前面已介绍过，发光二极管是一种能将电能直接转换成光能的特殊二极管，加正向电压可发光；与发光二极管相反，光电管是一种能把光能转换成电能的半导体器件。它包括光电二极管和光电三极管两大类。

光电二极管是由 PN 结和有聚光作用的透镜组成。通常情况下，给 PN 结加反向偏置电压时，产生的反向饱和电流是很小的，但如果有光照射时，半导体电阻率会显著减小（光敏性），将激发产生光生载流子（电子空穴对），在反向电压作用下，光生载流子漂移通过 PN 结，使 PN 结由反向截止转换为反向导通。光电三极管是具有两个 PN 结的光电器件。它的工作原理与光电二极管类似，只是它还利用了三极管的放大作用，因此灵敏度更高。

光电耦合器以发光二极管为输入端，光电三极管为输出端。当输入端有电信号输入时（发光二极管加正向电压），发光二极管发光，光电三极管因受光照产生光电流，输出端就有电信号输出。因此，光电耦合器是以光为媒介传输电信号的。其特点是输入和输出之间实现了电绝缘。

使用光电耦合器时应注意以下几个参数：

① 隔离电阻：即发光二极管与光电三极管之间的绝缘电阻，一般在 $10^9 \sim 10^{11}\,\Omega$ 之间。

② 极间耐压:即发光二极管与光电三极管之间的耐压,一般在 500V 以上。

③ 最高工作频率:一般不超过 100kHz。

光电耦合器主要用来实现微型计算机接口与各类控制对象之间的电气隔离,以增强抗干扰能力,提高系统工作的可靠性。图 1.5.2 电路是用于耦合脉冲信号的应用电路。当输入信号 v_i 为低电平时,三极管 VT 截止,光电耦合器输入端的发光二极管无电流通过不发光,输出端光电三极管截止,输出电压 v_o 为低电平;当输入信号 v_i 为高电平时,三极管 VT 饱和导通,发光二极管发光,光电三极管产生光电流,输出电压 v_o 为高电平。

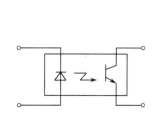

图 1.5.1　光电耦合器电路符号

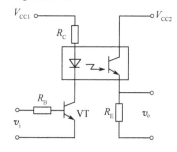

图 1.5.2　脉冲信号光电耦合电路

本 章 小 结

(1) PN 结是半导体器件的基础,PN 结具有单向导电性,加正向电压导通,反向电压截止。

(2) 二极管是一种非线性器件,基本的特点是单向导电性。二极管的伏安特性曲线由正向特性和反向特性两部分组成,正向特性是指正向电压小于死区电压时,二极管截止,电流为零,正向电压大于死区电压时,正向电流随正向电压的变化近似按指数规律变化;反向特性是指反向电压小于反向击穿电压时反向电流很小,且受温度的影响,反向电压大于击穿电压时二极管起稳压作用。二极管的主要参数有最大整流电流、最高反向工作电压和反向击穿电压。

(3) 二极管可用于整流、限幅、钳位、检波和元件保护等电路。稳压二极管工作在反向击穿区,可用于稳定电压。其他特殊二极管应用也极为广泛。

(4) 晶体三极管是由两个 PN 结组成的电流控制型器件,按结构分为 NPN 和 PNP 两种类型,它的 3 个引出端分别称为发射极 e、基极 b 和集电极 c。

(5) 晶体三极管的电特性可用输入特性曲线和输出特性曲线表征。输出特性曲线可分为 3 个区域:放大区、截止区和饱和区。放大电路中晶体管应工作在放大区,必须满足发射结正偏,集电结反偏。三极管工作在饱和区或截止区则相当于开关,饱和区时三极管相当于开关接通,而工作在截止区时相当于开关断开。

(6) 场效应管是电压控制型器件,其特点是输入电阻大、噪声低、温度稳定性好等。场效应管的输出特性曲线也分为可变电阻区、饱和区和截止区,用于放大时,应工作在饱和区。

思考题与习题

1.1　二极管伏安特性有何特点?

1.2　二极管是非线性器件,它的直流电阻和交流电阻有何区别? 用万用表欧姆挡测量的二极管电阻属于哪一种? 为什么用万用表欧姆挡的不同量程测出的二极管阻值会不同?

1.3 为什么稳压管的动态电阻越小,稳压效果越好?

1.4 在图题 1.4 所示的各种电路中,输入电压 $v_i=10\sin\omega t\text{V}$,$E=5\text{V}$。试画出各电路输出 v_o 波形,并标出其幅值,设管子正向电压为 0.7V,反向电流可以忽略。

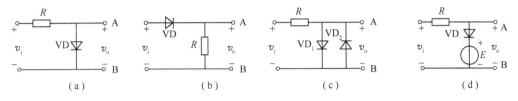

图题 1.4

1.5 画出图题 1.5 所示各电路中的 v_o 的波形(可忽略 VD 的正向压降)。

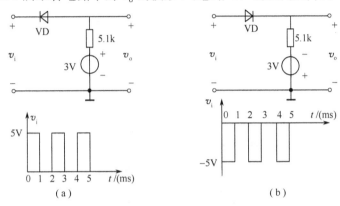

图题 1.5

1.6 分析图题 1.6 中所示电路中各二极管的工作状态(导通或截止),并确定出 v_o,将结果填入表中。(图中二极管均为理想二极管)

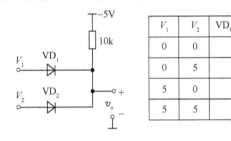

V_1	V_2	VD_1	VD_2	v_o
0	0			
0	5			
5	0			
5	5			

图题 1.6

1.7 二极管电路如图题 1.7 所示,判断图中的二极管是导通还是截止,并求出 AB 两端的电压 V_{AB}(图中二极管均为理想二极管)。

1.8 试估算图题 1.8 所示各电路中流过二极管的电流和 A 点的电位(设二极管的正向压降为 0.7V)。

1.9 既然三极管具有两个 PN 结,可否用两只二极管背靠背地相连以构成一只三极管,说明理由。

1.10 能否将三极管的发射极与集电极交换使用? 为什么?

1.11 要使 PNP 型三极管具有线性放大作用,其发射结和集电结的偏置电压应如何连接;并说明其处于截止及饱和状态时的条件。

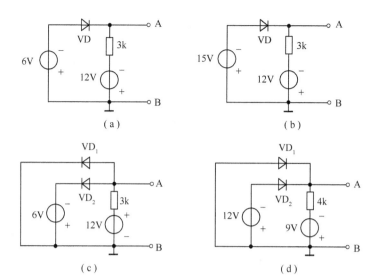

图题 1.7

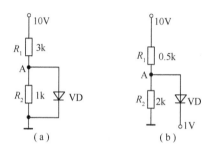

图题 1.8

1.12 测得工作在放大电路中两个三极管的两个电极电流如图题 1.12 所示:(1)求另一个电极电流,并在图中标出实际方向。(2)判断是 NPN 型还是 PNP 型管,标出 e、c、b 极。

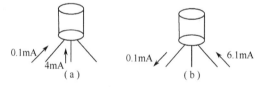

图题 1.12

1.13 测得某放大电路中三极管的 3 个电极 A、B、C 的对地电位分别为 $V_A = -9V, V_B = -6V, V_C = -6.2V$,分析 A、B、C 中哪个是基极、发射极、集电极,并说明此三极管是 NPN 型管还是 PNP 型管。

1.14 测得某放大电路中三极管的 3 个电极电位如图题 1.14,试判断管子分别工作在什么状态?

1.15 有一个场效应管但不知道是什么类型,通过实验测试它的漏极特性如图题 1.15 所示。则:

(1) 它是哪种类型的场效应管?

(2) 它的电压 V_P(或开启电压 V_T)大约是多少?

(3) 它的 I_{DSS} 大约是多少?

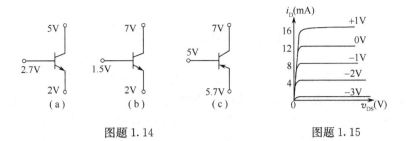

图题 1.14

图题 1.15

1.16 图题 1.16 所示为 MOSFET 的转移特性,分别说明各属于何种沟道。如是增强型,说明它的开启电压 $V_T=$? 如是耗尽型,说明它的夹断电压 $V_P=$?(图中 i_D 的假定正向为流进漏极)

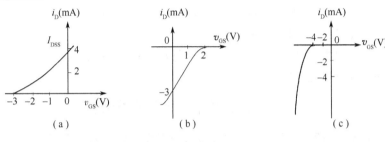

图题 1.16

1.17 判断图题 1.17 所示的 MOSFET 工作于何种区域?

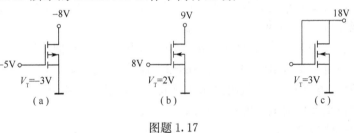

图题 1.17

第2章 放大器基础

最基本的模拟信号处理功能是信号的放大,它是通过放大电路实现的。放大是指将微弱的电信号在允许的失真范围内将其幅值增强到要求的数量。如大家熟悉的扩音器,就是将话筒、电唱盘等产生的微弱音频电信号进行放大,被放大了的信号有足够的能量去推动扬声器,使扬声器产生振动变成声音。其次,放大电路也是滤波器、振荡器、电源等各种功能电路的核心部分。

在广播、通信、雷达、自动控制、电子测量仪器等电子设备中,放大器是必不可少的组成部分。根据被放大信号频率的不同,放大器可分为:放大缓慢变化信号的直流放大器,放大语音信号的音频放大器,放大高频信号的谐振放大器,放大电视图像信号、脉冲信号的视频放大器和宽带放大器等。在上述各种放大器中,根据信号的强弱,又分为小信号放大器和大信号放大器。本章是讨论上面各种放大器的基础。

在本章的学习过程中,特别要注意学习和掌握放大电路的基本概念、基本原理和基本分析方法,为本课程的学习打好基础。

2.1 放大电路的主要指标

放大电路的放大,实质上是能量的转换,即用较小能量的输入信号通过半导体器件去控制电源,使电路的输出端得到一个与输入信号变化相似的,但能量却大得多的输出信号。也就是将电源提供的直流能量转换为输出的交流信号能量。具有能量控制作用的元件称为有源器件,如三极管、场效应管,以及集成运算放大器等。

放大电路可视为一双口网络,即一个信号输入口和一个信号输出口。放大电路的输入端口和输出端口既有电压又有电流,根据实际的输入信号和输出信号是电压或者是电流,放大电路可分为电压放大、电流放大、互阻放大和互导放大。这里以应用最为广泛的电压放大为例,讨论放大电路的模型及放大电路的技术指标。

根据双端口网络理论,放大电路输入端口的电压和电流的关系可以用输入电阻来等效,又根据电路理论,其输出端口可以等效为一个信号源和它的内阻,由此可建立电压放大电路的电路模型如图 2.1.1 所示。图中,v_s 和 R_s 为信号源和信号源内阻,R_L 为负载;放大电路模型由三部分组成,R_i 为放大器输入电阻,R_o 为输出电阻,$A_{vo}v_i$ 为受控电压源,其中 A_{vo} 为电路的开路电压增益,v_i 为放大器输入电压。

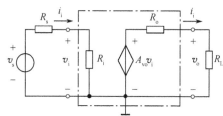

图 2.1.1 电压放大电路模型

为了衡量放大电路的性能好坏和质量高低,规定了很多技术指标,这里主要讨论放大倍数(又称为增益)、输入电阻、输出电阻、频率响应和失真等几项主要性能指标。

1. 增益

增益即放大倍数,定义为输出电量与输入电量之比。增益包括电压增益、电流增益、功率增益等。这里仅介绍电压放大电路的电压增益,在图 2.1.1 中

$$A_v = \frac{v_o}{v_i} \tag{2.1.1}$$

在工程上,增益常用以 10 为底的对数增益表达,其基本单位为贝尔(Bel,B),平时用它的十分之一单位“分贝”(dB)。用分贝表示的增益为

$$电压增益 = 20\lg|A_v| \text{ dB} \tag{2.1.2}$$

2. 输入电阻

在图 2.1.1 电路中,输入电阻定义为输入电压与输入电流的比值,即

$$R_i = \frac{v_i}{i_i} \tag{2.1.3}$$

输入电阻的大小决定了放大电路从信号源吸取信号幅值的大小。对输入为电压信号的放大电路,输入电阻越大,则放大电路输入端的 v_i 越大。

3. 输出电阻

放大电路输出电阻的大小决定了它带负载的能力。放大电路带负载能力的强弱是由放大电路输出量随负载变化的程度大小来决定的。当负载变化时,若输出量变化很小或基本不变,表示该放大电路带负载能力很强。对于输出量是电压信号的放大电路,输出电阻越小,则带负载能力越强。

当定量计算放大器输出电阻时,一般采用图 2.1.2 所示的方法计算。在信号源短路($v_s=0$)但保留信号源内阻和负载开路($R_L=\infty$)的条件下,在放大电路的输出端加一测试电压 v_t,相应地产生一测试电流 i_t,于是可得输出电阻为

$$R_o = \frac{v_t}{i_t} \tag{2.1.4}$$

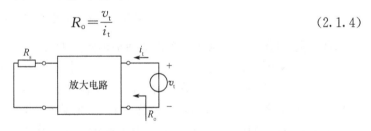

图 2.1.2　放大电路输出电阻

4. 频率响应

以上所介绍的放大电路模型都是极为简单的模型,实际的放大电路中总是存在一些电抗性元件,如电容和电感元件,以及电子器件的极间电容、接线电容与接线电感等。因此,放大电路的输出与输入之间的关系必然与信号频率有关。放大电路的频率响应所指的是,在输入正弦波信号情况下,输出随输入信号频率连续变化的稳态响应。

若考虑电抗性元件的作用和信号角频率变量,则放大电路的电压增益可表达为

$$\dot{A}_v(j\omega) = \frac{\dot{V}_o(j\omega)}{\dot{V}_i(j\omega)} \tag{2.1.5}$$

或 $$\dot{A}_v = A_v(\omega)\angle\varphi(\omega) \tag{2.1.6}$$

式中,ω 为信号的角频率;$A_v(\omega)$ 表示电压增益的模与角频率之间的关系,称为幅频响应;$\varphi(\omega)$ 表示放大电路输出与输入正弦电压信号的相位差与角频率之间的关系,称为相频响应,将二者综合起来即可全面表征放大电路的频率响应。

图 2.1.3 是一个普通音响系统放大电路的幅频响应。为了符合通常习惯,横坐标采用频率单位 $f=\omega/2\pi$。值得注意的是,图中的坐标均采用对数刻度,称为波特图。这样处理不仅把频率和增益变化范围展得很宽,而且会在绘制近似频率响应曲线时也十分简便。

如图所示,幅频响应的中间一段是平坦的,即增益保持常数(60dB),称为中频区(也称为通带区)。在 20Hz 和 20kHz 两点增益分别下降 3dB,而在低于 20Hz 和高于 20kHz 的两个区域,增益随频率远离这两点而下降。一般,在输入信号幅值保持不变的条件下,把幅频响应中增益下降 3dB 的频率点间的频率差定义为放大电路的带宽或通频带,即

$$BW = f_H - f_L$$

式中 f_H 称为上限频率,而 f_L 则称为下限频率。由于通常有 $f_L \ll f_H$ 的关系,故有 $BW \approx f_H$。

现实生活中的绝大部分信号都不是单一频率的信号,它们频率的分布范围不尽相同。放大这些不同的信号,放大电路的通频带应涵盖相应信号的频率范围。

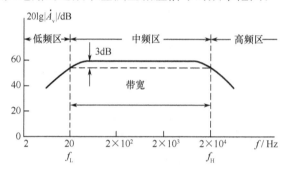

图 2.1.3 某音响系统放大电路的幅频响应

理论上,许多非正弦信号的频谱范围都延伸到无穷大,而放大电路的带宽是有限的,并且相频响应也不能保持为常数。例如,图 2.1.4(a)中输入信号由基波和二次谐波组成,如果受放大电路带宽所限制,基波增益较大,而二次谐波增益较小,于是输出电压波形产生了失真,称为幅度失真,如图 2.1.4(b)所示。同样,当放大电路对不同频率的信号产生的时延不同时也要产生失真,称为相位失真,如图 2.1.4(c)所示。应当指出,幅度失真和相位失真几乎是同时发生的,在图 2.1.4 中分开讨论,只是为了方便读者理解。幅度失真和相位失真统称为频率失真,它们都是由于线性电抗元件所引起的,所以又称为线性失真,以区别于由于元器件特性的非线性造成的非线性失真。

为将信号的频率失真限制在允许的范围内,则要求设计放大电路时正确估计信号的有效带宽(即包含信号主要能量或信息的频谱宽度),以使放大电路带宽与信号带宽相匹配。放大电路带宽过宽,往往造成噪声电平升高或生产成本增加。

5. 非线性失真

前面提到,放大电路对信号的放大应是线性的。例如,可以通过图 2.1.5(a)的电压特性曲线来描述电压放大电路输出电压和输入电压的这种线性关系。这种描述放大电路输出量与输入量的关系曲线,称为放大电路的传输特性曲线。

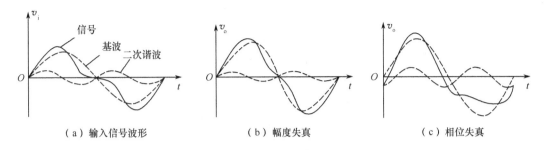

（a）输入信号波形　　　　　　（b）幅度失真　　　　　　（c）相位失真

图 2.1.4　放大电路的输入/输出波形

图 2.1.5(a)中的电压传输特性是一条直线，表明输出电压与输入电压具有线性关系，直线的斜率就是放大电路的电压增益。然而，实际的放大电路并非如此。由于构成放大电路的元器件本身是非线性的，加之放大电路工作电源受有限电压的限制，所以实际的传输特性不可能达到图 2.1.5(a)所示的理想情况，较典型的情况应如图 2.1.5(b)所示。由此看出，曲线上各点切线的斜率并不完全相同，表明放大电路的电压增益不能保持恒定，随输入电压的变化而变化。由放大电路这种非线性特性引起的失真称为非线性失真。在设计和应用放大电路时，应尽可能地使放大电路工作在线性区。对于图 2.1.5(b)来说，应工作在曲线的中间部位，该部位的斜率基本相同。

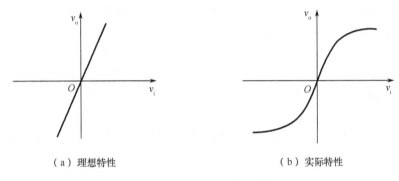

（a）理想特性　　　　　　　　　　　（b）实际特性

图 2.1.5　放大电路的电压传输特性

放大电路除了上述 5 种主要性能指标外，针对不同用途的电路，还常会提出一些其他指标，诸如最大输出功率、效率、转换速率、信号噪声比、抗干扰能力等，甚至在某些特殊使用场合还会提出体积、重量、工作温度、环境温度等要求。上述的这些问题，有兴趣的读者可参考有关文献资料在以后的工作实践中学习。

2.2　共发射极单管交流电压放大器

2.2.1　放大器的组成

共发射极单管交流电压放大器电路如图 2.2.1 所示。

1. 电路中各元件的作用

① 三极管 VT：是放大器核心器件，起电流放大作用。

② 集电极电源 V_{CC}：在放大器中通常把输入电压 v_i、输出电压 v_o 以及电源 V_{CC} 的公共端称为"地"，令其为零电位点，用符号"⊥"表示。这样，放大器中各点的电压数值即为该点与"地"

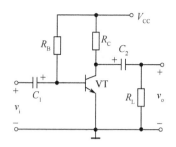

图 2.2.1　共发射极单管交流电压放大器

之间的电位差。在表示电源 V_{CC} 时,只需标出对"地"的电压值和极性即可。V_{CC} 是放大器的能源,可保证集电结处于反向偏置,并通过基极电阻 R_B 给发射结提供正向偏置,使三极管具备工作于放大状态的必要条件。V_{CC} 一般为几伏～几十伏。

③ 集电极负载电阻 R_C:将集电极电流 i_C 的变化转换成集电极—发射极之间的电压 v_{CE} 的变化,这个变化的电压就是放大器的输出信号电压,即通过 R_C 把三极管的电流放大作用转换为电压放大作用。R_C 取值一般为几千欧～几十千欧。

④ 基极偏置电阻 R_B:V_{CC} 一定时,改变 R_B 的阻值可获得合适的基极电流(又称偏置电流,简称偏流)I_B。保证三极管处于合适的工作状态。R_B 的取值一般为几十千欧～几百千欧。

⑤ 耦合电容器 C_1 和 C_2:在电路中的作用是"传送交流,隔离直流"。C_1 用来把交流信号传送到放大器,而隔断放大器与信号源之间的直流通路;C_2 用来把放大后的交流信号传送给负载 R_L,而隔断放大器与负载 R_L 之间的直流通路。C_1、C_2 常选用容量较大的电解电容器,由于电解电容器是有极性的电容器,使用时要注意其正极接电路中的高电位端,负极接低电位端,如果极性接反,可能损坏电容器。对 PNP 型三极管组成的放大器 V_{CC} 及 C_1、C_2 的极性均与图 2.2.1所示相反。

⑥ 负载电阻 R_L:R_L 是放大器外接负载,如果电路中不接 R_L,称为输出端开路(或"空载")。

2. 放大器中电流、电压表示符号的使用规定

在放大器的分析中,为了区分电流、电压的直流分量、交流分量、瞬时量、交流分量的有效值及峰值等,通常对文字符号的用法,做如下规定。

用大写字母带大写下标表示直流分量,如 I_B、V_C 分别表示基极直流电流、集电极直流电压,用小写字母带小写下标表示交流分量,如 i_b、v_c 分别表示基极交流电流和集电极交流电压;用小写字母带大写下标表示直流分量与交流分量的叠加,即瞬时量,如 $i_B = I_B + i_b$ 表示基极电流瞬时量;用大写字母带小写下标表示交流分量的有效值,如 V_i、V_o 分别表示输入、输出交流信号电压的有效值;用大写字母带小写下标字母 m 则表示交流分量的峰值,如 I_m、V_m 分别表示电流、电压的峰值。

2.2.2　放大器的静态工作点

输入信号 $v_i = 0$ 时,放大器的工作状态叫做静态或直流工作状态。此时,电路中的电压、电流都是直流量。静态时,三极管各极电流及各极间电压 I_B、I_C、V_{BE}、V_{CE} 在三极管特性曲线上是一个确定的点,该点习惯上称为静态工作点 Q,用 I_{BQ}、I_{CQ}、V_{CEQ} 表示工作点 Q 处的电流和电压。

要使一个放大器能正常工作,必须设置合适的静态工作点。因为放大电路的作用是将微弱的输入信号不失真的放大,所以电路中的三极管必须始终工作在放大区。如果没有直流电压和电流,如图 2.2.1 所示放大器中,去掉基极偏置电阻 R_B,切断基极直流偏压,此时,在输入端加正弦交流信号 v_i,信号电压正半周且大于发射结导通电压 $V_{BE(ON)}$ 时,发射结才因正偏而导通,产生基极电流 i_b;在输入信号负半周,发射结反偏截止,不能产生基极电流。所以在输入交流信号的一个周期内,三极管只有一小部分时间导通,大多数时间不产生基极电流,也就没有集电极电流,造成放大器的输出信号波形不能真实地反映出输入信号的本来面目,这种现象称为放大器的非线性失真。产生非线性失真的原因主要是三极管发射结的单向导电性及其输入特性曲线的非线性造成。

2.2.3 放大器的放大作用

以图 2.2.1 放大电路为例说明其放大作用(设 $R_L = \infty$)。

1. 放大器静态工作分析

静态时,$v_i = 0$,在 V_{CC} 作用下,三极管各极的电压、电流均为直流量,即 b-e 极间电压 $v_{BE} = V_{BEQ}$,基极电流 $i_B = I_{BQ}$,集电极电流 $i_C = I_{CQ} = \beta I_{BQ}$,$i_C$ 在 R_C 上的压降 $v_{R_C} = i_C R_C = I_{CQ} R_C$,c-e 极间电压 $v_{CE} = V_{CEQ} = V_{CC} - I_{CQ} R_C$,输出电压 $v_o = 0$,如图 2.2.2(a)、(b)、(c)、(d)、(e)、(f)波形所示。

2. 放大器动态工作分析

设输入交流信号 v_i 如图 2.2.3(a)所示。此时,三极管各极电压、电流是在直流量的基础上脉动,即交流量叠加在直流量上。信号放大的过程如下:

交流信号 v_i 经耦合电容器 C_1 加到三极管的发射结,使 b-e 两极间的电压 v_{BE} 在原直流电压 V_{BE} 基础上叠加了一个交流电压 v_i,即 $v_{BE} = V_{BEQ} + v_i$,波形如图 2.2.3(b)所示。

由于发射结工作于正向偏置状态,正向电压的微小变化,就会引起正向电流的较大变化,变化的基极电流记作 i_b,此时如管子工作在线性区,则基极电流 i_B 可以看成是两个电流的合成:一个是直流电流 I_{BQ},一个是由输入信号引起的交流电流 i_b,即 $i_B = I_{BQ} + i_b$,波形如图 2.2.3(c)所示。

由于 $i_c = \beta i_b$,所以 i_c 跟着 i_b 变化,集电极总电流也可看成是两个电流的合成:一个是直流电流 $I_{CQ} = \beta I_{BQ}$,另一个是交流电流 $i_c = \beta i_b$,即 $i_C = I_{CQ} + i_c$,波形如图 2.2.3(d)所示。

集电极电流 i_C 在集电极电阻 R_C 上的压降为 $v_{R_C} = i_C R_C = I_{CQ} R_C + i_c R_C$,可看成是两个电压的合成:一个是直流电压 $I_{CQ} R_C$,另一个是交流电压 $i_c R_C$,波形如图 2.2.3(e)所示。

c-e 两极间电压(管压降)为

$$v_{CE} = V_{CC} - i_C R_C = V_{CC} - (I_{CQ} R_C + i_c R_C) = V_{CEQ} + v_{ce}, \quad (v_{ce} = -i_c R_C)$$

也可看成是由直流管压降 V_{CEQ} 和交流管压降 v_{ce} 合成,波形如图 2.2.3(f)所示。

三极管两端的交流量 v_{ce},经过耦合电容器 C_2 送到输出端,获得放大的正弦输出电压 v_o。

通过上述放大过程的分析和波形的观察,可以得到如下结论:

(1)交流信号 v_i 加入前,放大器工作于静态,三极管各极电流、电压分别为恒定的直流量 I_{BQ}、I_{CQ}、V_{BEQ}、V_{CEQ};当交流信号 v_i 加入后,放大器工作于动态,三极管各极电流、电压瞬时值就在原来直流电流、电压的基础上叠加了一个随输入信号而变化的交流分量 i_b、i_c、v_i、v_{ce}。这

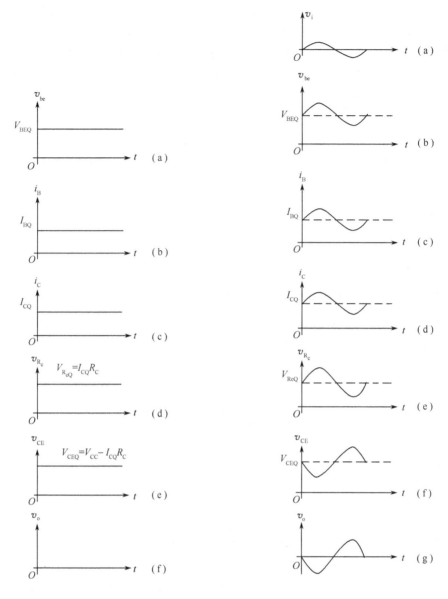

图 2.2.2 放大器静态工作波形 图 2.2.3 放大器动态工作波形

就是说,放大器中同时存在着直流量和交流量。直流量决定放大器静态工作点,交流量表示信号的传递,表明放大作用(所谓放大是针对交流量而言)。因此,对放大器的分析分别需要进行直流分析和交流分析,这就涉及画出放大器直流通路和交流通路的问题,其画法如下。

  ① 直流通路:直流通路是放大器输入回路和输出回路直流电流的流经的途径。画直流通路时,可将电容器视为开路,其他不变。图 2.2.1 所示放大器直流通路如图 2.2.4 所示。直流通路仅用于分析和计算放大器的静态工作点。

  ② 交流通路:交流通路是放大器交流信号流经的途径。画交流通路时,可将电容器短路、直流电压源(内阻小,交流压降忽略不计)视为对地短路,其余元件照画。图 2.2.5 即为图 2.2.1 所示放大器的交流通路。

  (2) 从图 2.2.3(a)和(g)波形图可以看出,输出信号电压 v_o 比输入信号电压 v_i 幅度大很多——这就是放大器的放大作用;输出信号电压 v_o 和输入信号电压 v_i 相位相反(相位差为180°)——这就是放大器的反相作用。

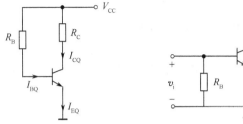
图 2.2.4　直流通路

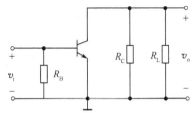
图 2.2.5　交流通路

(3) 必须指出,放大的表面现象是把输入信号幅度由小变大了,但是,这并不能说明放大器可以产生或增加新的能量,只是运用了三极管基极电流微小变化可引起集电极电流较大变化的控制作用。整个电路的能量来源是电源 V_{CC},放大的本质是一个能量转换过程,是三极管在输入信号的控制下将电源 V_{CC} 提供的直流能量转换为输出交流能量的过程。

2.3　放大器的分析方法

由于放大器正常工作时电路中电流和电压都是直流量与交流量共存,因此对放大器的分析包括两方面:静态分析和动态分析。静态分析的主要任务是确定电路的静态工作点,可以用估算法和图解法。动态分析的主要任务是分析放大电路的放大倍数、动态范围、输入电阻、输出电阻及波形失真等情况。相应的分析方法有图解法和微变等效电路分析法。工程实践中常用估算法分析电路静态工作点,方法简单、实用;图解法可以分析静态,也可以分析动态,方法直观、概念清楚,用于非线性失真的讨论是其他方法无法代替的;微变等效电路分析法只能分析动态,适用于任何简单或复杂的小信号放大电路,是计算放大倍数、输入电阻和输出电阻等交流参数的有效方法。在实际工作中,应根据需要选用合适的分析方法。

2.3.1　估算法

放大器静态工作点可利用电路的直流通路计算。所谓直流通路是放大器输入回路和输出回路的直流电流流过的路径。画直流通路时,可将电容器视为开路,信号源短路。图 2.3.1(a)所示放大器直流通路如图(b)所示。在直流通路中可算出基极电流

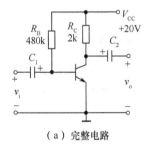
(a) 完整电路　　　(b) 直流通路　　　(c) 输出回路的直流通路

图 2.3.1　基本放大器

$$I_{BQ} = \frac{V_{CC} - V_{BEQ}}{R_B}$$

$$(2.3.1)$$

式中,当发射结处于正向导通状态时,V_{BEQ}对于硅管取 0.7V,对于锗管取 0.3V。

由I_{BQ}可算出集电极电流

$$I_{CQ} = \beta I_{BQ} \tag{2.3.2}$$

进而可算出集电极与发射极间电压(简称集、射极间电压)

$$V_{CEQ} = V_{CC} - I_{CQ}R_C \tag{2.3.3}$$

电路确定以后,R_B、R_C、V_{CC}和β的值均为已知,依据上述三式便可确定放大器静态工作点。

2.3.2 图解分析法

所谓图解分析法是指利用三极管的输入和输出特性曲线,通过作图来分析放大器的电压、电流关系的方法。图解分析法的特点是能够直观地分析三极管的工作状态,不仅适用于小信号的分析,而且也适用于大信号的分析。现结合图 2.3.1 所示具体电路来讨论。

1. 图解法静态分析

(1) 从输出特性曲线着手——作直流负载线

在图 2.3.1(c)输出回路直流通路中,虚线 AB 左边是非线性元件三极管,其集电极电压V_{CE}与集电极电流I_C的关系是按输出特性曲线所描绘的规律变化的;虚线 AB 右边是V_{CC}和R_C串联的线性电路,它满足方程

$$V_{CE} = V_{CC} - I_C R_C$$

式中,I_C与V_{CE}的关系在直角坐标系中是一条直线。要画这条直线,可以取两个特殊点:令$I_C = 0$,由$V_{CE} = V_{CC} = 20V$,定出 M 点;令 $V_{CE} = 0$,则 $I_C = V_{CC}/R_C = 20/2 = 10mA$,定出 N 点。

通过 M、N 两点所作的直线 MN 称为直流负载线,如图 2.3.2 所示。其斜率决定于集电极负载电阻 R_C,即

$$\tan\alpha = -\frac{ON}{OM} = -\frac{V_{CC}/R_C}{V_{CC}} = -\frac{1}{R_C}$$

(2) 确定静态工作点

直流负载线 MN 上的点表示了直流量I_C、V_{CE}的关系,所以放大器的静态工作点一定在直流负载线上,如何确定具体位置呢?由于三极管作为一个控制器件,它的集电极电流是受基极电流控制的,只要找出I_{CQ}所对应的基极电流I_{BQ}问题就能解决。基极电流I_{BQ}可由式(2.3.1)求出:

$$I_{BQ} = \frac{V_{CC} - V_{BE}}{R_B} = \frac{20 - 0.7}{480} \approx 0.04mA = 40\mu A$$

直流负载线 MN 与基极电流为$I_{BQ} = 40\mu A$那条输出特性曲线的交点 Q 就是放大器的静态工作点,如图 2.3.2 所示。由 Q 点可求出$V_{CEQ} = 8V$,$I_{CQ} = 6mA$,$I_{BQ} = 40\mu A$。这就是用图解分析法确定的静态工作点参数。

2. 图解法动态分析

在给放大器设置了静态工作点的基础上,再加入交流信号,从输入回路和输出回路的特性曲线上观察放大器的工作情况。

(1) 输入回路的图解分析

根据输入交流信号的变化在输入特性曲线上求基极电流i_b的变化范围。

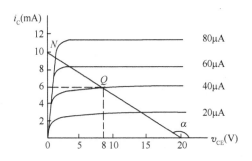

图 2.3.2　放大器的静态工作点

将 $v_i = 0.02\sin\omega t\,\mathrm{V}$ 的正弦信号加到图 2.3.1 所示放大器的输入端,三极管发射结正向电压 v_{BE} 就在原有直流电压 $V_{BE} = 0.7\mathrm{V}$ 的基础上叠加一个交流信号 v_i,如图 2.3.3 中曲线①所示。根据 v_i 的变化规律,便可在输入特性曲线上画出相应的基极电流 i_B 波形,如图中曲线②所示。由图可看出,对应于正弦输入信号 v_i 的基极电流 i_B 将在 $20\sim60\mu\mathrm{A}$ 之间变动。

(2) 输出回路的图解分析

根据基极电流 i_B 变化范围,在输出特性曲线上求出集电极电流 i_C 和集电极电压 v_{CE} 变化范围。

当 i_B 在 $20\sim60\mu\mathrm{A}$ 之间变动时,直流负载线与输出特性曲线的交点将会随之而变化,$i_B = 60\mu\mathrm{A}$ 的一根输出特性曲线与直流负载线的交点为 Q_1;$i_B = 20\mu\mathrm{A}$ 的一根输出特性曲线与直流负载线的交点为 Q_2。可见,在输入信号作用下,放大器的工作点将随 i_B 的变动沿着直流负载线在 Q_1 与 Q_2 之间移动,直线段 Q_1Q_2 是工作点移动的轨迹,通常称为放大器的动态工作范围。

在 v_i 的正半周,i_B 先由 $40\mu\mathrm{A}$ 增大到 $60\mu\mathrm{A}$,放大器的工作点由 Q 点移到 Q_1 点,相应的 i_C 由 $I_{CQ} = 6\mathrm{mA}$ 增大到最大值 $9\mathrm{mA}$,v_{CE} 由原来的 $V_{CEQ} = 8\mathrm{V}$ 减小到最小值 $2\mathrm{V}$。然后,i_B 由 $60\mu\mathrm{A}$ 减小到 $40\mu\mathrm{A}$,放大器工作点将由 Q_1 回到 Q,相应的 i_C 也由最大值回到 I_{CQ},而 v_{CE} 则由最小值回到 V_{CEQ}。

在 v_i 的负半周,其变化规律恰好相反,放大器的工作点先由 Q 移到 Q_2,再由 Q_2 回到 Q。这样,在坐标平面上就能画出对应的 i_C 和 v_{CE} 波形,如图 2.3.3 中曲线③和曲线④所示。v_{CE} 中交流分量 v_{ce} 的波形就是输出电压 v_o 的波形。

(3) 由波形图估算电压放大倍数

在放大器中,电压放大倍数 A_v 是输出交流电压 v_o 与输入交流电压 v_i 的比值,即

$$A_v = \frac{v_o}{v_i} \tag{2.3.4}$$

依据波形图 2.3.3 查出相关数值代入得

$$A_v = \frac{-6\sin\omega t}{0.02\sin\omega t} = -300$$

式中"$-$"号表示输出电压与输入电压反相。

3. 带负载放大器的图解分析

前面对放大器未带负载时的动态情况作了分析,其动态范围在图 2.3.3 所示直流负载线 MN 上的 Q_1 与 Q_2 两点之间。实际应用中,放大器通常都带有一定的负载电阻 R_L,如图 2.3.4 所示。放大器的动态工作情况会因 R_L 的接入而受到影响。

在静态时,由于耦合电容器 C_2 具有隔直流作用,R_L 中没有直流电流通过,所以放大器的

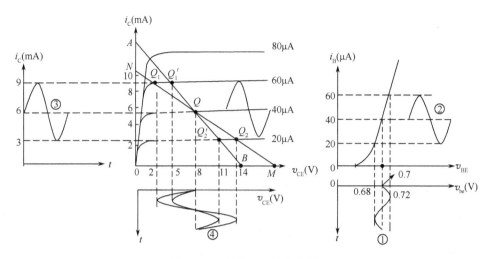

图 2.3.3　放大器的动态分析

静态工作点不会因 R_L 的接入而发生改变。

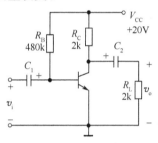

图 2.3.4　带负载的放大器

在动态时,由交流通路可知,放大器负载电阻 R_L 与集电极负载电阻 R_C 并联,并联后的等效电阻 $R'_L = R_L /\!/ R_C = \dfrac{R_C R_L}{R_C + R_L}$ 称为放大器的交流负载电阻。与交流负载电阻 R'_L 相对应的负载线,称为交流负载线,它与横轴夹角为 α',斜率为 $\tan\alpha' = -\dfrac{1}{R'_L}$,当输入信号电压 v_i 过零值瞬间相当于静态工作,放大器应工作在静态工作点上,所以,交流负载线是一条通过静态工作点 Q,斜率为 $\tan\alpha' = -\dfrac{1}{R'_L}$ 的直线,如图 2.3.3 中 AB 所示。由于 $R'_L < R_C$,交流负载线 AB 比直流负载线 MN 陡。当输入信号 v_i 变化时,工作点将以 Q 点为中心,沿此交流负载线上、下移动,动态范围将由直流负载线 MN 上的 $Q_1 \sim Q_2$ 两点变为交流负载线 AB 上的 $Q'_1 \sim Q'_2$ 两点,输出电压的峰值 V_{om} 减小,图中由 6V 减小为 3V,放大器电压放大倍数 $A_V = \dfrac{-3\sin\omega t}{0.02\sin\omega t} = -150$,低于未带负载时的电压放大倍数。负载电阻 R_L 越小,电压放大倍数下降越多。当 $R_L = \infty$(空载)时,$R'_L = R_C$,交、直流负载线重合。

4. 静态工作点的选择

静态工作点在直流负载线上的位置选择不合适时,会产生非线性失真。从图解法分析放大器的动态情况可以看出,若将基极电阻 R_B 由 480kΩ 增大至 1930kΩ,则静态基极电流 I_{BQ} 将

由 $40\mu A$ 减小为 $10\mu A$，如图 2.3.5 所示。静态工作点 Q 将沿直流负载线下移到靠近截止区的 Q_2 点。如果输入的信号电压 v_i 仍为正弦波，则使集电极电流 i_C 的负半周和输出电压 v_o 的正半周波形被"削"去一部分而产生失真，这种失真是由于三极管工作在截止区而产生的，又称为截止失真。反之，若将基极电阻 R_B 减小为 $320k\Omega$，则静态基极电流 I_{BQ} 将增大为 $60\mu A$，静态工作点 Q 将沿直流负载线上移到接近饱和区的 Q_1 点。将使集电极电流 i_C 的正半周和输出电压 v_o 的负半周波形被"削"去一部分，产生饱和失真。

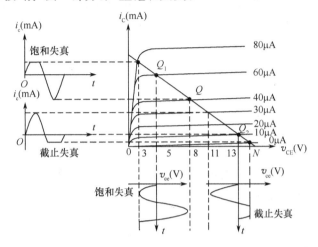

图 2.3.5　放大器的非线性失真

不论是截止失真还是饱和失真，都是由于交流信号的动态范围进入三极管特性曲线的非线性区域引起的，故统称为非线性失真。

还有一种情况也可能引起失真，即基极电阻 R_B 不变，仍为 $480k\Omega$，则静态基极电流 $I_{BQ}=40\mu A$，静态工作点仍为 Q 点。但由于输入信号电压 v_i 过大，使基极电流 i_B 过大，工作点的位移范围过大，使集电极电流 i_C 和输出电压 v_o 过大，可能同时出现截止失真和饱和失真。这种失真称为大信号失真。

一般来说为了防止或减小失真，在直流电源 V_{CC} 和集电极负载电阻 R_C 一定的情况下，应适当调节基极电阻 R_B，使放大器的静态工作点 Q 尽可能选在交流负载线的中点附近，确切地说是选在线性放大区的中央，这样正、负半周信号都能得到充分放大，并最大限度地利用线性工作范围。这时，放大器具有最大动态范围。

2.3.3　微变等效电路分析法

运用图解法可以求得放大电路动态特性(如电压放大倍数)，但需要精确作图，且有较大的局限性。为了较全面地分析放大器的动态特性，故引入微变等效电路分析法。三极管是非线性器件，由三极管组成的放大电路就是非线性电路，不能采用线性电路的分析方法。但是在一定条件下，比如，输入微弱的交流信号仅在三极管特性曲线静态工作点附近做很小偏移时，可认为三极管的输入和输出各变量间近似呈线性关系，这时可以用线性等效电路来替代电路中的三极管，从而把放大电路转换成等效的线性电路，使分析计算大为简化。这种小信号条件下的线性等效电路称为微变等效电路。微变等效电路及分析法能正确地描述微变输入信号和输出信号之间的关系，为分析、计算小信号电路提供了方便，但不能用来求静态工作点。因此，讨论微变等效电路分析法的前提是假定电路已经有了合适的静态工作点并工作于小信号状态下。微变等效电路有多种形式,现只讨论低频等效电路。

1. 三极管微变等效电路

能替代三极管的线性等效电路称为三极管微变等效电路。下面以共发射极电路为例,由输入、输出回路导出三极管微变等效电路。

(1) 三极管的输入回路

在三极管输入端(b、e极间)加上信号电压 v_{be},相应就会产生基极电流 i_b,故可把三极管 be 两极间用一个线性交流电阻 r_{be} 来等效,如图 2.3.6 所示。

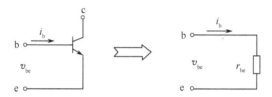

图 2.3.6 三极管的输入回路及其等效电路

$r_{be} = v_{be}/i_b$ 是三极管基极—发射极间的交流电阻,又称三极管的输入电阻。理论和实践证明,r_{be} 的数值可用下式计算:

$$r_{be} = 200 + (1+\beta)\frac{26\text{mV}}{I_E\text{mA}} \ \Omega \tag{2.3.5}$$

公式适用范围为 $0.1\text{mA} < I_E < 5\text{mA}$,超越此范围,将带来较大误差。当 $I_E = 1 \sim 2\text{mA}$ 时,r_{be} 约为 $1\text{k}\Omega$,可作为初步估算放大电路的参考数据。

(2) 三极管的输出回路

工作在放大状态的三极管的输出特性曲线可以看成是一组平坦等距的直线,如图 2.3.7 所示。当基极电流变化 Δi_B 时,集电极电流相应变化 $\Delta i_C = \beta\Delta i_B$,说明集电极电流受基极电流控制,具有受控电流源特性。因此,三极管输出回路可以看成是受控电流源电路。其简化等效电路形式如图 2.3.8 所示。图中电流源数值受 i_b 控制、且与基极输入电流 i_b 成正比;方向不能任意假设,应由 i_b 方向决定。

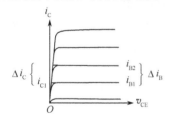

图 2.3.7 三极管输出特性曲线　　　　图 2.3.8 三极管的输出回路及其等效电路

(3) 三极管微变等效电路

综上所述,三极管的输入回路可用一个线性输入电阻 r_{be} 来等效,而输出回路可用一个受控的电流源 βi_b 来等效,从而得到三极管的完整微变等效电路,如图 2.3.9 所示。

2. 用微变等效电路法分析放大器

在图 2.3.10(a)所示共发射极放大器中,应用微变等效电路法分析该放大器的各项性能指标。一般分析步骤为:

① 画出放大器交流通路。交流通路是放大器交流信号流过的路径。画交流通路时,可将

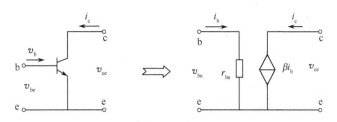

图 2.3.9　三极管的完整微变等效电路

耦合电容短路、直流电源视为对地短路。得到图 2.3.10(b)所示放大器的交流通路。

②用三极管微变等效电路替代交流通路中的三极管,得到放大器微变等效电路,如图 2.3.10(c)所示。

③依据放大器各项性能指标的定义进行放大器性能的分析与计算。

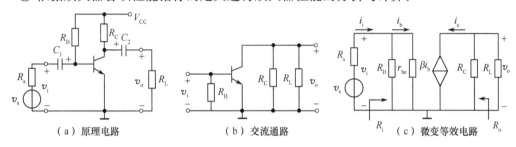

（a）原理电路　　　　　（b）交流通路　　　　　（c）微变等效电路

图 2.3.10　共发射极放大器

（1）计算放大器的输入电阻(R_i)

根据定义,放大器输入电阻为

$$R_i = \frac{v_i}{i_i} = R_B // r_{be} \tag{2.3.6}$$

实际电路中,R_B 的数值比 r_{be} 大得多,因此,共射基本放大器的输入电阻约等于三极管输入电阻 r_{be}。

在实际应用时,对于输入信号是电压的放大器,希望放大器的输入电阻越大越好。因为对信号电压源 v_s 来说,R_i 是与信号电压源内阻 R_s 串联的,如果 R_i 太小(或 R_s 大),使实际加到放大器的输入电压减小,即信号电压源 v_s 的电压利用率减小,输出电压也随之减小,从而使放大器对信号源电压 v_s 的放大倍数减小。

（2）计算放大器的输出电阻(R_o)

将放大器信号源 v_s 短路,负载 R_L 开路,在放大器输出端外加一交流电压 v,如图 2.3.11 所示。在 v 的作用下,产生相应电流 i,则输出电阻为

$$R_o = \frac{v}{i}\bigg|_{R_L=\infty V_s=0} = R_C \tag{2.3.7}$$

放大器输出电阻 R_o 与负载 R_L 是串联的,导致放大器带负载时的输出电压比空载时的输出电压减小,R_o 越小,两者相差越小,亦即放大器受负载影响的程度越小。所以,一般用输出电阻 R_o 来衡量放大器带负载的能力,R_o 越小,放大器带负载的能力越强。

（3）计算放大器的电压放大倍数

由放大器电压放大倍数的定义知

$$A_v = \frac{v_o}{v_i} \tag{2.3.8}$$

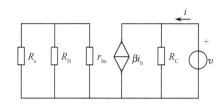

图 2.3.11 计算放大器的输出电阻

由图 2.3.10(c)知

$$v_o = -i_c R'_L = -\beta i_b R'_L \qquad (R'_L = R_C // R_L) \tag{2.3.9}$$

$$v_i = i_b r_{be}$$

故

$$A_v = \frac{v_o}{v_i} = \frac{-\beta i_b R'_L}{i_b r_{be}} = -\beta \frac{R'_L}{r_{be}} \tag{2.3.10}$$

当考虑信号源内阻时电压放大倍数用 A_{vs} 表示,由放大器电压放大倍数定义知

$$A_{vs} = \frac{v_o}{v_s}$$

$$v_s = v_i \frac{R_s + R_i}{R_i}$$

故

$$A_{vs} = \frac{v_o}{v_s} = \frac{v_o}{v_i} \frac{R_i}{R_s + R_i} \tag{2.3.11}$$

可见,由于 R_s 的存在,将使放大器电压放大倍数 A_{vs} 下降为 A_v 的 $\frac{R_i}{R_s + R_i}$ 倍。

【例 2.3.1】在图 2.3.10(a)中,已知 $V_{CC} = 12V$, $R_C = 3k\Omega$, $R_B = 270k\Omega$, $R_L = 3k\Omega$, $\beta = 50$, 试求:

(1) 信号源内阻 $R_s = 0$ 时,电压放大倍数 A_v;

(2) 输入电阻 R_i;

(3) 输出电阻 R_o;

(4) 信号源内阻 $R_s = 2k\Omega$ 时,电压放大倍数 A_{vs}。

解: 绘出放大器微变等效电路如图 2.3.10(c)所示。

(1) 求 A_v:

依估算法求得静态基极电流为

$$I_{BQ} = \frac{V_{CC} - V_{BEQ}}{R_B} \approx \frac{V_{CC}}{R_B} = \frac{12V}{270k\Omega} \approx 44.4\mu A$$

$$I_{CQ} = \beta I_{BQ} = 50 \times 44.4\mu A \approx 2.2mA$$

$$r_{be} = 200(1+\beta)\frac{26}{I_{EQ}} = 200 + (1+50)\frac{26}{2.2} \approx 0.803k\Omega$$

故

$$A_v = -\beta \frac{R'_L}{r_{be}} = -\beta \frac{R_C // R_L}{r_{be}} = -50 \frac{3//3}{0.803} \approx -94$$

(2) 求输入电阻:

$$R_i = R_B // r_{be} = 270k\Omega // 0.803k\Omega \approx 0.803k\Omega$$

(3) 求输出电阻:

$$R_o \approx R_C = 3k\Omega$$

(4) 求 A_{vs}:

$$A_{vs} = A_v \frac{R_i}{R_S + R_i} = -94 \times \frac{0.803}{2 + 0.803} \approx -28$$

2.4 静态工作点的稳定问题

在图 2.2.1 所示共发射极单管交流电压放大器中,当电源电压 V_{CC} 和基极电阻 R_B 被选定后,基极电流(又称偏流 $I_{BQ} = \dfrac{V_{CC} - V_{BEQ}}{R_B} \approx \dfrac{V_{CC}}{R_B}$)即被固定。通常把这种提供固定基极电流 I_{BQ} 的偏置电路称为固定偏置电路。

固定偏置电路虽然简单,但静态工作点的稳定性较差。因为三极管的参数 I_{CBO}、I_{CEO}、β 等都会随温度增高而增大,因而使集电极电流 $I_C (= \beta I_B + I_{CEO})$ 增大,三极管整个输出特性曲线族向上平移。由于固定偏置电路的基极电流是固定的,输出特性曲线向上平移必然使静态工作点向饱和区偏移,将可能造成输出信号波形失真,以至不能正常工作。因此,对于要求较高的放大电路普遍采用分压式偏置电路。

分压式偏置电路如图 2.4.1 所示。与图 2.2.1 比较,增加了下偏置电阻 R_{B2}、发射极电阻 R_E。适当选择 R_{B2},使 $I_2 \gg I_B$,则 $I_1 \approx I_2$,这样基极电压为

$$V_{BQ} \approx V_{CC} \frac{R_{B2}}{R_{B1} + R_{B2}} \tag{2.4.1}$$

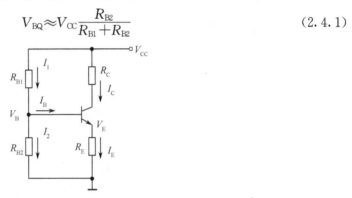

图 2.4.1 分压式偏置电路

式(2.4.1)表明基极电压 V_{BQ} 由电源电压 V_{CC} 经 R_{B1} 和 R_{B2} 分压决定,不随温度变化。电路集电极电流为

$$I_{CQ} \approx I_{EQ} = \frac{V_{BQ} - V_{BEQ}}{R_E}$$

当 $V_{BQ} \gg V_{BEQ}$ 时,有

$$I_{CQ} \approx I_{EQ} \approx \frac{V_{BQ}}{R_E} \tag{2.4.2}$$

通过上面讨论看出:在分压式偏置放大电路中,只要满足 $I_2 \gg I_B$ 和 $V_{BQ} \gg V_{BEQ}$ 两个条件,其集电极电流 I_{CQ} 就是一个与三极管参数基本无关的稳定数值,不仅大大减小了温度的影响,而且在生产和维修中换用不同 β 值的管子,工作点也基本上不会改变,这对电子设备的批量生产是很有利的。

【例 2.4.1】电路如图 2.4.2 所示,$\beta = 60$,$R_{B1} = 75\text{k}\Omega$,$R_{B2} = 24\text{k}\Omega$,$R_C = 2\text{k}\Omega$,$R_L = 2\text{k}\Omega$,$R_E = 1\text{k}\Omega$,$V_{CC} = 12\text{V}$,试计算

(1) 静态工作点;

(2) 电压放大倍数 A_v、输入电阻 R_i 及输出电阻 R_o;

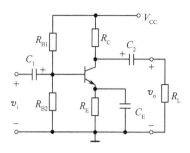

图 2.4.2　例 2.4.1 电路

(3) 断开电路中发射极旁路电容器 C_E 时的电压放大倍数。

解:(1)求静态工作点

$$V_{BQ}=V_{CC}\frac{R_{B2}}{R_{B1}+R_{B2}}=12\times\frac{24}{75+24}=2.9V$$

$$I_{EQ}=\frac{V_{BQ}-V_{BEQ}}{R_E}=\frac{2.9-0.7}{1}=2.2mA, I_{BQ}=\frac{I_{CQ}}{\beta}=\frac{2.2}{60}=0.037mA$$

$$I_{CQ}\approx I_{EQ}=2.2mA$$

$$V_{CEQ}=V_{CC}-I_{CQ}(R_C+R_E)=12-2.2\times(2+1)=5.4V$$

(2) 求电压放大倍数 A_v、输入电阻 R_i、输出电阻 R_o

画出电路的微变等效电路如图 2.4.3 所示。依等效电路有

$$v_o=-i_c(R_C//R_L)=-\beta i_b(R_C//R_L), v_i=i_b r_{be}$$

所以
$$A_v=\frac{v_o}{v_i}=\frac{-\beta i_b(R_C//R_L)}{i_b r_{be}}=\frac{-\beta(R_C//R_L)}{r_{be}}$$

而
$$r_{be}=200+(1+\beta)\frac{26}{I_{EQ}}=200+61\times\frac{26}{2.2}=0.92k\Omega$$

代入上式得
$$A_v=-\frac{60(2//2)}{0.92}\approx-65$$

输入电阻
$$R_i=R_{B1}//R_{B2}//r_{be}\approx0.92k\Omega$$

输出电阻
$$R_o=R_C=2k\Omega$$

发射极旁路电容器 C_E 的作用是为交流分量提供通路,而对直流分量无影响。由于它的容量足够大,对交流信号的容抗就很小,对交流分量可视作短路,发射极电阻 R_E 上就不会产生交流压降,防止降低放大器的电压放大倍数。

(3) 求发射极旁路电容器 C_E 断开时的电压放大倍数 A_v

C_E 断开时电路对应的微变等效电路如图 2.4.4 所示。依等效电路有

$$v_o=-i_c(R_C//R_L)=-\beta i_b(R_C//R_L)$$

$$v_i=i_b r_{be}+(1+\beta)i_b R_E=i_b[r_{be}+(1+\beta)R_E]$$

所以
$$A_v=\frac{v_o}{v_i}=-\frac{\beta(R_C//R_L)}{r_{be}+(1+\beta)R_E}$$

当满足 $(1+\beta)R_E\gg r_{be}$ 时,有

$$A_v\approx-\frac{\beta(R_C//R_L)}{(1+\beta)R_E}\approx-\frac{R_C//R_L}{R_E}$$

代入参数得

$$A_v \approx -\frac{2/\!/2}{1} = -1$$

此例表明,断开 C_E 后放大器电压放大倍数将大幅度下降。

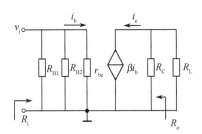

图 2.4.3　图 2.4.2 微变等效电路

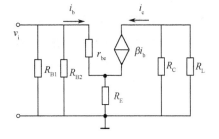

图 2.4.4　图 2.4.2 C_E 断开后微变等效电路

2.5　共集电极电路和共基极电路

2.5.1　共集电极放大电路

共集电极放大器通常称为射极输出器,电路如图 2.5.1 所示。它与共发射极放大器比较有两点不同:其一是集电极直接与电源 V_{CC} 相连,对交流信号而言相当于接地,因此集电极是输入回路与输出回路的公共端,故称为共集电极放大器;其二是负载接在发射极上,信号由发射极输出,所以又称为射极输出器。

1. 静态分析

共集电极放大器静态工作点的计算方法与共发射极放大器类似。计算时可先画出直流通路,如图 2.5.1(b)所示。由直流通路可知

$$V_{CC} = I_{BQ}R_B + V_{BEQ} + I_{EQ}R_E$$

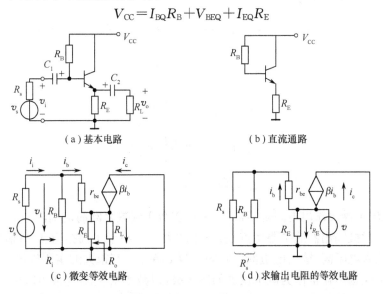

（a）基本电路　　　　　　　　　（b）直流通路

（c）微变等效电路　　　　　　　（d）求输出电阻的等效电路

图 2.5.1　共集电极放大器

即

$$I_{BQ} = \frac{V_{CC} - V_{BEQ}}{R_B + (1+\beta)R_E}$$

$$I_{CQ} = \beta I_{BQ}$$
$$V_{CEQ} \approx V_{CC} - I_{CQ} R_E \qquad (2.5.1)$$

2. 动态分析

画出微变等效电路,如图 2.5.1(c)所示。

(1) 求电压放大倍数 A_v(不考虑 R_s 影响)

$$v_o = (1+\beta) i_b R_L'$$
$$v_i = i_b r_{be} + (1+\beta) i_b R_L' = i_b [r_{be} + (1+\beta) R_L']$$

故
$$A_v = \frac{v_o}{v_i} = \frac{(1+\beta) R_L'}{r_{be} + (1+\beta) R_L'} \qquad (2.5.2)$$

式中 $R_L' = R_E // R_L$,通常 $(1+\beta) R_L' \gg r_{be}$,表明射极输出器的电压放大倍数略小于 1 但接近 1,且输出信号与输入信号同相位,即输出信号跟随输入信号变化,因此射极输出器又称为射极跟随器。

(2) 输入电阻 R_i

由图 2.5.1(c)可知

$$R_i' = \frac{v_i}{i_b} = r_{be} + (1+\beta) R_L'$$
$$R_i = R_B // [r_{be} + (1+\beta) R_L'] \qquad (2.5.3)$$

通常 $(1+\beta) R_L' \gg r_{be}$,因此,射极输出器的输入电阻比共发射极基本放大器的输入电阻($R_i = R_B // r_{be}$)要高得多,可达数十到数百千欧。

(3) 输出电阻 R_o

根据输出电阻的计算方法,将输入信号源 v_s 短路,负载 R_L 开路,并在输出端外加一交流信号电压 v,如图 2.5.1(d)所示。

$$i = i_b + \beta i_b + i_{R_E} = \frac{v}{(R_s // R_B) + r_{be}} + \frac{\beta v}{(R_s // R_B) + r_{be}} + \frac{v}{R_E}$$
$$= v \left(\frac{1+\beta}{R_s' + r_{be}} + \frac{1}{R_E} \right)$$
$$R_o = \frac{v}{i} = R_E // \left(\frac{r_{be} + R_s'}{1+\beta} \right) \qquad (2.5.4)$$

通常
$$\beta \gg 1, \qquad \frac{r_{be} + R_s'}{1+\beta} \ll R_E$$

故
$$R_o \approx \frac{r_{be} + R_s'}{\beta}$$

上式表明射极输出器的输出电阻是很低的,一般在数十到数百欧的范围内。

综上所述,射极输出器的主要特点是:电压放大倍数小于 1 而接近于 1;输出电压与输入电压同相位;输入电阻高,输出电阻低。它的后两个特点具有很大的实用价值。利用其输入电阻高的特点,射极输出器常作为电子仪器的输入级,以减小对被测电路的影响,提高测量的精度;利用其输出电阻低的特点,射极输出器常作为放大器的输出级,以提高带负载能力;综合利用其输入电阻高和输出电阻低的特点,射极输出器常用作中间隔离级或称缓冲级。把它接在两个共射放大器之间,起阻抗变换作用,使前后级阻抗匹配,实现信号的最大功率传输。必须注意:射极输出器虽然没有电压放大作用,但却具有电流放大作用,因而放大了信号的功率。

2.5.2　共基极放大电路

共基极放大电路如图 2.5.2(a)所示,信号从发射极和地之间输入,由集电极和地之间输出,基极电容 C_B 将 R_{B1} 和 R_{B2} 交流短路,基极交流接地为公共端,故为共基极放大电路。

1. 静态分析
因共基极放大电路的直流通路就是分压式偏置电路,故静态分析也相同,不再重述。

2. 动态分析
画出微变等效电路,如图 2.5.2(b)所示。

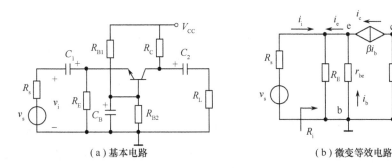

(a)基本电路　　　　　　　　　　　(b)微变等效电路

图 2.5.2　共基极放大电路

(1)电压放大倍数 A_v(不考虑 R_s 影响)

$$A_v = \frac{v_o}{v_i} = \frac{-i_c R_L{}'}{-i_b r_{be}} = \frac{\beta R_L{}'}{r_{be}} \qquad (R_L{}' = R_C /\!/ R_L) \qquad (2.5.5)$$

上式说明,共基极放大电路的电压放大倍数在数值上与共射极放大器一样,但输出与输入同相。

(2)输入电阻 R_i

由定义知

$$R_i = \frac{v_i}{i_i} = R_E /\!/ R_i'$$

$$R_i' = \frac{v_i}{-i_e} = \frac{-i_b r_{be}}{-(1+\beta)i_b} = \frac{r_{be}}{1+\beta}$$

$$R_i = R_E /\!/ \frac{r_{be}}{1+\beta} \qquad (2.5.6)$$

(3)求输出电阻 R_o

根据定义,共基极电路的输出电阻为

$$R_o = \frac{v}{i}\bigg|_{R_L=\infty,\,V_s=0} \approx R_C \qquad (2.5.7)$$

2.5.3　放大电路三种组态的比较

1. 三种组态的判别
一般要看输入信号加在三极管的哪个电极,输出信号从哪个电极输出。共射极放大电路中,信号由基极输入,集电极输出;共集电极放大电路中,信号由基极输入,发射极输出;共基极电路中,信号由发射极输入,集电极输出。

2. 三种组态的特点及用途

共射极放大电路的电压和电流增益都大于1,输入电阻在三种组态中居中,输出电阻与集电极电阻有关,适用于低频情况下,作为多级放大器的中间级。共集电极放大电路只有电流放大作用,没有电压放大,有电压跟随作用,在三种组态中,输入电阻最高,输出电阻最小,最适于信号源与负载的隔离和匹配,可用于输入级、输出级或缓冲级。共基极放大电路只有电压放大作用,没有电流放大,有电流跟随作用,输入电阻小,输出电阻与集电极电阻有关,高频特性较好,常用于高频或宽频带低输入阻抗的场合。

放大电路三种组态的主要性能如表 2.5.1 所示。

表 2.5.1 放大电路三种组态的主要性能

	共射极电路	共集电极电路	共基极电路
电路图	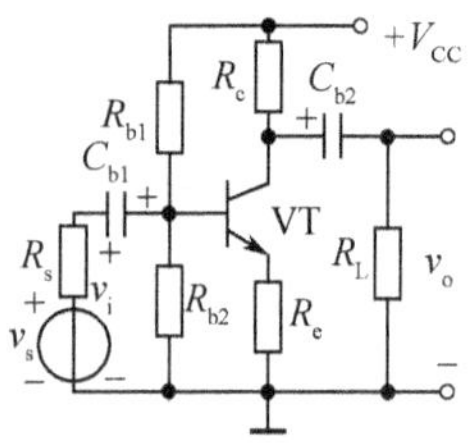	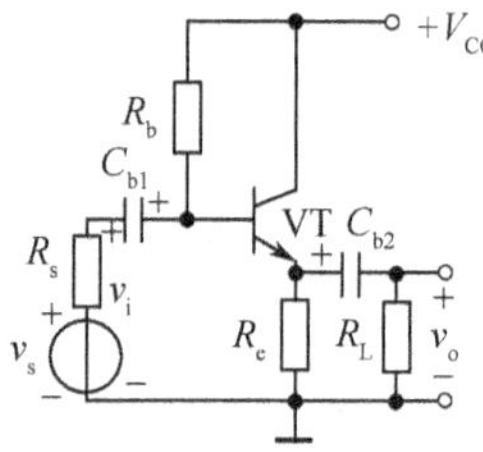	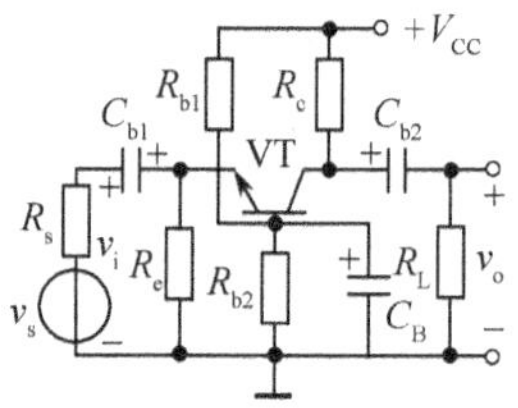
电压增益 A_v	$A_v = -\dfrac{\beta R'_L}{r_{be}+(1+\beta)R_e}$ $(R'_L = R_c /\!/ R_L)$	$A_v = \dfrac{(1+\beta)R'_L}{r_{be}+(1+\beta)R'_L}$ $(R'_L = R_e /\!/ R_L)$	$A_v = \dfrac{\beta R'_L}{r_{be}}$ $(R'_L = R_c /\!/ R_L)$
v_o 与 v_i 的相位关系	反相	同相	同相
最大电流增益 A_i	$A_i \approx \beta$	$A_i \approx 1+\beta$	$A_i \approx \alpha$
输入电阻	$R_i = R_{b1} /\!/ R_{b2} /\!/$ $[r_{be}+(1+\beta)R_e]$	$R_i = R_b /\!/$ $[r_{be}+(1+\beta)R'_L]$	$R_i = R_e /\!/ \dfrac{r_{be}}{1+\beta}$
输出电阻	$R_o \approx R_c$	$R_o = \dfrac{r_{be}+R'_s}{1+\beta} /\!/ R_e$ $(R'_s = R_s /\!/ R_b)$	$R_o \approx R_c$
用途	多级放大电路的中间级	输入级、中间级、输出级	高频或宽频带电路

3. 组合放大电路

在实际中,可根据三种组态的不同特点,将其中任意两种进行组合,构成组合放大器,以发挥各自的特点。

(1) 共射—共基组合放大器

共射—共基组合放大器的交流通路如图 2.5.3 所示,图中 VT_1 管接成共发射极组态,VT_2 接成共基极组态。由于共基极电路的电流增益接近于1($\alpha \approx 1$),它在组合电路中的作用类似于一个电流接续器,将共发射极电路的输出电流几乎不衰减地接续到负载 R'_L 上,因此组合电路的电压增益相当于负载为 R_L' 的单级共发射极电路的增益。此外,整个电路的输入电阻取决于共发射极电路的输入电阻,输出电阻取决于共基极电路的输出电阻。

实际上,在这种两级串接的组合电路中,后级的输入电阻就是前级的负载。由于后级共基

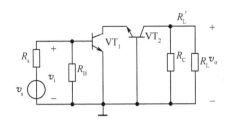

图 2.5.3 共射—共基组合放大器

电路输入电阻很小,致使前级共发射极组态的电压增益很小,整个电路的电压增益主要由共基极电路提供,这种组合电路特别适宜于高频工作。

（2）共集—共射组合放大器

共集—共射组合放大器的交流通路如图 2.5.4 所示,图中 VT_1 管接成共集电极组态,VT_2 接成共发射极组态。第一级共集电极电路主要用于提高整个电路的输入电阻,第二级共射极电路用于提供电压增益。

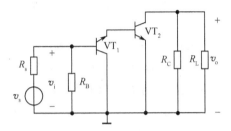

图 2.5.4 共集—共射组合放大器

2.6 场效应管放大器

与三极管一样,场效应管也具有电流放大作用,可以构成共源极、共栅极和共漏极三种基本组态的放大电路。由于场效应管输入电阻很高,常用作多级放大器的输入级；另外,还常被用来构成低噪声、低能耗的微弱信号放大电路。

2.6.1 场效应管放大器的直流分析

为了保证场效应管放大器工作在放大状态,必须为场效应管设置合适的静态工作点,常用的偏置形式有两种,即自给偏置方式和分压偏置方式。

1. 自给偏置方式

自给偏置电路如图 2.6.1(a)所示,静态时栅极电流为 0,所以 R_G 上无压降。栅源电压 $V_{GS}=V_G-V_S=-I_DR_S$,由于栅源电压是由场效应管本身电流流经源极电阻产生的电压,故称自给偏置。由于栅源电压小于 0,所以此种偏置方式只适用于耗尽型场效应管构成的放大器。

2. 分压偏置方式

分压偏置电路如图 2.6.1(b)所示,图中 R_G 为提高电路的输入电阻而设置。漏极电源 V_{DD} 经分压电阻 R_{G1}、R_{G2} 分压后加到 R_G 上。由于 R_G 上没有电流,所以栅极电压 V_G 为

$$V_G=\frac{R_{G2}}{R_{G1}+R_{G2}}V_{DD}$$

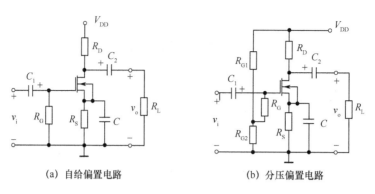

(a) 自给偏置电路   (b) 分压偏置电路

图 2.6.1 场效应管放大器的偏置电路

漏极电流在源极电阻 R_S 上产生压降为 $V_S = I_D R_S$，因此，静态时加在场效应管上的栅源电压为

$$V_{GS} = V_G - V_S = \frac{R_{G2}}{R_{G1} + R_{G2}} V_{DD} - I_D R_S$$

假设场效应管的夹断电压为 V_P，NMOS 管工作于饱和区，则漏极电流为

$$I_D = K_n (V_{GS} - V_P)^2$$

这种偏压方式既适用于耗尽型场效应管，又适用于增强型场效应管。

【例 2.6.1】电路如图 2.6.2(a)所示，设 $R_{g1} = 60\text{k}\Omega$，$R_{g2} = 40\text{k}\Omega$，$R_d = 15\text{k}\Omega$，$V_{DD} = 5\text{V}$，$V_T = 1\text{V}$，$K_n = 0.2\text{mA/V}^2$，试计算电路的静态漏极电流 I_{DQ} 和漏源电压 V_{DSQ}。

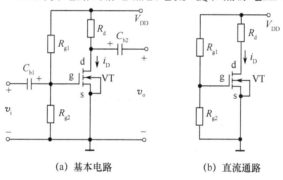

(a) 基本电路   (b) 直流通路

图 2.6.2 场效应管放大器

解: 由图 2.6.2(b)可得

$$V_{GSQ} = \frac{R_{g2}}{R_{g1} + R_{g2}} V_{DD} = \frac{40}{60 + 40} \times 5\text{V} = 2\text{V}$$

假设 NMOS 管工作在饱和区，其漏极电流为

$$I_{DQ} = K_n (V_{GS} - V_T)^2 = (0.2) \times (2-1)^2 \text{mA} = 0.2\text{mA}$$

漏源电压为

$$V_{DSQ} = V_{DD} - I_D R_d = [5 - (0.2) \times (15)]\text{V} = 2\text{V}$$

由于 $V_{DS} > (V_{GS} - V_T) = (2-1)\text{V} = 1\text{V}$，说明 NMOS 管的确工作在饱和区，上面的分析是正确的。

综上分析，对于 N 沟道增强型 MOS 管电路的直流计算，可以采用下述步骤：

① 设 MOS 管工作于饱和区，则有 $V_{GSQ} > V_T$，$I_{DQ} > 0$，$V_{DSQ} > (V_{GSQ} - V_T)$。

② 利用饱和区的电流—电压关系 $I_D = K_n (V_{GS} - V_P)^2$ 分析电路。

③ 如果出现 $V_{GSQ} < V_T$，则 MOS 管截止，如果 $V_{DSQ} < (V_{GSQ} - V_T)$，则 MOS 管工作在可变电阻区。

P 沟道 MOS 管电路的分析与 N 沟道类似，但要注意其电源极性与电流方向不同。

2.6.2　场效应管放大器的交流分析

场效应管放大器交流分析方法与三极管放大器类似，也可用微变等效电路分析法分析。

场效应管微变等效电路如图 2.6.3 所示。栅极和源极之间由于是绝缘的，所以栅、源之间的输入端等效为无穷大电阻即断开；输出回路因漏极电流受栅、源电压控制而等效为受控电流源。将场效应管等效电路代入场效应管放大器的交流通路，就可对放大器进行交流分析。

1. 共源极放大电路

图 2.6.1(b)所示电路为共源极放大器，信号从栅极输入，漏极输出。共源极放大电路性能与共射极放大电路相似，其微变等效电路如图 2.6.4 所示。

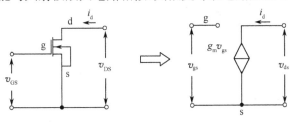

图 2.6.3　场效应管微变等效电路

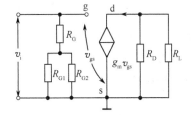

图 2.6.4　图 2.6.1(b)电路的微变等效电路

(1)电压增益

由图 2.6.4 可知，该电路的电压放大倍数为

$$A_v = \frac{v_o}{v_i} = \frac{-g_m v_{gs}(R_D /\!/ R_L)}{v_{gs}} = -g_m(R_D /\!/ R_L)$$

可见共源极放大电路也属于反相放大器。另外还要指出的是，与三极管电路接入射极电阻类似，在 MOS 管中接入源极电阻或电流源，也具有稳定静态工作点的作用。

(2) 输入电阻

输入电阻为

$$R_i = R_G + R_{G1} /\!/ R_{G2}$$

通常，R_G 为几兆欧，且 $R_G \gg R_{G1} /\!/ R_{G2}$，所以 $R_i \approx R_G$。

(3) 输出电阻

输出电阻为

$$R_o = R_D$$

2. 共漏极放大电路

图 2.6.5 电路为共漏极放大器，信号从栅极输入，源极输出。共漏极放大电路性能与共集电极放大电路相似，称为源极跟随器，其微变等效电路如图 2.6.6 所示。

(1)电压增益

根据微变等效电路

$$v_o = g_m v_{gs} R, v_i = v_{gs} + v_o = v_{gs} + g_m v_{gs} R$$

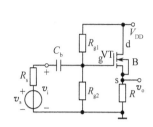
图 2.6.5　共漏极放大器

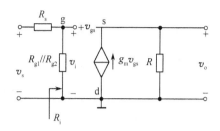
图 2.6.6　图 2.6.5 的微变等效电路

因此放大电路的电压增益为

$$A_v = \frac{v_o}{v_i} = \frac{g_m v_{gs} R}{v_{gs} + g_m v_{gs} R} = \frac{g_m R}{1 + g_m R}$$

$$A_{vs} = \frac{v_o}{v_s} = \frac{v_o}{v_i} \cdot \frac{v_i}{v_s} = \frac{g_m R}{1 + g_m R} \cdot \frac{R_i}{R_i + R_s}$$

可见源极跟随器的电压增益小于 1 但接近于 1。

（2）输入电阻

输入电阻为

$$R_i = R_{g1} /\!/ R_{g2}$$

（3）输出电阻

求输出电阻的方法与三极管电路类似，令 $v_s = 0$，保留内阻 R_s（若有 R_L，应将其断开），然后输出端加测试电压，由此可画出求源极跟随器输出电阻的电路，如图 2.6.7 所示。

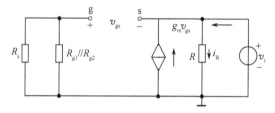
图 2.6.7　图 2.6.5 电路求输出电阻

由图有

$$i_t = i_R - g_m v_{gs} = \frac{v_t}{R} - g_m v_{gs}$$

而

$$v_{gs} = -v_t$$

于是

$$i_t = v_t \left(\frac{1}{R} + g_m \right)$$

故

$$R_o = \frac{v_t}{i_t} = \frac{1}{\left(\frac{1}{R} + g_m \right)} = R /\!/ \frac{1}{g_m}$$

可见，源极跟随器的输出电阻很小。

前面分析了共源极电路和共漏极电路，与三极管的共基极电路相对应，MOS 管放大电路也有共栅极电路。感兴趣的读者可查阅相关资料。

2.7　多级放大电路

一般,放大器的输入信号很微弱,为毫伏或微伏级,要把它放大到使负载正常工作所需要的电压,放大倍数常需达数千乃至数万倍,这是单级放大器无法胜任的。在工程实践中,通常根据实际需要把几级放大电路串联起来,组成多级放大器。

2.7.1　级间耦合方式

在多级放大器中,各级之间的连接方式称为耦合。最常用的耦合方式是直接耦合和阻容耦合。

1. 直接耦合

直接耦合就是把前级的输出端与后级的输入端直接相连的耦合方式,其特点是可以传递缓慢变化的低频信号或直流信号。直接耦合放大器存在两个问题:一是前、后级静态工作点相互影响,相互牵制。在图 2.7.1 所示的两级直接耦合放大器中,电阻 R_4 就是为了消除这种影响而设置的。如将 R_4 短路,则 VT_2 发射结电压 V_{BE2} 将把 VT_1 的集电极电压 V_{CE1} 钳位在 0.7V, VT_1 管将不能正常放大,同时 VT_2 管也将进入深度饱和状态,也不能完成放大。二是存在零点漂移。所谓零点漂移是指当输入信号电压 $v_i = 0$ 时,输出电压偏离原来起始值的现象,简称零漂。当放大器输入信号后,这种漂移就伴随着信号共存于放大器中,当漂移量大到和正常放大器的输出信号同一数量级时,就无法把它与需要放大的有用信号区分开。

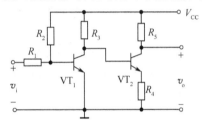

图 2.7.1　两级直接耦合放大器

引起零点漂移的原因很多,如三极管参数(I_{CBO}、V_{BE}、β)随温度的变化,电源电压的波动,电路元件参数由于老化或更换而引起的变化等都将引起静态工作点的改变,这些变化量被放大器逐级放大就会产生较大的漂移电压。这种由于温度变化而引起的零点漂移又简称为温漂。

2. 阻容耦合

阻容耦合是把前级的输出端通过耦合电容与后级的输入端相连的耦合方式。图 2.7.2 所示就是一个两级阻容耦合放大器。它是用耦合电容 C_2 将两个单级放大器连接起来的,不难看出,第二级放大器的输入电阻即为第一级放大器的负载。在技术上把这种通过耦合电容与下一级电路连接起来,实现级间信号传输的方式称为阻容耦合。

阻容耦合的特点是:前后级间采用电容连接,只能传输交流信号。这是因为电容具有"隔直"作用,各级直流电路互不相通。每一级放大器的静态工作点各自独立而互不影响,给电路的设计、调试和维修带来很大方便。而且前级的零点漂移不会传至后级被放大,因而稳定性较好。它的缺点是不能用来放大缓慢变化的低频信号和直流信号,特别是在集成电路中,由于制作大容量的耦合电容困难,因而无法采用阻容耦合方式。

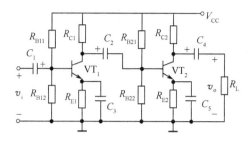

图 2.7.2　两级阻容耦合放大器

2.7.2　多级放大电路分析

多级放大器对被放大的信号而言,属于串联关系。前一级的输出信号就是后一级的输入信号。设多级放大器输入信号为 v_i,各级放大器的电压放大倍数依次为 A_{v1}、A_{v2}、$\cdots$、A_{vn},则 v_i 被第一级放大后输出电压成了 $A_{v1}v_i$,经第二级放大后输出电压成了 $A_{v2}(A_{v1}v_i)$,以此类推,通过几级放大后,输出电压成为 $(A_{v1}A_{v2}\cdots A_{vn})v_i$。所以多级放大器总的电压放大倍数为各级电压放大倍数的乘积,即

$$A_v = A_{v1}A_{v2}\cdots A_{vn}$$

在计算多级放大器的电压放大倍数时应注意:计算前级的电压放大倍数时,必须把后级的输入电阻作为前级放大器负载来考虑,即 $A_{v1}A_{v2}\cdots A_{vn}$ 均为带负载的电压放大倍数。

另外,多级放大电路的输入电阻等于第一放大电路的输入电阻,多级放大电路的输出电阻等于最后一级(输出级)的输出电阻。

【例 2.7.1】在图 2.7.2 所示电路中,已知:$R_{B11}=27\text{k}\Omega$,$R_{B12}=R_{B21}=10\text{k}\Omega$,$R_{B22}=3.3\text{k}\Omega$,$R_{C1}=47\text{k}\Omega$,$R_{C2}=3\text{k}\Omega$,$V_{CC}=12\text{V}$,$R_{E1}=2.4\text{k}\Omega$,$R_{E2}=1.2\text{k}\Omega$,$R_L=4\text{k}\Omega$,$\beta_1=\beta_2=60$,求总电压放大倍数 A_v、输入电阻 R_i、输出电阻 R_o。

解: 由第一级知

$$V_{B1}=V_{CC}\frac{R_{B12}}{R_{B11}+R_{B12}}=12\times\frac{10}{27+10}\approx 3.24\text{V}$$

$$I_{E1}=\frac{V_{E1}}{R_{E1}}=\frac{V_{B1}-V_{BE1}}{R_{E1}}=\frac{3.24-0.7}{2.4}\approx 1.1\text{mA}$$

$$r_{be1}=200+(1+\beta_1)\frac{26}{I_{E1}}=200+(1+60)\frac{26\text{mV}}{1.1\text{mA}}\approx 1.64\text{k}\Omega$$

由第二级知

$$V_{B2}=V_{CC}\frac{R_{B22}}{R_{B21}+R_{B22}}=12\times\frac{3.3}{10+3.3}\approx 3\text{V}$$

$$I_{E2}=\frac{V_{E2}}{R_{E2}}=\frac{V_{B2}-V_{BE2}}{R_{E2}}=\frac{3-0.7}{1.2}\approx 1.9\text{mA}$$

$$r_{be2}=200+(1+\beta_2)\frac{26}{I_{E2}}=200+(1+60)\frac{26\text{mV}}{1.9\text{mA}}\approx 1.04\text{k}\Omega$$

画出图 2.7.2 所示电路的微变等效电路,如图 2.7.3 所示。故第一级的负载电阻为

$$R'_{L1}=R_{C1}/\!/R_{B21}/\!/R_{B22}/\!/r_{be2}=4.7/\!/10/\!/3.3/\!/1.04\approx 0.63\text{k}\Omega$$

第二级的负载电阻为

$$R'_{L2}=R_{C2}/\!/R_L=3/\!/4\approx 1.71\text{k}\Omega$$

所以,电压放大倍数为

$$A_{v1} = -\beta_1 \frac{R'_{L1}}{r_{be1}} = -60 \times \frac{0.63}{1.64} \approx -23$$

$$A_{v2} = -\beta_2 \frac{R'_{L2}}{r_{be2}} = -60 \times \frac{1.71}{1.04} \approx -98.7$$

$$A_v = A_{v1} \cdot A_{v2} = (-23) \times (-98.7) \approx 2270$$

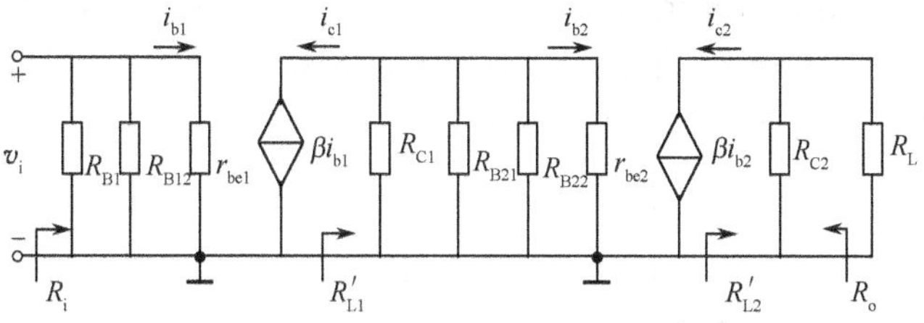

图 2.7.3   图 2.7.2 电路的微变等效电路

$$R_i = R_{B11} /\!/ R_{B22} /\!/ r_{be} = 1.34 k\Omega$$

$$R_o = R_{C2} = 3k\Omega$$

【例 2.7.2】共射—共基放大电路交流通路如图 2.5.3 所示。试求总电压放大倍数 A_v、输入电阻 R_i、输出电阻 R_o。

解:第一级的负载电阻为

$$R'_{L1} = \frac{r_{be2}}{1+\beta_2}$$

$$A_{v1} = -\frac{\beta_1 R'_{L1}}{r_{be1}} = -\frac{\beta_1 r_{be2}}{r_{be1}(1+\beta_2)}$$

$$A_{v2} = \frac{-\beta_2 R'_{L2}}{r_{be2}} = -\frac{\beta_2(R_c /\!/ R_L)}{r_{be2}}$$

所以

$$A_v = -\frac{\beta_1 r_{be2}}{(1+\beta_2)r_{be1}} \cdot \left(-\frac{\beta_2(R_c /\!/ R_L)}{r_{be2}}\right)$$

因为 $\beta_2 \gg 1$,因此

$$A_v = \frac{\beta_1(R_c /\!/ R_L)}{r_{be1}}$$

输入电阻

$$R_i = \frac{v_i}{i_i} = R_b /\!/ r_{be1}$$

输出电阻 $$R_o \approx R_c$$

共射—共基组合放大电路的电压增益与单管共射极放大电阻的电压增益接近,但该电路的高频特性好,具有较宽的频带。

2.7.3 放大电路的频率响应

前面讲到放大电路分析时,为了分析简便起见,设输入信号是单一频率的正弦信号。实际上,放大电路的输入信号往往是包含众多频率成分的非正弦量。如音频信号的频率范围是

20Hz～20kHz、电视的图像信号频率范围是 0～6MHz 等。由于在放大电路中电抗元件（如电容、电感线圈等）和晶体管极间电容的存在，当输入信号的频率过低或过高时，不但放大倍数会变小，而且还将产生超前或滞后的相移，这就是放大器的频率响应或频率特性。

1. 阻容耦合放大器的频率特性

在阻容耦合放大电路中，由于存在级间耦合电容、发射极旁路电容，以及晶体管极间结电容等，它们的容抗将随频率的变化而变化，从而使放大电路对不同频率的信号放大倍数不一样，所以放大倍数是频率的函数，阻容耦合放大电路的幅频特性曲线如图 2.7.4 所示，在图中，曲线可分三段讨论，即低频段、中频段和高频段。

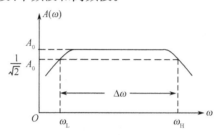

图 2.7.4　阻容耦合放大器的幅频特性

在低频段（$\omega \leqslant \omega_L$），影响放大器频率特性的主要因素是耦合电容。因为随着工作频率的降低，耦合电容的容抗增大，其分压作用不能忽略，使实际送到晶体管输入端的电压比输入信号小，故放大器放大倍数要降低。当电压放大倍数随信号频率的降低下降到中频电压放大倍数 A_0 的 $1/\sqrt{2}$ 倍（3dB）时，所对应的频率称为放大器的下限频率，用 ω_L 表示。

在中频段（$\omega_H \leqslant \omega \leqslant \omega_L$），由于级间耦合电容和发射极旁路电容的容量较大，故对中频段信号的容抗小，可视为短路；另一方面晶体管的结电容和导线分布电容都很小，对中频段信号的容抗很大，可视作开路。所以，在中频段，可认为电容不影响交流信号的传送，放大器的放大倍数 A_0 与信号频率无关。

在高频段（$\omega \geqslant \omega_H$），影响放大器频率特性的主要因素是晶体管的结电容和导线分布电容。因为随着信号频率的升高，晶体管的结电容和导线分布电容的容抗将减小，这些电容并联在晶体管输入端和输出端上，对信号的分流作用增大，使放大器输入电压减小，放大倍数降低。当电压放大倍数随信号频率的升高下降到中频电压放大倍数 A_0 的 $1/\sqrt{2}$（3dB）时，所对应的频率为放大电路的上限频率，用 ω_H 表示。上限频率 ω_H 和下限频率 ω_L 之间的频率范围称为放大器的通频带，这是放大器的一个重要指标，它决定了放大器能放大信号的频率范围。

2. 直接耦合放大器的频率特性

直接耦合放大器的幅频特性如图 2.7.5 所示。由图可见，这种放大器的下限频率 $\omega_L = 0$，表明放大器的电压放大倍数不随信号频率的降低而下降，因而它可以放大直流信号或缓慢变化的信号。其原因是放大器没有耦合电容。但是，当信号频率升高到高频段时，晶体管结电容和导线分布电容对信号的分流作用同样不能忽略，因此上限频率的限制仍然存在。其通频带为 $\Delta \omega = \omega_H$。

3. 多级放大器的频率特性

多级放大器的频率特性可以在单级放大器频率特性的基础上求得。因为单级放大电路的电压增益是频率的函数，所以多级放大器的增益必然也是频率的函数。为了分析简便，假设有

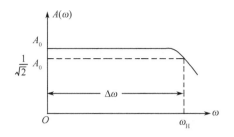

图 2.7.5　直接耦合放大器的幅频特性

一个两级放大电路,由两个通带电压增益相同、频率响应相同的单管共射放大器通过阻容耦合构成。

下面定性分析上述两级电路的频率特性。设两级放大器总的增益为 A_v,每级放大器的增益为 A_{v1},则 $A_v = A_{v1} \cdot A_{v1} = A_{v1}^2$。因此设每级放大器的通带增益为 $|A_{v0}|$,则每级的上限频率 f_{H1} 和下限频率 f_{L1} 处对应的电压增益为 $0.707|A_{v0}|$,两级放大器对应于这两个频率的电压增益是 $(0.707A_{v0})^2 = 0.5A_{v0}^2$。显然 f_{H1} 和 f_{L1} 这两个频率不是两级放大器的上、下限频率,如图 2.7.6 所示。根据放大器通频带的定义,两级放大器的上、下限频率应是电压增益为 $0.707|A_{v0}|^2$ 时所对应的频率 f_H 和 f_L,如图 2.7.6 所示。

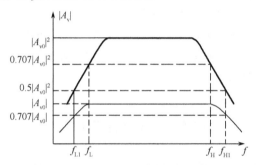

图 2.7.6　单级和两级放大器的频率响应

显然,$f_L > f_{L1}$,$f_H < f_{H1}$,即两级放大器的通频带变窄了。以此类推,多级放大电路的电压增益虽然提高了,但通频带将变窄,而且级数越多通频带越窄。

2.8　差动放大器

在集成电路中,由于大电容不易实现,所以放大器之间的连接只能采用直接耦合方式。温漂是直接耦合放大器所特有的现象,也是最棘手的问题。人们采用各种补偿措施来抑制它,其中最有效的方法是使用差动放大器。

2.8.1　差动放大器结构特点

差动放大器是利用参数匹配的两个三极管组成对称形式的电路结构进行补偿,以达到减小温度漂移的目的,其典型电路如图 2.8.1 所示。图中三极管 VT_1、VT_2 的特性相同,两管集电极负载电阻的阻值相等 $R_{C1} = R_{C2}$,电路左右两侧是两个结构和参数对称的反相放大单元,R_E 为公共发射极电阻,$+V_{CC}$ 和 $-V_{EE}$ 分别是正、负电源。另外电路有两个输入端和两个输出端,实用中既可双端输入也可单端输入、既可双端输出也可单端输出。

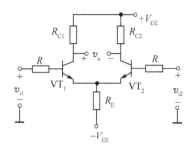

图 2.8.1 差动放大器

2.8.2 差动放大器性能特点

1. 对温漂的抑制作用

在图 2.8.1 中，静态时，$v_{i1}=v_{i2}=0$，由于电路的对称性，VT_1、VT_2 两管的集电极电流 $I_{C1}=I_{C2}$，集电极电位 $V_{C1}=V_{C2}$，故输出电压 $v_o=V_{C1}-V_{C2}=0$。确保了零输入时零输出。

当温度变化时，三极管 VT_1、VT_2 静态集电极电流将产生一个变化量 ΔI_{C1} 和 ΔI_{C2}，集电极电位也将产生相应的变化量 ΔV_{C1} 和 ΔV_{C2}，因电路是对称的，两边变化量相等，即 $\Delta I_{C1}=\Delta I_{C2}$，$\Delta V_{C1}=\Delta V_{C2}$。输出电压 $v_o=\Delta V_{C1}-\Delta V_{C2}=0$。

可见，在理想对称的差动放大器中，虽然两个三极管的集电极静态电位会随着温度的变化产生零点漂移，但由于采用了双端输出方式，两者的零点漂移能够相互抵消，输出电压始终维持为零，零点漂移被完全抑制。

2. 对输入信号的放大作用

当有信号输入时，差动放大器工作情况具体分析如下。

（1）共模输入

若两个输入信号电压大小相等，极性相同，即 $v_{i1}=v_{i2}$，这样的输入称为共模输入。两输入电压的算术平均值称为共模电压，定义为

$$v_{ic}=\frac{v_{i1}+v_{i2}}{2} \tag{2.8.1}$$

在共模输入信号的作用下，对于完全对称的差动放大器来说，显然 VT_1、VT_2 两管的集电极电位变化相同，因而输出电压 $v_o=0$。可得差动放大器共模电压放大倍数

$$A_{vc}=\frac{v_o}{v_{ic}}=0 \tag{2.8.2}$$

式（2.8.2）表明，差动放大器对共模信号没有放大能力，即对共模信号具有抑制作用。实际上，差动放大器对共模信号的抑制作用具有很重要的意义。因为温度变化、电源电压的波动都会引起静态工作点的漂移，差放电路两管同时产生同样的漂移，这种大小相等、极性相同的漂移电压就相当于在两输入端加上了共模信号。差放电路利用电路对称的特点，将一个管子产生的漂移抵消另一个管子产生的漂移，由于集成工艺很适宜制造非常对称的电路，因此这种补偿功能在集成电路中广泛采用。

（2）差模输入

若两个输入信号电压大小相等、极性相反，即 $v_{i1}=-v_{i2}$，这样的输入称为差模输入。两输入电压 v_{i1} 和 v_{i2} 之差称为差模信号，定义为

$$v_{id} = v_{i1} - v_{i2} \qquad (2.8.3)$$

在差模输入信号作用下,两管的集电极输出电压也大小相等、极性相反,即 $v_{c1} = -v_{c2}$,所以 $v_o = v_{c1} - v_{c2} = 2v_{c1}$。可得差动放大器差模电压放大倍数

$$A_{vd} = \frac{v_o}{v_{i1} - v_{i2}} = \frac{2v_{c1}}{2v_{i1}} = \frac{v_{c1}}{v_{i1}} = A_{v1} \qquad (2.8.4)$$

式中,A_{v1}、A_{v2}分别为 VT$_1$、VT$_2$构成的单级放大器电压放大倍数。上式表明:差动放大器在差模输入时,其电压放大倍数与单级放大器电压放大倍数相同。可见该电路使用成倍的元器件,主要是用以获取抑制共模信号的能力。

（3）任意输入

若两个输入信号 v_{i1} 和 v_{i2} 既不是差模信号也不是共模信号,可作如下分解

$$v_{i1} = v_{ic} + \frac{v_{id}}{2} \qquad (2.8.5)$$

$$v_{i2} = v_{ic} - \frac{v_{id}}{2} \qquad (2.8.6)$$

可见,当任意输入时,放大器的两个输入端同时作用着一对共模信号和一对差模信号,差分放大器放大其中的差模信号,对共模信号具有抑制作用。

差动放大器输出电压为

$$v_o = A_{vd} v_{id} + A_{vc} v_{ic} \qquad (2.8.7)$$

当 $A_{vc} = 0$ 时, $\qquad\qquad\qquad v_o = A_{vd}(v_{i1} - v_{i2})$

此式表明,差动放大器的输出电压 v_o 不取决输入信号电压本身的大小,而与两个输入信号电压之差$(v_{i1} - v_{i2})$成正比,这是差动放大器的重要特性,也是差动放大器名称的由来。

3. 共模抑制比

对差动放大器来说,差模信号是有用信号,要求对它有较大的放大倍数;而共模信号是需要抑制的,因此对它的放大倍数要越小越好。为了全面衡量差动放大器放大差模信号和抑制共模信号的能力,引用了共模抑制比 K_{CMR} 来表征。共模抑制比定义为差动放大器的差模电压放大倍数 A_{vd} 与共模电压放大倍数 A_{vc} 之比的绝对值,即

$$K_{CMR} = \left| \frac{A_{vd}}{A_{vc}} \right| \qquad (2.8.8)$$

当两边电路完全对称时,因为 $A_{vc} = 0$,所以有 $K_{CMR} = \infty$。显然,共模抑制比越大,说明差动放大器对共模信号或零点漂移的抑制作用越强,放大器的性能越优良。

2.8.3 差动放大器主要技术指标的计算

差动放大器有 4 种结构,在输入端既可双端输入也可单端输入,在输出端既可双端输出也可单端输出。由于单端输入本质上相当于两输入端分别接入了 v_i 和 0 的双端输入,所以在分析其主要技术指标时,不需要区分输入的形式,但是要特别注意输出的形式。

1. 差模电压增益

（1）双端输出

电路如图 2.8.2(a)所示。负载接在 VT$_1$ 和 VT$_2$ 的集电极之间,属于双端输出方式。由前面分析知,此时差模增益等于单个放大器的增益。在电路中,由于两个对称的共发射极放大器公用 R_E 和 R_L,所以首先需要将两个放大器分离开来,即画出其差模交流通路,然后求出其中

一个共发射极放大器的电压放大倍数,即为电路的差模增益。

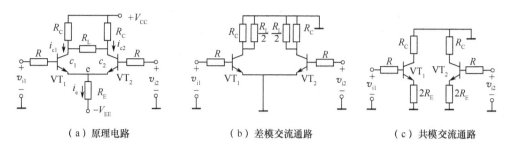

（a）原理电路　　　　（b）差模交流通路　　　　（c）共模交流通路

图 2.8.2　双端输出电路

在差模输入时, $v_{i1}=-v_{i2}$,一方面因一管的电流增加,另一管电流减小,在电路完全对称的条件下, i_{c1} 的增加量等于 i_{c2} 的减少量,所以流过 R_E 的差模电流等于0,发射极差模电位为0,即 R_E 对差模信号不起作用;另一方面 c_1 和 c_2 的电位向相反的方向变化,一边增量为正,另一边增量为负,并且大小相等,可见 R_L 的中点即为差模地电位,所以每个共发射极放大器的等效差模负载为 $R_L/2$,由此画出差模交流通路如图 2.8.2(b)所示。所以双端输出的差模增益

$$A_{vd}=\frac{v_o}{v_{i1}-v_{i2}}=A_{v1}=-\frac{\beta\left(R_C//\dfrac{R_L}{2}\right)}{R+r_{be}}$$

（2）单端输出

单端输出电路如图 2.8.3(a)所示,输出电压取 VT_1 管的集电极与地之间,由图 2.8.3(b),其差模增益为

$$A_{vd1}=\frac{v_{c1}}{v_{i1}-v_{i2}}=\frac{v_{c1}}{2v_{i1}}=\frac{1}{2}A_{vd}=-\frac{\beta(R_C//R_L)}{2(R+r_{be})}$$

若负载接在 VT_2 管的集电极与地之间,其差模增益为

$$A_{vd2}=\frac{v_{c2}}{v_{i1}-v_{i2}}=-\frac{v_{c2}}{2v_{i2}}=-\frac{1}{2}A_{vd}=\frac{\beta(R_C//R_L)}{2(R+r_{be})}$$

这种接法常用于将双端输入信号转换为单端输出信号,集成运放的中间级就采用这种接法。

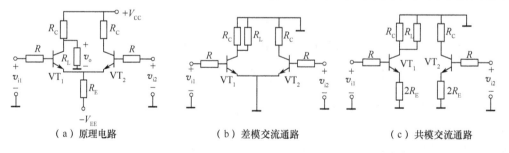

（a）原理电路　　　　（b）差模交流通路　　　　（c）共模交流通路

图 2.8.3　单端输出电路

2. 共模电压增益

（1）双端输出

在图 2.8.2(a)中,共模输入时, $v_{i1}=v_{i2}$,因两管的电流同时增加,或同时减小,因此有 $v_e=i_eR_E=2i_{e1}R_E$,即对每管而言,相当于射极接了 $2R_E$;双端输出时,由于电路的对称性,其输出电压

为 0,负载可等效为断开,共模交流通路如图 2.8.2(c)所示。由此可得双端输出的共模增益为

$$A_{vc} = \frac{v_{oc}}{v_{ic}} = \frac{v_{oc1} - v_{oc2}}{v_{ic}} = 0$$

实际上,要达到电路完全对称是不可能的,共模增益越小,说明放大电路的性能越好。

(2) 单端输出

单端输出的共模电压增益表示两个集电极任一端对地的共模输出电压与共模信号电压之比,由图 2.8.2(c)可得

$$A_{vc1} = \frac{v_{oc1}}{v_{ic}} = \frac{-\beta(R_c /\!/ R_L)}{R + r_{be} + (1+\beta)2R_E}$$

一般情况下,$(1+\beta)2R_E \gg r_{be}$,$\beta \gg 1$,故上式可简化为

$$A_{vc1} \approx -\frac{R_c /\!/ R_L}{2R_E}$$

显然,R_E 越大,A_{vc1} 越小,对共模信号的抑制能力越强。在单端输出的差动放大器中,由于电路已不具备对称性,只能利用 R_E 抑制共模信号,减小零点漂移,共模抑制能力比较低。

综上所述:差动放大器不管输入信号是从双端还是单端输入,只要是双端输出,其差模信号电压放大倍数就等于单级放大器的电压放大倍数。若是单端输出,其差模信号电压放大倍数就等于单级放大器电压放大倍数的一半。

差动放大器输入、输出电阻的概念与单级放大器类同。

从差动放大器两个输入端看进去的等效电阻称为差模输入电阻,其表达式为

$$R_{id} = 2(R + r_{be})$$

从差动放大器的输出端看进去的等效电阻称为差模输出电阻。双端输出时的差模输出电阻为

$$R_o \approx 2R_C$$

单端输出时的差模输出电阻为

$$R_{o1} = R_{o2} \approx R_C$$

2.9 功率放大器

2.9.1 概述

一个实用的放大系统通常由输入级、中间级和输出级构成,前两级大都运用在小信号状态,其任务是将微弱的输入信号进行电压放大,而输出级则直接与负载相连,要求能带动一定的负载,即能输出较大的功率。例如,使扬声器发出声音;使显像管显示图像;驱动自动控制系统中的执行机构等,这种能输出足够大信号功率的放大器就是功率放大器,简称"功放"。显然,功率放大器通常位于多级放大器的最后一级,其任务是将前置放大器放大的电压信号再进行功率放大,以足够的输出功率推动执行机构工作。

1. 对功率放大器的要求

功率放大器要完成上述任务,必须满足如下要求。

(1) 输出功率尽可能大

输出功率是指输出交变电压和交变电流有效值的乘积。为了获得最大的输出功率,应该使担负功率放大任务的三极管工作在尽可能接近极限状态时的参数数值。但必须保证三极管在安全工作区内工作,否则会造成三极管损坏。

（2）非线性失真要小

功率放大管都工作在大信号条件下，电压、电流变化幅度大，可能超出特性曲线线性范围，造成非线性失真。功率放大器的非线性失真必须限制在允许的范围内。

（3）效率要高

从能量观点看，功率放大器是将集电极电源的直流功率转换成交流功率输出。放大器负载得到的交流功率与电源供给的直流功率之比，称为效率，用 η 表示，即

$$\eta = \frac{P_O}{P_E} \times 100\%$$

式中，P_O 为负载获得的交流功率，P_E 为集电极电源供给的直流功率。该比值越大，效率越高。

（4）功率放大管要有比较好的散热装置

功率放大管工作时，有相当大的功率损耗在管子的集电结上，致使管子的温度升高，严重时可能毁坏三极管。在技术上多采用散热板或其他散热措施降低管子温度，保证足够大的功率输出。

2. 功率放大器的分类

功率放大器依所设静态工作点的不同，主要有以下三类：

（1）甲类

静态工作点选在负载线的中点，如图 2.9.1(a) 中 Q_1，在输入信号的整个周期内，功率放大管都导通，有电流通过，其电流波形如图所示。

甲类功率放大器的主要特点：①由于信号的正、负半周用一只三极管来放大，信号的非线性失真很小，在音响系统中，音质最好。②信号的正、负半周用同一只三极管放大，使放大器的输出功率受到了限制，即一般情况下甲类放大器的输出功率不可能做得很大。③甲类功率放大器效率低，只有 30% 左右，最高不超过 50%。原因是静态集电极电流 I_{CQ} 大，当无输入信号时电源提供的功率 $I_{CQ}V_{CC}$ 将全部消耗在三极管上。

（2）甲乙类

静态工作点选在负载线下部靠近截止区的位置，如图 2.9.1 (b) 中 Q_2，在输入信号大半个周期内，功率放大管导通，且有电流通过，其电流波形有失真。因静态集电极电流 I_{CQ} 较小，故效率有所提高。

（3）乙类

静态工作点选在负载线与 $I_B=0$ 那条输出特性曲线的交点上，如图 2.9.1 (c) 中 Q_3，功率放大管只导通半个周期，即在输入信号的正半周导通，负半周截止。这种工作状态的电流波形失真严重，但效率高，可达 78.5%。原因是静态时集电极电流近似为零。

除上述三种放大器电路之外，还有丙类、丁类等许多种放大器电路，它们的效率依次升高，但实现电路也更加复杂。音响系统中由于不允许存在信号的非线性失真，所以只用甲类放大器电路和甲乙类放大器电路。

2.9.2 互补对称功率放大器

1. 乙类互补对称功率放大器

图 2.9.2(a)所示是乙类互补对称功率放大器，也称互补射极输出器。图中 VT₁ 是 NPN 管，VT₂ 是 PNP 管，两管对称，它们的发射极相连接到负载上，基极相连作为输入端，由于偏置

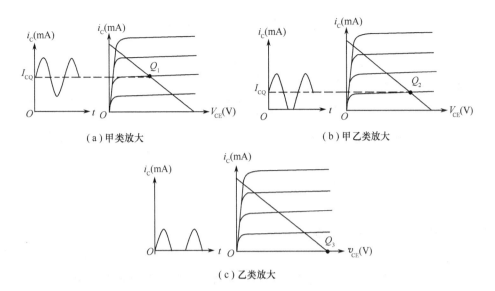

（a）甲类放大　　　　　　　　（b）甲乙类放大

（c）乙类放大

图 2.9.1　功率放大器的分类

电压为零，因此，该放大器工作在乙类状态。

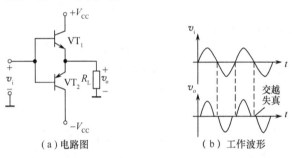

（a）电路图　　　　　　　　（b）工作波形

图 2.9.2　乙类互补对称功率放大器

　　静态时 $v_i=0$，即 $V_B=0$，VT_1 与 VT_2 管均因发射结零偏置而截止。加上 v_i 后，正半周时 VT_1 导通、VT_2 截止，VT_1 以射极输出器形式将正半周信号输出给负载；负半周时 VT_2 导通、VT_1 截止，VT_2 以射极输出器的形式将负半周信号输出给负载。这样双向跟随的结果，使负载获得一个周期的完整信号波形，如图 2.9.2（b）中所示。在这个电路中，两个三极管特性一致，交替工作，互相补充对方的不足，所以称为互补对称电路。

　　根据输出功率的定义可知，乙类互补对称功率放大器的输出功率为

$$P_o = \frac{I_{om}}{\sqrt{2}}\frac{V_{om}}{\sqrt{2}} = \frac{1}{2}I_{om}V_{om}$$

式中，I_{om} 和 V_{om} 分别为输出电流和输出电压的振幅值，因为 $I_{om}=\dfrac{V_{om}}{R_L}$ 故

$$P_o = \frac{1}{2}\frac{V_{om}^2}{R_L} \tag{2.9.1}$$

由于每个电源只提供半个周期的电流，所以电源提供的总功率为

$$P_E = 2V_{CC}\frac{1}{2\pi}\int_0^\pi I_{om}\sin\omega t\,\mathrm{d}(\omega t) = \frac{2V_{CC}I_{om}}{\pi} = \frac{2V_{CC}V_{om}}{\pi R_L} \tag{2.9.2}$$

当充分激励时，输出端可得到最大不失真电压，其幅度为 $V_{om}=V_{CC}-V_{CES}$。若忽略管子饱和

压降 V_{CES}，则 $V_{om} \approx V_{CC}$，输出功率达到最大，由式(2.9.1)可得

$$P_{omax} \approx \frac{1}{2} \frac{V_{CC}^2}{R_L}$$

此时，电源提供的功率也达到最大，由式(2.9.2)可得

$$P_E \approx \frac{2V_{CC}^2}{\pi R_L}$$

因此，理想情况下该电路的最高效率为

$$\eta_{max} = \frac{P_o}{P_E} = \frac{\dfrac{1}{2}\dfrac{V_{CC}^2}{R_L}}{\dfrac{2V_{CC}^2}{\pi R_L}} = \frac{\pi}{4} \approx 78.5\%$$

2. 甲乙类互补对称功率放大器

注意观察图 2.9.2(b)中 v_o 波形可以发现，在波形过零的区域，输出电压偏小，波形发生失真，这种失真称为交越失真。产生交越失真的原因是因为两个管子的发射结都有一个死区，当信号电压小于导通电压时，两管都不导通，从而造成了交越失真。

为了消除乙类互补对称功率放大器的交越失真，预先给三极管 VT_1、VT_2 设置适当的偏置电压，使得静态时两管均微弱导通，处于甲乙类工作状态，如图 2.9.3 所示。图中二极管 VD_1，和 VD_2（可换用电阻）用来给两管提供一定的正向偏置，使 VT_1、VT_2 管静态时微弱导通。由于两管对称，其集电极电流大小相等，方向相反而抵消，通过负载的电流为零，即两管发射极电位 $V_E = 0$。此时，无论基极输入信号是正半周还是负半周，总有一只管子立即导通，不存在克服导通电压的问题，消除了交越失真。这种功率放大器采用两个大小相等极性相反的直流电源供电，输出端无耦合电容器，故称为无输出电容功率放大器，简称 OCL 电路。

甲乙类互补对称功率放大器由于给三极管所加的静态直流偏置电流很小，所以在静态时放大器对直流电源的消耗比较小（与甲类放大器相比），这样就具有了乙类放大器的省电优点；同时因加入的偏置电压克服了三极管的截止区，又具有甲类放大器无非线性失真的优点。所以，甲乙类放大器具有甲类和乙类放大器的优点，同时克服了这两种放大器的缺点。因此，OCL 电路被广泛的应用于音频功率放大器电路中。

3. 采用单电源的互补对称功率放大器

OCL 电路虽然具有线路简单，效率高等特点，但需要用两组电源供电，给使用、维修带来不便。为了减少电源种类，常用一个大电容 C 来代替一组直流电源，如图 2.9.4 所示。静态时由 VD_1、VD_2 提供偏置，VT_1、VT_2 微弱导通。由于电路对称，E 点电位为 $V_{CC}/2$，因此电容 C 充电到 $V_{CC}/2$。加入输入信号 v_i 后，正半周 VT_1 导通、VT_2 截止，负半周 VT_2 导通、VT_1 截止，两管以射极输出形式，轮流放大输入信号 v_i 的正、负半周，实现双向跟随。电容 C 不仅耦合输出信号，还在输入信号负半周 VT_2 导通时给电路提供能源，起到负电源($-V_{CC}/2$)作用。这种电路因为输出端没有输出变压器（早期功率放大器都有输出变压器），所以称为无输出变压器功率放大器，简称 OTL 电路。

值得指出的是，采用单电源的互补对称功率放大器，由于每个管子的工作电压不是原来的 V_{CC}，而是 $V_{CC}/2$（输出电压最大也只能达到约 $V_{CC}/2$），所以前面导出的计算 P_o，P_E 的公式必须加以修正才能使用。修正的方法很简单，只要以 $V_{CC}/2$ 代替原来公式中的 V_{CC} 便可得到单电源互补对称功率放大器输出功率和效率计算的表达式。

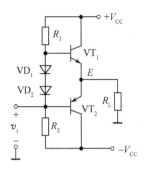

图 2.9.3 OCL 电路

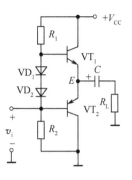

图 2.9.4 OTL 电路

4. 采用复合管互补对称功率放大器

输出功率较大的电路,多采用大功率管。大功率管的电流放大系数 β 往往较小,而且在互补对称电路中选用特性对称的大功率管非常困难。在实际应用中,往往采用复合管来解决这个问题。

所谓复合管是指用两只或多只三极管按一定规律组合,等效成一只三极管,又称达林顿管,如图 2.9.5 所示。复合管的构成原则是:①同一种导电类型(NPN 或 PNP)的三极管构成复合管时,应将前一只管子的发射极接至后一只管子的基极;不同导电类型的三极管构成复合管时,应将前一只管子的集电极接至后一只管子的基极,以实现两次电流放大作用;②必须保证参与复合的每只管子均工作在放大状态。

复合管具有以下两个特点:①复合管的类型与前一只管子的类型相同;②复合管的电流放大系数是两管电流放大系数的乘积。设 VT_1 的电流放大系数为 β_1,VT_2 的电流放大系数为 β_2,复合管的电流放大系数为 β,在图 2.9.5(a)中,有

$$\beta = \frac{i_C}{i_B} = \frac{i_{c1} + i_{c2}}{i_{B1}} = \beta_1 + \beta_2(1 + \beta_1) = \beta_1 + \beta_2 + \beta_1\beta_2 \approx \beta_1\beta_2$$

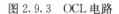

(a)

(b)

(c)

(d)

图 2.9.5 复合管的组合方式

图 2.9.6 所示是由复合管组成的互补功率放大器。三极管 VT_1、VT_3 组成 NPN 型复合管,VT_2、VT_4 组成 PNP 型复合管。R_2 为可调电阻,它与二极管 VD 一起提供复合管所需的偏置电压,避免产生交越失真。

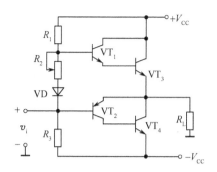

图 2.9.6　复合管组成的互补功率放大器

2.10　集成运算放大器

2.10.1　概述

前面介绍的电子电路,由于构成电路的电子器件(二极管、三极管等)与电子元件(电阻、电容等)在结构上是各自独立的,因此,统称为分立元件电路。随着电子技术的发展,现在已可将许多元器件及连接导线制作在一小块半导体基片上,构成具有一定功能的电路,这就叫集成电路(IC)。集成电路的出现,为电子设备的微型化、低功耗和高可靠性开辟了一条广阔的途径,降低了成本,减少了组装和调试难度,标志着电子技术发展到了一个新的阶段。

集成电路按功能不同,可分为两大类:

(1) 模拟集成电路,用于放大或变换连续变化的电压和电流信号。它又细分为线性集成电路和非线性集成电路。线性集成电路中,三极管工作在线性放大区,输出信号与输入信号呈线性关系,它包括集成运算放大器,集成功率放大器等。非线性集成电路中,三极管工作在非线性区,输出信号与输入信号呈非线性关系,例如集成开关稳压电源、集成混频器等。

(2) 数字集成电路,主要用于处理数字信息,即处理离散的、断续的电压或电流信号。数字集成电路种类很多,将在后面的章节中详细讨论。

集成电路按集成度的不同可分为四类:一块芯片上包含的元器件在一百个以下者,称为小规模集成电路(SSI),在一百至一千之间的称为中规模集成电路(MSI),在一千至十万之间的称为大规模集成电路(LSI),在十万以上的称为超大规模集成电路(VLSI)。目前已制作出在一块芯片上集成了上百万个元器件的超大规模集成电路。表明微电子学和半导体集成工艺发展到相当成熟的阶段。

在各种模拟集成电路中,以集成运算放大器发展最快,应用最广,目前已成为模拟集成电路中的一种主要电路形式,成为一种有代表性的通用放大器。

集成运算放大器(OPAMP)实际上是一种高增益的直接耦合放大器,简称集成运放。

集成运放的发展,从技术性能的角度,可以分成三个阶段:第一阶段是通用型集成运放的广泛应用,第二阶段研制出了在某些方面具有高性能指标的专用集成运放,如高速型,高输入阻抗型,高压型,大功率型,低功耗型等;第三阶段则是致力于全部参数均为高性能指标的产品开发,并进一步提高集成度,从而实现在一个集成块内可容纳各自独立的多个运放等。目前,集成运放正在向高速、高压、低功耗、低漂移、低噪声、大功率方向继续发展。

2.10.2　集成运算放大器的结构特点

　　集成运算放大器通常是由输入级、中间级和输出级经直接耦合级联而成的。通过对各级电路形式的选择和技术指标的互相配合,从而实现较全面的放大器指标要求。一般地说,为了达到低温漂、高共模抑制比和高输入电阻等要求,可以利用差动放大器来作为输入级来实现;而高电压增益则主要依赖中间放大级实现;最后,为了达到足够大的输出电压幅度并具有一定的负载能力,输出级往往采用乙类互补对称电路。

　　必须指出,在考虑集成运放的上述基本单元电路时,应充分注意到集成电路制造工艺上的下列特点:

　　(1) 由于集成电路中众多的电子器件是在相同工艺条件和工艺流程上成批制造而成的,因而,同一组件内的各器件参数具有良好的一致性,且同向偏差。

　　(2) 集成电路是微电子技术产品,其芯片面积小,功耗很低,因此电路各部分的工作电流极小(几至几十微安)。为此,电路中常采用恒流源电路来实现各放大级的微电流偏置。电路中的电阻元件是由硅半导体的体电阻构成,阻值范围一般为几十欧姆到 20 千欧姆左右,阻值不大,且精度不易控制,所以集成电路中高阻值的电阻多用三极管等有源元件代替,或用外接电阻的方法解决。

　　(3) 集成电路中的电容元件是利用 PN 结的结电容制成的,其容量不大(一般几十皮法),当电路中要求有较大电容时,集成技术将遇到困难。所以集成电路中应避免使用大电容,各级放大电路之间也只能采用直接耦合方式。此外,因半导体集成工艺不能制作电感元件,必要的电感元件必须依靠外接;二极管往往也用三极管改接而成。

　　综上,在集成电路设计中,必须充分利用上述各项特点,尽可能采用有源器件解决大电阻的制造困难。所以,集成运放电路在结构形式上与分立元件放大电路有较大的差异。

　　集成运算放大器的电路主要由 4 部分组成,如图 2.10.1 所示,图 2.10.2 是它的电路符号。

　　图 2.10.1　集成运放组成方框图　　　　　图 2.10.2　集成运算放大器电路符号

　　输入级通常由差动放大器构成,目的是力求获得较低的零点漂移和较高的共模抑制比。作为集成运放的输入级,它有两个输入端,一端叫同相输入端,输入信号(对地)在此端输入时,集成运放输出信号与输入信号相位相同;另一端叫反相输入端,输入信号(对地)加在此端时,输出信号与输入信号相位相反。在电路符号中,两个输入端分别用"+"和"-"表示,其相应电位则分别用 v_P 和 v_N 表示。输出端用 v_o 表示。

　　中间级由多级共发射极放大器构成,具有足够高的电压放大倍数。输出级普遍采用射极输出器或互补对称电路,其输出电阻低,具有较强的带负载能力。偏置电路一般由电流源电路构成,其作用是给上述各级电路提供稳定的偏置电流,以保证具有合适的静态工作点。

2.10.3　电流源电路

　　集成运放电路中的偏置电路一般采用电流源电路。电流源是集成电路中基本的单元电路,可以使输出电流保持恒定,为放大电路提供稳定的偏置电流,用以稳定静态工作点;也可做放大电路的有源负载,使放大器获得较高的增益及较大的动态范围。常用的电流源电路有三极管电流源、镜像电流源、精密镜像电流源、微电流源等。

1. 三极管电流源

图2.10.3(a)是一种由三极管组成的电流源。我们知道,三极管的输出特性具有恒流特性,采用分压式偏置电路时,当V_{CC}、R_{b1}、R_{b2}、R_e确定后,基极电位$[V_B = V_{CC} R_{b2}/(R_{b1} + R_{b2})]$固定,就可认为在一定范围内,$I_C$基本恒定,而与负载$R_L$的大小无关。当$V_B$取值较大时,在一定的$I_C$值条件下,$V_E$也较大,反馈作用较强,稳定$I_C$的作用显著。图2.10.3(b)是电流源的电路符号,箭头的方向表示电流的流向。

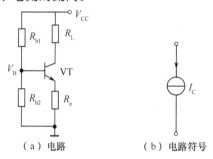

（a）电路　　　　　　（b）电路符号

图2.10.3　三极管电流源

2. 镜像电流源

图2.10.4所示是由NPN型对管VT_1、VT_2构成的电流源。由V_{CC}、R和VT_1构成的回路流过参考电流I_R,I_{C2}受I_R控制。设VT_1、VT_2特性参数完全一致,因为$V_{BE1} = V_{BE2}$,故

$$I_{C1} = I_{C2}$$
$$I_R = I_{C1} + 2I_B = I_{C2} + 2I_B = I_{C2}(1 + 2/\beta)$$

于是可得
$$I_{C2} = I_R / \left(1 + \frac{2}{\beta}\right)$$

若$\beta \gg 2$,则有
$$I_{C2} \approx I_R = \frac{V_{CC} - 0.7}{R}$$

I_{C2}与I_R是镜像关系,故称为镜像电流源。若I_R恒定,则I_{C2}恒定,VT_2具有恒流源特性,其输出电阻取决于VT_2管的r_{ce2}(一般在几十千欧姆以上)。此外,由于VT_1管对VT_2管具有温度补偿作用,I_{C2}的温度稳定性也较好,但I_R受电源变化的影响大,故要求电源要十分稳定。

3. 电流源用作有源负载

由于电流源具有直流电阻小,交流电阻大的特点,在模拟集成路中,广泛地把它作为负载使用,称为有源负载。

图2.10.5表示电流源作为集电极负载,图中VT_1是放大管,VT_2、VT_3组成电流源作为VT_1的集电极有源负载。电流$I_{C2}(=I_{C1}) \approx I_{C3} = I_R$。电流源的交流电阻很大,在共射电路中,可使每级的电压放大倍数达10^3,甚至更高。

将电流源用作差放的集电极有源负载,还可以起到将单端输出转化为双端输出的作用。图2.10.6是带有源负载的射极耦合差分式放大电路,其中VT_1、VT_2对管是差分放大管,VT_3、VT_4对管组成镜像电流源作为VT_1、VT_2的有源负载,VT_5、VT_6对管,R、R_{e6}和R_{e5}构成电流源为电路提供稳定的静态电流,该电路形式上是双入—单出差分放大电路,但本质上却是

双入—双出差分放大电路。其工作原理如下：

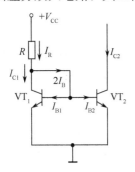

图 2.10.4　镜像电流源

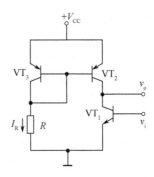

图 2.10.5　电流源用作有源负载

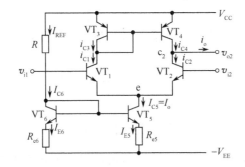

图 2.10.6　带有源负载的射极耦合差分式放大电路

（1）当共模输入时，$v_{i1}=v_{i2}$，$i_{C1}=i_{C2}$，由于 $i_{C3}=i_{C4}\approx i_{C1}$，所以输出电流 $i_o=i_{C4}-i_{C2}=0$，$v_o=0$，共模增益为零，相当于双端输出。

（2）当差模输入时，$v_{i1}=-v_{i2}$，VT_1 电流增加、VT_2 电流减小，即 $i_{C1}=-i_{C2}$，由于仍有 $i_{C3}=i_{C4}\approx i_{C1}$，所以输出电流 $i_o=i_{C4}-i_{C2}=i_{C1}-(-i_{C1})=2i_{C1}$，可见，输出电压是单端输出的两倍，相当于双端输出。

2.10.4　集成运算放大器的主要参数

集成运算放大器的参数是评价集成运算放大器性能优劣的重要标志。了解这些参数的含义和数值范围，对于正确选择和使用集成运算放大器是非常必要的。

（1）开环差模电压放大倍数（A_{vd}）

集成运算放大器输出端开路，无信号反馈时，输出信号电压 v_o 与两个输入端信号电压之差 v_P-v_N 的比值称为开环差模电压放大倍数 A_{vd}，记为

$$A_{vd}=\frac{v_o}{v_P-v_N}$$

A_{vd} 值越大越稳定，运算精度也越高。目前高质量集成运算放大器的 A_{vd} 值已达 160dB（10^8 倍），通用型集成运算放大器 A_{vd} 值约为 100dB（10^5 倍）。

（2）差模输入电阻（R_{id}）

差模输入电阻是指集成运算放大器两输入端之间的差模等效电阻。这个电阻值越大，表明运算放大器从输入信号源索取的电流就越小，运算精度也越高。通用型运放 $R_{id}\approx 1\sim 2M\Omega$。

（3）差模输出电阻（R_{od}）

集成运算放大器输出级的输出电阻称为开环输出电阻。该电阻越小,集成运算放大器带负载的能力就越强。通用型运放 $R_{od} \approx 200 \sim 600\Omega$。

（4）共模抑制比 K_{CMR}

集成运算放大器的差模电压放大倍数与共模电压放大倍数之比的绝对值称为共模抑制比,用 K_{CMR} 表示。其值越大,集成运算放大器的共模抑制性能越好,一般应在 $80dB(10^4$ 倍$)$以上,高质量运放可达 $160dB(10^8$ 倍$)$。

（5）最大输出电压(V_{OM})和最大输出电流(I_{OM})

集成运算放大器输出的不失真的最大峰值电压值称为最大输出电压,这时能给出的输出电流称为最大输出电流。在标称电源电压下,V_{OM}值约为 $\pm 10V$,I_{OM}值则在 $2 \sim 20mA$ 范围。

（6）输入失调电压(V_{IO})。

因工艺上的误差,集成运算放大器的差动输入级不可能完全对称,导致输入电压为零时,输出电压不为零,这种现象称为运放失调。欲使输出电压为零,必然要在输入端加一个很小的补偿电压,这就是输入失调电压 V_{IO},一般在 $10mV$ 以下,其值越小越好,理想运放 $V_{IO} \rightarrow 0$。

（7）电源电压

集成运算放大器一般都采用正、负电源同时供电。通用型运放正、负电源电压为 $\pm 5 \sim \pm 18V$,标称值 $\pm 15V$。

本 章 小 结

（1）晶体三极管在放大电路中有 3 种接法,可接成 3 种基本组态的放大器,即共发射极、共集电极和共基极放大器。场效应管也有 3 种接法,即共源极、共漏极和共栅极放大器。依据放大器输出量与输入量之间的大小、相位关系,上述 6 种组态的放大器可归结为反相电压放大器、电压跟随器和电流跟随器。晶体三极管电流放大系数大,而场效应管具有输入电阻大、噪声低等特点,因此可将两种器件结合使用提高放大电路某些方面的性能指标。

（2）放大器的分析包含静态分析和动态分析。静态分析可采用估算法和图解法,动态分析采用图解法或微变等效电路分析法。图解法主要用于分析电路的工作点选择是否合适,是否产生失真,以及功率放大电路的输出功率效率的计算,而微变电路分析法适合分析低频小信号放大器的增益、输入输出电阻和频率响应等动态指标。

（3）放大器不仅要设置合适的工作点而且工作点要稳定。引起放大器工作点不稳定的主要因素是温度,常用的稳定工作点电路是分压式偏置电路。

（4）差动放大器作为集成运放的输入级,可以放大差模信号而抑制共模信号。

（5）功率放大电路基本的要求是安全、高效、不失真地输出足够大的功率。常用功率放大器有甲类、甲乙类、乙类、丙类等类型,其效率依次提高。

（6）集成运算放大器由输入级、中间级、输出级和直流偏置 4 部分组成。输入级由差动放大器构成;中间级为电压放大级,一般由一级或两级共发射极放大器组成;为了提高运算放大器的带负载能力,输出级常采用互补对称电路。集成运算放大器有两个输入端(同相端和反相端),一个输出端。

（7）放大器的频率响应是宽带放大器的重要指标之一。设计放大器时应使所设计的放大器的带宽大于信号带宽。

思考题与习题

2.1 放大器为什么要设置合适的静态工作点?

2.2 什么是放大器直流通路? 什么是放大器交流通路? 怎样画直流和交流通路?

2.3 放大电路的直流负载线和交流负载线的概念有何不同? 什么情况下这两条负载线重合?

2.4 如何确定放大电路的最大动态范围? 如何选择 Q 点才能使动态范围最大?

2.5 当图 2.2.1 电路中的三极管改用 PNP 型管时,有哪些元器件的连接需要改变? 作变动后,若在输入正弦信号的正半周,输出信号产生了失真,此失真是何种类型的失真?

2.6 三极管放大电路有哪几种组态? 判断组态的基本方法是什么?

2.7 三种组态的放大电路各有什么特点?

2.8 多级放大电路常用的耦合方式有哪几种? 各有什么特点?

2.9 与三极管的共射、共集和共基电路相对应,MOSFET 有共源共漏和共栅电路,试比较它们的异同点。

2.10 在图题 2.10 所示电路中,试分析三极管分别工作在饱和、放大、截止状态时的 V_{CE} 值。

2.11 电路如图题 2.11 所示,设三极管 $\beta=80$,$V_{BE}=0.6V$,I_{CEO}、V_{CES} 可忽略不计,试分析当开关 S 分别接通 A、B、C 3 个位置时,三极管各工作在其输出特性曲线的哪个区域,并求出相应的集电极电流 I_C。

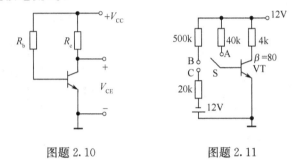

图题 2.10   图题 2.11

2.12 判断图题 2.12 所示各电路对交流信号有无放大作用,为什么?

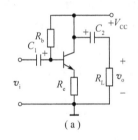 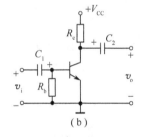

(a)   (b)

图题 2.12

2.13 放大电路和三极管的输出特性曲线如图题 2.13 所示,放大电路的交直流负载线已画于图中。试求:(1)R_B、R_C 和 R_L 各为多少? β 为多少? (2)不失真的最大输出电压峰值为多少?

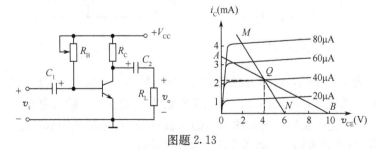

图题 2.13

2.14 NPN 型三极管构成的放大器输入、输出波形如图题 2.14 所示，问图(b)、图(c)所示波形各产生了什么失真？怎样才能消除失真？

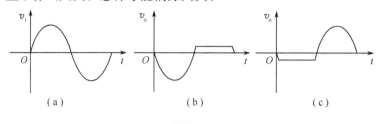

图题 2.14

2.15 在图题 2.15 所示的放大电路中，设信号源内阻 $R_s=600\Omega$，三极管的 $\beta=50$。(1)画出该电路的微变等效电路;(2)求该电路的输入电阻 R_i、输出电阻 R_o;(3)当 $v_s=15\text{mV}$ 时，求输出电压 v_o。

2.16 如图题 2.16 所示电路属于何种组态？其输出电压的波形是否正确？若有错，请改正。

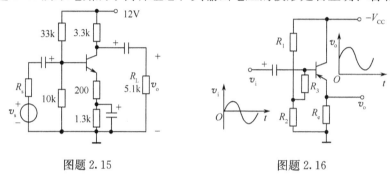

图题 2.15   图题 2.16

2.17 放大电路如图题 2.17 所示，$V_{CC}=24\text{V}$，$R_C=3.3\text{k}\Omega$，$R_E=1.5\text{k}\Omega$，$R_L=5.1\text{k}\Omega$，$R_{B1}=33\text{k}\Omega$，$R_{B2}=10\text{k}\Omega$，$\beta=66$，设 $R_s=0$。(1)画出微变等效电路;(2)计算晶体管的输入电阻,(3)计算电压放大倍数;(4)估算放大电路的输入电阻和输出电阻。

2.18 射极输出器如图题 2.18 所示，已知 $R_B=300\text{k}\Omega$，$R_E=5.1\text{k}\Omega$，$R_L=2\text{k}\Omega$，$R_s=2\text{k}\Omega$，$V_{CC}=12\text{V}$，$\beta=49$。(1)画出微变等效电路;(2)试计算电压放大倍数;(3)计算输入电阻和输出电阻。

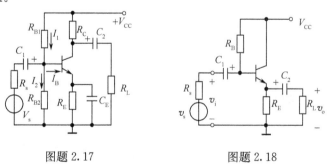

图题 2.17   图题 2.18

2.19 电路如图题 2.19 所示，已知三极管的 $\beta=100$，$V_{BEQ}=-0.7\text{V}$。(1)试估算该电路的 Q 点;(2)画出微变等效电路图;(3)求该电路的电压增益 A_v、输入电阻 R_i、输出电阻 R_o;(4)若 v_o 中的交流成分出现如图所示的失真现象，问是截止失真还是饱和失真？为消除此失真，应调整电路中的哪个元件？如何调整？

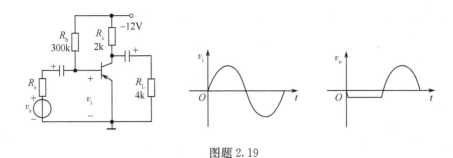

图题 2.19

2.20　电路如图题 2.20 所示，设 $R_1 = R_2 = 100\text{k}\Omega$，$V_{DD} = 5\text{V}$，$R_d = 7.5\text{k}\Omega$，$V_T = -1\text{V}$，$K_P = 0.2\text{mA/V}^2$。试计算如图所示 P 沟道增强型 MOSFET 共源极电路的漏极电流 I_D 和漏源电压 V_{DS}。

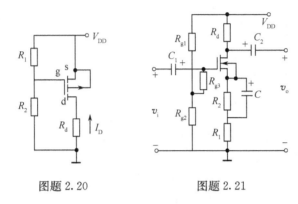

图题 2.20　　　　　图题 2.21

2.21　已知电路参数如图题 2.21 所示，FET 工作点上的跨导 $g_m = 1\text{mS}$，$R_{g1} = 300\text{k}\Omega$，$R_{g2} = 100\text{k}\Omega$，$R_{g3} = 2\text{M}\Omega$，$R_1 = 2\text{k}\Omega$，$R_2 = 10\text{k}\Omega$，$R_d = 10\text{k}\Omega$，$V_{DD} = 20\text{V}$。设 $r_{ds} \gg R_d$。(1) 画出微变等效电路；(2) 求电压增益 A_v；(3) 求放大器的输入电阻 R_i。

2.22　在图题 2.22 所示的射极耦合差分式放大电路中，$+V_{CC} = 10\text{V}$，$-V_{EE} = -10\text{V}$，$I_o = 1\text{mA}$，$r_o = 25\text{k}\Omega$（电路中未画出），$R_{c1} = R_{c2} = 10\text{k}\Omega$，三极管的 $\beta = 200$，$V_{BE} = 0.7\text{V}$。

(1) 当 $v_{i1} = v_{i2} = 0$ 时，求 I_C，V_{CE1} 和 V_{CE2}；

(2) 当 $v_{i1} = -v_{i2} = +v_{id}/2$ 时，求双端输出时的 A_{vd} 和单端输出的 A_{vd1}、A_{vc1} 和 K_{CMR1} 的值。

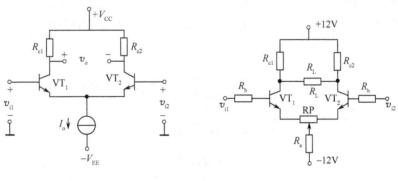

图题 2.22　　　　　图题 2.23

2.23　电路如图题 2.23 所示，设 $\beta_1 = \beta_2 = 60$，$V_{BE} = 0.7\text{V}$，$R_{c1} = R_{c2} = 10\text{k}\Omega$，$R_e = 5\text{k}\Omega$，$R_b = 2\text{k}\Omega$，$RP$ 为 $10\text{k}\Omega$，$R_L = 20\text{k}\Omega$，滑动变阻器 RP 的滑动头在中间位置。试求：(1) 电路

的静态工作点;(2) 差模电压放大倍数;(3) 电路的输入输出电阻。

2.24 已知在图题 2.24 示放大电路中,$R_{B11}=470\text{k}\Omega$,$R_E=10\text{k}\Omega$,$R_{B12}=24\text{k}\Omega$,$R_{B22}=12\text{k}\Omega$,$R_C=1.5\text{k}\Omega$,$R_{e1}=200\Omega$,$R_{e2}=800\Omega$,$R_L=1.5\text{k}\Omega$,$V_{CC}=15\text{V}$,各三极管 $\beta=50$,$V_{BE}=0.6\text{V}$。试问:(1)各级静态值;(2)画微变等效电路;(3)总电压增益;(4)电路的输入输出电阻。

2.25 电路如图题 2.25 所示:

(1) 当输入信号 $V_i=10\text{V}$ (有效值)时,求电路的输出功率 P_o 和效率 η。

(2) 当输入信号的幅值 $V_{im}=V_{CC}=20\text{V}$ 时,求电路的输出功率 P_o 和效率 η。

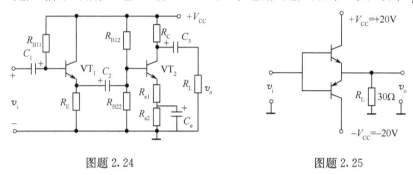

图题 2.24　　　　　　　　图题 2.25

2.26 电路如图题 2.26 所示。设两管的 $\beta=100$,$V_{BEQ}=0.7\text{V}$。(1)估算两管的 Q 点(设 $I_{BQ2}\ll I_{CQ1}$);(2)求 A_v、R_i、R_o。

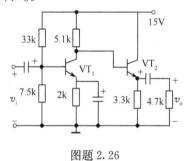

图题 2.26

2.27 某放大电路中 $\dot{A}_v$ 的对数幅频特性如图题 2.27 所示。

(1) 试求该电路中的中频电压增益 $|\dot{A}_{VM}|$、上限频率 f_H、下限频率 f_L;

(2) 当输入信号的频率 $f=f_L$ 或 $f=f_H$ 时,该电路实际的电压增益是多少分贝?

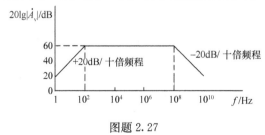

图题 2.27

2.28 在图题 2.28 所示电路中,$+V_{CC}=6\text{V}$,$-V_{EE}=-6\text{V}$,$R_c=6.2\text{k}\Omega$,$R_e=4.7\text{k}\Omega$,三极管的 $\beta_1=\beta_2=30$,$\beta_3=\beta_4=100$,$V_{BE1}=V_{BE2}=0.6\text{V}$,$V_{BE3}=V_{BE4}=0.7\text{V}$。试计算双端输入、单端输出时的 R_{id}、A_{vd1}、A_{vc1} 和 K_{CMR1} 的值。

2.29 电路如图题 2.29 所示,所有三极管的 $\beta=30,r_{ce}=100\mathrm{k}\Omega$,电流源 $I_o=1\mathrm{mA}$,动态电阻 r_o $=2000\mathrm{k}\Omega$,负载电阻 $R_L=4\mathrm{k}\Omega$。当 $v_{id}=40\mathrm{mV}$ 时,试求输出电压 v_{o2}、共模电压增益 A_{vc2} 和共模抑制比 K_{CMR2}。

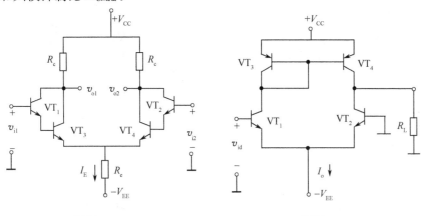

图题 2.28   图题 2.29

2.30 图题 2.30 所示为一三极管集成运放电路。(1)试判断两管 VT_1、VT_2 的两个基极,哪个为同相端,哪个为反相端?(2)分辨图中的三极管中何者为射极耦合对、射极跟随器、共射极放大器?并指明它们各自的功能。

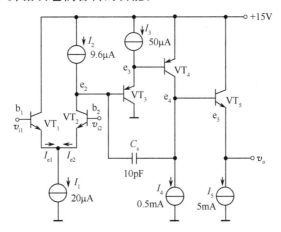

图题 2.30

2.31 一单电源互补对称电路如图题 2.31 所示,设 VT_1、VT_2 的特性完全对称,v_i 为正弦波, $V_{CC}=12\mathrm{V}$,$R_L=8\Omega$。试回答下列问题:(1)静态时,电容 C_2 两端电压应是多少?(2)动态时,若输出电压 v_o 出现交越失真,应调整哪个电阻?如何调整?(3)若 $R_1=R_3=$ $1.1\mathrm{k}\Omega$,VT_1、VT_2 的 $\beta=40|V_{BE}|=0.7\mathrm{V}$,$P_{CM}=400\mathrm{mW}$,假设 VD_1、VD_2、R_2 中任意一个开路,将会产生什么后果?

2.32 两级功放原理电路如图题 2.32 所示,试:(1)简述电路工作原理;(2)已知 $|V_{EE}|=V_{CC}$, 各管的 $V_{BE(on)}$ 相等,设各管基极电流不计,求 I_{CQ5};(3)已知输出电压有效值 $V_L=8\mathrm{V}$, $R_L=8\Omega$,求输出功率 P_o。

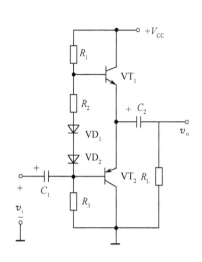

图题 2.31

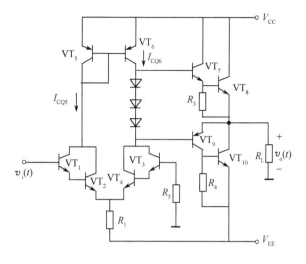

图题 2.32

第3章 反馈电路

反馈是指将放大器输出回路中的电量(电压或电流)的一部分或全部,经过一定的电路(称为反馈回路)送回到输入回路,从而对放大器的输出量进行自动调节的过程。反馈按其极性可分为两类:若引回的反馈信号削弱输入信号而使放大器的放大倍数降低,则称这种反馈为负反馈;若反馈信号增强输入信号而使放大器的放大倍数增大,则称这种反馈为正反馈。无论正反馈还是负反馈,在电子电路中都获得了广泛的应用。在放大器中引入负反馈可改善放大器的性能,引入正反馈可构成振荡器。

3.1 负反馈放大器

前面已讨论了集成运放,它的电压放大倍数很大,而通频带很窄,另外,由于失调、温漂等因素的影响,使得集成运放在"开环"条件下无法正常放大。在放大器中引入负反馈能够大大改善其性能指标。可以说,放大器借助于负反馈才得以稳定的工作。

3.1.1 负反馈放大器的组成框图

负反馈放大器的方框图如图 3.1.1 所示。为简单起见,不考虑频率的影响,认为所有的参量都是实数。它由基本放大器与反馈网络组成,符号 $\otimes$ 表示比较环节,x_i 为输入信号,x_o 为输出信号,x_f 为反馈信号,与输出信号之比叫反馈系数,记为

$$F = \frac{x_f}{x_o} \tag{3.1.1}$$

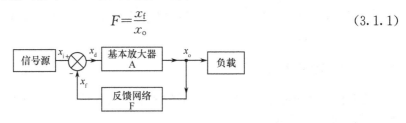

图 3.1.1 负反馈放大器的方框图

图中,x_d 是基本放大器的净输入信号,x_i 和 x_f 旁边标的"+""−"号表示这两个信号在比较环节中相减,即

$$x_d = x_i - x_f \tag{3.1.2}$$

图中的箭头表示信号的传递方向。上述各种信号可能是电压,也可能是电流,视电路的具体结构而定。由图 3.1.1 看出,基本放大器在未加反馈网络时,信号只有一个传递方向,从输入到输出,这种情况称为开环。此时,基本放大器的放大倍数称为开环放大倍数 A,它等于输出信号 x_o 与净输入信号 x_d 之比,即

$$A = \frac{x_o}{x_d} \tag{3.1.3}$$

当基本放大器加上反馈网络之后,除存在上述信号正向传递之外,还存在着反馈信号从输出到输入的反向传递。基本放大器与反馈网络构成闭合环路,所以这种情况称为闭环。此时负反馈放大器的放大倍数称为闭环放大倍数 A_f,它等于输出信号 x_o 与输入信号 x_i 之比,即

$$A_f = \frac{x_o}{x_i} \tag{3.1.4}$$

依据式(3.1.1)~式(3.1.4)可得

$$A_f = \frac{A}{1+AF} \qquad (3.1.5)$$

此式称为反馈放大器的基本方程式。

令式(3.1.5)中的分母为 T，即 $T = 1 + AF$，它的大小反映了反馈对放大器性能指标的影响程度，称为反馈深度。由于一般情况下，A 和 F 都是频率的函数，即它们的幅值和相位角都是频率的函数。当考虑信号频率的影响时，A_f、A 和 F 分别用 $\dot{A}_f$、$\dot{A}$ 和 $\dot{F}$ 表示。

下面讨论反馈深度为不同值时的几种情况：

(1) 当 $|1+\dot{A}\dot{F}| > 1$ 时，$\dot{A}_f < \dot{A}$，表示放大器引入了负反馈。显然，负反馈使闭环增益下降，下降的原因是由于净输入信号 $x_d = x_i - x_f$ 被削弱了，$\dot{A}$ 并没有丝毫下降。

(2) 当 $|1+\dot{A}\dot{F}| \gg 1$ 时，式(3.1.5)可简化为

$$|\dot{A}_f| = \frac{1}{|\dot{F}|}$$

这种情况称为深度负反馈。此时闭环增益几乎只取决于反馈系数，而与 $\dot{A}$ 无关。负反馈放大器常设计成这种工作状态，具有很大的实用价值。

(3) 当 $|1+\dot{A}\dot{F}| < 1$ 时，$|\dot{A}_f| > |\dot{A}|$，表示放大器引入了正反馈。正反馈使闭环增益提高，这是由于净输入信号 $x_d = x_i + x_f$ 增大造成的。

(4) 当 $|1+\dot{A}\dot{F}| \to 0$ 时，$|\dot{A}_f| \to \infty$，这意味着反馈放大器即使在没有外加信号($x_i \to 0$)的情况下，也仍然有一定幅度、一定频率的输出信号 x_o 存在，这种状态称为自激，放大器应尽量避免这种工作状态。

3.1.2　反馈的分类

在实际放大电路中，可以根据不同的要求引入各种不同类型的反馈。反馈的分类方法也有多种，下面分别介绍。

1. 正反馈和负反馈

根据反馈的极性不同，可以分为正反馈和负反馈，在图 3.1.1 中，引入反馈后，若原输入信号和反馈信号叠加的结果是使净输入减小($x_d < x_i$)，从而使闭环增益减小，则为负反馈，负反馈可改善放大器多方面的性能，在放大器中有广泛的应用；反之($x_d > x_i$)，则为正反馈，一般来说，正反馈主要应用于信号的产生和变换电路，很少在放大器中单独使用。

2. 局部反馈与越级反馈

反馈网络在电路中的明显特征是跨接在输入回路和输出回路之间，例如在图 3.1.2 中，就有 3 个反馈网络：①是 R_{E1}，跨接在第一级输出与输入之间，②是 R_{E2}，跨接在第二级输出与输入之间，③是 R_F 和 R_{E1}，跨接在第二级输出与第一级输入之间。反馈①和反馈②属于局部反馈，反馈③属于越级反馈，由于越级反馈引入的反馈深度比局部反馈深，反馈效果较明显，所以通常当局部反馈与越级反馈共存时，只讨论越级反馈。

3. 直流反馈与交流反馈

在反馈信号中存在直流成分，称为直流反馈；存在交流成分，称为交流反馈。通常电路中直流反馈的作用是稳定静态工作点，对动态性能没有影响，所以一般情况只讨论交流反馈及其

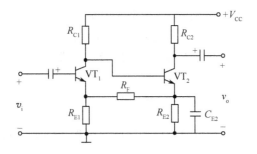

图 3.1.2 负反馈分类示例电路

对电路性能的影响。例如在图 3.1.2 中，反馈①既有交流反馈又有直流反馈，只讨论交流反馈，反馈②、③只有直流反馈，不做讨论。

4. 并联反馈与串联反馈

根据反馈信号与外加输入信号在放大电路输入回路中的比较对象不同来分类，可以分为并联反馈与串联反馈。在并联反馈中，反馈网络并联连接在基本放大器的输入回路上，如图 3.1.3(a)所示。此时，输入信号、反馈信号和净输入信号均以电流形式体现三者的求和关系，对于负反馈，则有 $i_d = i_i - i_f$，说明 i_f 对输入电流 i_i 起着分流作用。在串联反馈中，反馈网络串联连接在基本放大器的输入回路中，如图 3.1.3(b)所示。此时，输入信号、反馈信号和净输入信号均以电压形式体现三者的求和关系，对于负反馈，则有 $v_d = v_i - v_f$，说明反馈电压 v_f 起着部分抵消输入电压的作用。由此可知：从输入端看，比较电流的是并联反馈，比较电压的是串联反馈。

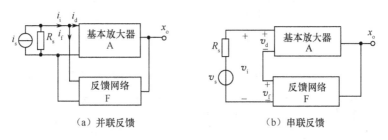

（a）并联反馈　　　　　　　　　（b）串联反馈

图 3.1.3　并联反馈与串联反馈

5. 电压反馈与电流反馈

根据反馈信号对输出回路取样对象的不同，可分为电压反馈与电流反馈。在电压反馈中，反馈网络、负载和基本放大器三者是并联关系，如图 3.1.4(a)所示。反馈信号 x_f 对输出电压 v_o 取样且正比于 v_o，即 $x_f = F v_o$；在电流反馈中，反馈网络、负载和基本放大器三者是串联关系，如图 3.1.4(b)所示。反馈信号 x_f 对输出电流 i_o 取样且正比于 i_o，即 $x_f = F i_o$。

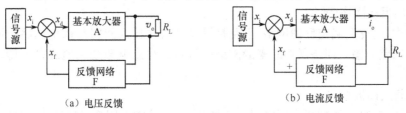

（a）电压反馈　　　　　　　　　（b）电流反馈

图 3.1.4　电压反馈与电流反馈

电压负反馈的特点是使放大器输出电压维持恒定。在输入信号 x_i 一定的情况下,当负载 R_L 减小时,将引起放大器输出电压 v_o 降低,于是反馈 $x_f(=Fv_o)$ 将随之减小,促使放大器的净输入电压 $x_d(=x_i-x_f)$ 增大,于是输出电压 v_o 回升。电路的这种自动调整过程可简化表述如下:

$$R_L\downarrow \rightarrow v_o\downarrow \rightarrow x_f\downarrow \rightarrow x_d\uparrow$$
$$v_o\uparrow \longleftarrow$$

当负载电阻 R_L 增大时,电路将进行与上述相反的自动调整过程。可见,电压负反馈可以稳定输出电压。

电流负反馈的特点是使放大器输出电流维持恒定。在输入信号 x_i 一定的情况下,若负载 R_L 减小时,将引起放大器输出电流 i_o 增大,这时电路中将会发生如下自动调整过程:

$$R_L\downarrow \rightarrow i_o\uparrow \rightarrow x_f\uparrow \rightarrow x_d\downarrow$$
$$i_o\downarrow \longleftarrow$$

当负载电阻 R_L 增大时,电路将进行与上述相反的自动调整过程。可见,电流负反馈可以稳定输出电流。

一般来说,基本放大器和反馈网络都是双端口网络,综合它们在输入、输出端上的不同连接方式可以有 4 种组合,从而构成 4 种负反馈类型,即电压串联负反馈、电压并联负反馈、电流串联负反馈和电流并联负反馈,具体的组成框图如图 3.1.5 所示。

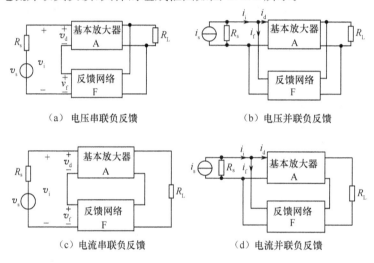

（a）电压串联负反馈　　　　　　（b）电压并联负反馈

（c）电流串联负反馈　　　　　　（d）电流并联负反馈

图 3.1.5　4 种类型反馈电路框图

6. 反馈类型的判别方法

交流负反馈类型的不同,对放大器性能指标的影响就会有所差异。所以学会判别负反馈的类型是非常重要的。判别的方法和步骤如下。

（1）找出反馈网络(元件)

在电路中,首先要确定反馈网络,思路是寻找跨接在输入回路与输出回路的网络,即把放大器的输出回路与输入回路联系起来的网络(元件)。注意电源线和地线是不传输信号的,不能看作反馈。

（2）判断反馈极性

找到反馈网络后,要判断该网络引入反馈的正负,通常采用瞬时极性法,其方法为:设在某时刻放大器输入信号电压的瞬时极性为"＋",然后依据输入信号传输路径确定电路各点的电压瞬时极性,最后判断反馈到输入端的信号是增强了还是削弱了原输入信号,从而确定反馈极性的正负。

(3) 判断并联反馈与串联反馈

依据反馈网络(元件)在放大器输入端的连接方式确定反馈类型。通常采用信号源短路法,即假设将放大电路的信号源对地交流短路,观察反馈信号是否依然存在,在图3.1.3(a)中反馈消失,为并联反馈;而在图3.1.3(b)中反馈仍然存在,为串联反馈。

(4) 判断电压反馈与电流反馈

依据反馈网络(元件)在放大器输出端的连接方式确定反馈类型。通常采用负载短路法,即假设将放大电路的负载交流短路,观察反馈是否依然存在,在图3.1.4(a)中反馈消失,为电压反馈;而在图3.1.3(b)中反馈仍然存在,为电流反馈。

通过对电压反馈,电流反馈,并联反馈、串联反馈的分析可知,反馈信号若由放大器信号输出端引出,是电压反馈,否则为电流反馈,反馈信号若加到放大器信号输入端,是并联反馈,否则为串联反馈。

【例3.1.1】试分析图3.1.6所示电路的反馈极性及类型。

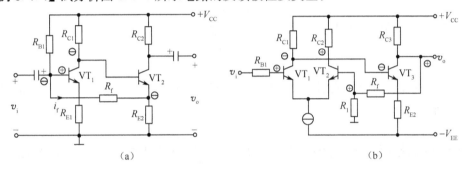

图3.1.6　例3.1.1题电路

图3.1.6(a)电路中,输出回路VT_2的发射极与输入回路VT_1基极通过电阻R_f、R_{E2}建立了联系,所以R_f、R_{E2}构成反馈网络。反馈信号直接加到输入信号注入端VT_1基极(反馈网络与信号源并联),所以是并联反馈。反馈信号不是直接由输出端VT_2的集电极引出(反馈网络与负载R_L串联),所以是电流反馈。设某瞬时输入电压v_i对"地"的极性为正,由于三极管VT_1集电极电压与基极电压极性相反,发射极电压与基极电压极性相同,所以VT_1集电极电压对"地"极性为负,VT_2发射极电压对"地"极性也为负,电路中产生的反馈电流i_f的方向如图,使净输入电流$i_d=i_i-i_f$减小,说明是负反馈。所以,该电路为电流并联负反馈放大器。

图3.1.6(b)电路中,输出回路与输入回路通过电阻R_f、R_1建立了联系,所以R_f、R_1构成反馈网络。设某瞬时输入电压v_i对"地"的极性为正,则VT_1集电极电压对"地"极性为负,VT_3集电极电压对"地"极性也为正,经反馈网络R_f与R_1分压后得VT_2基极上的反馈电压v_f对"地"的极性也为正,使净输入电压$v_d=v_i-v_f$减小,因此,该电路引入的反馈是负反馈。反馈信号由输出端引出(反馈网络与负载并联),依赖输出电压v_o而存在,因此属电压反馈;反馈信号没有加到输入信号注入端(反馈网络与信号源串联),所以是串联反馈。综上,此电路为电压串联负反馈放大器。

3.1.3　深度负反馈放大器的估算

实际的负反馈放大电路,特别是由集成运放构成的负反馈放大电路,通常满足$1+AF\gg1$

深度负反馈条件,此时放大器闭环放大倍数仅取决于反馈系数。即

$$A_f = \frac{1}{F} \tag{3.1.6}$$

这时,由式(3.1.4)可得

$$x_i = F x_o \tag{3.1.7}$$

由式(3.1.1)得

$$x_f = F x_o \tag{3.1.8}$$

比较式(3.1.7)和式(3.1.8)可得

$$x_i = x_f \tag{3.1.9}$$

因为净输入量 $x_d = x_i - x_f$,于是有

$$x_d = 0 \tag{3.1.10}$$

式(3.1.9)和式(3.1.10)表明放大器引入深度负反馈后,反馈信号 x_f 近似等于输入信号 x_i,净输入信号 x_d 近似为零。这是深度负反馈放大器具有的特点。

对于串联负反馈,输入信号、反馈信号和净输入信号均以电压形式出现,即 x_i 为 v_i,x_f 为 v_f,x_d 为 v_d,于是有

$$v_d \approx 0$$

考虑到基本放大器的输入电阻 $R_i \neq 0$,故其输入电流(净输入电流)为

$$i_d = \frac{v_d}{R_i} \approx 0$$

对于并联负反馈,输入信号、反馈信号和净输入信号均以电流形式出现,即 x_i 为 i_i,x_f 为 i_f,x_d 为 i_d,于是有

$$i_d \approx 0$$

同样考虑到基本放大器的输入电阻 $R_i \neq \infty$,是一个有限值,故其输入电压(净输入电压)为

$$v_d = i_d R_i \approx 0$$

由上述分析可见,负反馈放大器在满足深度负反馈条件时,不论是串联负反馈还是并联负反馈,都将使基本放大器的净输入电压 $v_d \approx 0$,就像输入端被短路一样;而净输入电流 $i_d \approx 0$,就像输入端被断开一样(注意与输入端真正短路和断路有本质区别)。我们称这种短路和断路为虚假短路和虚假断路,简称"虚短"和"虚断"。"虚短"和"虚断"是分析、计算深度负反馈放大器电压放大倍数的重要基础和依据。

【例 3.1.2】试分析图 3.1.7 所示放大器的反馈极性和类型,求电压放大倍数 A_{vf}。

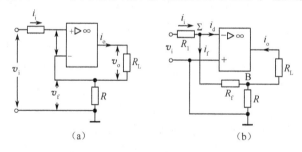

(a)   (b)

图 3.1.7　例 3.1.2 电路

由图 3.1.7(a)可知,电阻 R 构成反馈网络(元件)。由于反馈信号不是直接由输出端引出(反馈网络与负载串联),所以为电流反馈;反馈信号不是直接加到输入信号注入端(反馈网络与信号源串联),所以是串联反馈。设在某一瞬时输入电压 v_i 对"地"极性为正,由于 v_i 从同相

端输入,所以使运放输出端对"地"电压(并非输出电压 v_o)也为正,其输出电流 i_o 流经电阻 R,产生反馈电压 $v_f = i_o R$ 也为正,使放大器净输入电压 $v_d = v_i - v_f$ 减小,所以是负反馈。综上,该电路为电流串联负反馈放大器。根据虚短、虚断概念有

$$v_o = i_o R_L, \quad v_f = i_o R, \quad v_i = v_f = i_o R$$

$$A_{vf} = \frac{v_o}{v_i} = \frac{i_o R_L}{i_o R} = \frac{R_L}{R}$$

图 3.1.7(b)电路中,电阻 R_f 和 R 构成反馈网络。反馈信号不是直接由输出端引出(反馈网络与负载 R_L 串联),所以是电流反馈,反馈信号直接加到输入信号注入端(反馈网络与信号源并联),所以是并联反馈。设在某一瞬时,输入电压 v_i 对"地"极性为正,由于 v_i 从运放反相端输入,所以使其输出端对"地"电压(并非输出电压 v_o)为负。其输出电流 i_o 方向如图中所示,使 B 点电位为负。此时,电路中产生的电流 i_i、i_f 和 i_d 的方向如图所示。在 $\sum$ 点,反馈电流 i_f 与输入电流 i_i 方向相反,使净输入电流 $i_d = i_i - i_f$ 减小,说明是负反馈。所以,该电路为电流并联负反馈放大器。根据虚短、虚断概念有

$$i_d \approx 0, i_i = i_f; \quad v_i \approx i_i R_1 \approx i_f R_1; \quad R_f \text{ 与 } R \text{ 并联}$$

因为

$$i_f = i_o \frac{R}{R_f + R}$$

所以

$$v_i \approx i_o \frac{R R_1}{R_f + R}$$

又因为

$$v_o = -i_o R_L$$

所以

$$A_{vf} = \frac{v_o}{v_i} \approx -\frac{i_o R_L}{i_o \dfrac{R R_1}{R_f + R}} = -\frac{R_L}{R_1}\left(1 + \frac{R_f}{R}\right)$$

3.1.4　负反馈对放大器性能的影响

在实用的放大电路中,都会引入一定的负反馈改善放大器的性能。引入不同类型的负反馈,对放大器性能的改善也不一样。

1. 提高放大倍数的稳定性

由于环境温度的变化、元件老化、电源电压波动以及负载变动等,都会使电路参数发生变化,从而引起放大器开环放大倍数 A 变化。引入负反馈后,电压负反馈能稳定输出电压 v_o,电流负反馈能稳定输出电流 i_o,总的来说就是能稳定放大倍数。在深度负反馈时,闭环放大倍数 $A_f = \dfrac{1}{F}$,只决定于反馈网络,而与基本放大器无关,所以放大倍数比较恒定。

在一般情况下,为了从数量上表示放大倍数的恒定程度,常用增益的相对变化量来评定。由

$$A_f = \frac{A}{1 + AF}$$

对 A 求导数得

$$dA_f = \frac{dA}{(1 + AF)^2}$$

两边同除以 A_f 得

$$\frac{dA_f}{A_f} = \frac{1}{1 + AF}\frac{dA}{A}$$

上式表明,负反馈放大器闭环放大倍数相对变化量是开环放大倍数相对变化量的$\frac{1}{1+AF}$倍。或者说,引入负反馈后使放大器放大倍数的稳定性提高了$(1+AF)$倍。

2. 减小非线性失真

放大器的非线性失真是由于三极管的非线性引起的,在放大器中加上负反馈后,可以有效地减小非线性失真。

例如:图3.1.8(a)是一个未加负反馈的放大器。在输入正弦信号电压v_i幅度较大时,假定产生非线性失真,输出电压v_o的波形是正半周大,负半周小。

图3.1.8(b)画出了上述放大器加上负反馈后的波形图。反馈电压v_f的波形与输出电压v_o的波形相似,也是正半周大,负半周小。于是净输入电压$v_d=v_i-v_f$带有相反的失真,正半周小,负半周大。这种带有预失真的净输入电压v_d经放大器放大以后,将使输出电压v_o的非线性失真得到补偿,输出波形接近于正弦波。可见,负反馈减小非线性失真的实质就是利用失真了的输出信号经负反馈去调节净输入信号以补偿输出信号的失真。

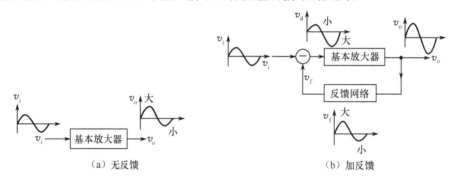

（a）无反馈 　　　　　　　（b）加反馈

图3.1.8　负反馈减小非线性失真

3. 改变输入电阻和输出电阻

（1）对输入电阻的影响

负反馈对放大器输入电阻的影响取决于反馈网络与放大器输入端的连接方式。对于串联负反馈,反馈信号、输入信号、净输入信号均以电压形式出现,如图3.1.5(a)、(c)所示,若R_i为放大器的开环输入电阻,且

$$R_i=\frac{v_d}{i_i}$$

R_{if}为放大器闭环输入电阻,且

$$R_{if}=\frac{v_i}{i_i}$$

当电路一定,则R_i一定,净输入电压$v_d=v_i-v_f<v_i$,所以

$$R_{if}>R_i$$

也就是说,串联负反馈可以提高放大器的输入电阻,且负反馈越深,输入电阻增大越多。

同样道理,并联负反馈可以降低放大器的输入电阻,且负反馈越深,输入电阻减小越多。

（2）对输出电阻的影响

在负反馈放大电路中,输出电阻的大小取决于反馈网络与放大器输出端的连接方式,而与输入端的连接方式无关。电压反馈中,由于基本放大器、反馈网络彼此并联,从而引起输出电阻的降低。电流负反馈的情况相反,由于基本放大器、反馈网络彼此串联,故而引起放大器的输出电阻增大。

另外,也可以换个角度来理解。我们已经知道,电压负反馈能够稳定输出电压,使放大器接近于恒压源,而恒压源内阻很低,故放大器的输出电阻降低;电流负反馈能够稳定输出电流,使放大器接近于恒流源,而恒流源的内阻很高,故放大器的输出电阻增大。

4. 展宽放大器的通频带

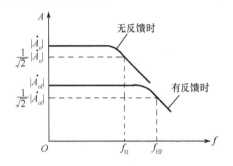

由于引入负反馈后,各种原因引起的放大倍数的变化都将减小,当然也包括因信号频率变化而引起的放大倍数的变化,因此其效果是展宽了通频带。在运算放大器内部,各级之间采用直接耦合方式,故其幅频特性应如图 3.1.9 所示。引入负反馈后,由于中、低频段的电压放大倍数最大,负反馈作用最强,放大倍数下降最多;在高频段,因电压放大倍数减小,负反馈作用比中、低频段弱,因而放大倍数下降也较少,使上限频率从 f_H 提高到 f_{HF},故负反馈展宽了放大器的通频带。

图 3.1.9　负反馈展宽了放大器的频带

3.2　正弦波振荡器

前面讨论的各种类型放大器,其作用都是把输入信号的电压或功率加以放大。从能量观点来看,它们是在输入信号的控制下,把直流电能转换成按输入信号规律变化的交流电能。在电子技术中,还广泛应用着另一种电路,它们不需要外加激励信号就能将电能转换为具有一定频率、一定波形和一定振幅的交流电能。这一类电路称为振荡器,它是产生各种振荡信号的交流信号源。按输出信号波形不同分为正弦波振荡器和非正弦波振荡器。正弦波振荡器在自动控制、广播、通信、遥控等方面有着广泛的用途。

3.2.1　正弦波振荡器的基本概念与原理

1. 振荡的平衡条件

在一个放大倍数为 $\dot{A}$ 的基本放大器上加一个反馈网络,其反馈系数为 $\dot{F}$,构成如图 3.2.1 所示的电路。当将开关 S 置于"1"位置时,外加输入信号 $\dot{X}_i$ 经基本放大器放大输出为 $\dot{X}_o$,再经反馈网络在"2"点得到反馈信号 $\dot{X}_f$。如果有 $\dot{X}_f = \dot{X}_i$,即两者大小相等,相位相同,则可用 $\dot{X}_f$ 代替 $\dot{X}_i$。此时将开关 S 置于"2"的位置,尽管断开了输入信号 $\dot{X}_i$,但电路在 $\dot{X}_f$ 的作用下,仍将维持输出 $\dot{X}_o$ 不变,放大器便成了振荡器。可见,要使电路形成振荡,必须使 $\dot{X}_f = \dot{X}_i$,而

$$\dot{X}_f = \dot{F}\dot{X}_o , \quad \dot{X}_i = \frac{\dot{X}_o}{\dot{A}}$$

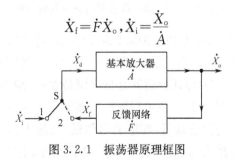

图 3.2.1　振荡器原理框图

因此得到振荡的条件是

$$\dot{A}\dot{F}=1$$

由于
$$\dot{A}=A\angle\varphi_{\mathrm{A}},\ \dot{F}=F\angle\varphi_{\mathrm{F}}$$

故有
$$|\dot{A}\dot{F}|=AF=1 \tag{3.2.1}$$

$$\varphi_{\mathrm{A}}+\varphi_{\mathrm{F}}=2n\pi \quad (n=0,1,2,\cdots) \tag{3.2.2}$$

式(3.2.1)称为振幅平衡条件,表明反馈信号要与原来的输入信号幅度相等;式(3.2.2)称为相位平衡条件,表明反馈网络必须是正反馈。

2. 振荡的建立和稳定

实际的振荡器并不像图 3.2.1 那样要外加激励信号 $\dot{X}_{\mathrm{i}}$,而是靠电路本身"自激"起振的。在接通电源的瞬间,电流突变、噪声和干扰等引起的电扰动都是起振的原始信号源。这些信号较微弱,但只要电路满足 $\dot{A}\dot{F}>1$ 的起振条件,通过"放大→正反馈→再放大→再正反馈"的循环,信号便不断增大,但这个过程并不会一直无限制地进行下去,因为晶体管的特性曲线并不是线性的。当由于正反馈而使信号不断增大时,必然会使管子工作进入非线性区域,于是,放大器的放大倍数将减小,最后达到 $\dot{A}\dot{F}=1$,得到稳定的振幅。

此外,为使振荡器产生正弦波,即产生具有单一频率的信号,还必须使反馈网络具有选频特性。包含很多频率分量的电扰动通过选频网络后,只有某一个频率能满足振荡的两个基本条件,从而得到单一频率的正弦波振荡信号。

通常根据组成选频网络的元件不同,正弦波振荡器可分为 RC 振荡器、LC 振荡器和石英振荡器。

3.2.2　RC 正弦波振荡器

RC 正弦波振荡器的选频网络由 RC 选频电路构成,主要用于产生 1MHz 以下的低频正弦波信号。常用的选频电路是 RC 串并联选频电路,该电路及其频率特性如图 3.2.2 所示,当 $\omega=\omega_0$ 时,v_2 与 v_1 的相位差为零,传输系数为 1/3。

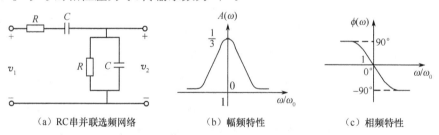

|（a）RC 串并联选频网络|（b）幅频特性|（c）相频特性|

图 3.2.2　RC 串并联选频电路及其频率特性

图 3.2.3(a)是由 RC 串并联选频网络构成的振荡电路,图中,集成运放构成同相放大器提供增益为 $A=1+R_{\mathrm{t}}/R_1$;当 $\omega=\omega_0$ 时,反馈网络 RC 串并联电路相移为零,引入正反馈,环路满足相位平衡条件,且 $F=1/3$。为保证振荡器起振并维持振荡,应有 $AF\geqslant1$。只要适当调整同相放大器增益的强弱,使 A 略大于 3,便可保证振荡器输出正弦波。R_{t} 为热敏电阻,且具有负的温度系数。刚起振时,R_{t} 的温度最低,相应的阻值最大,放大器的增益 A 最大;随着振荡振幅的增大,R_{t} 上消耗的功率增大,致使其温度上升,阻值减小,放大器的增益下降,直到 $A=3$、

$AF=1$ 实现自动稳幅,进入平衡状态。

将图 3.2.3(a)改画成图 3.2.3(b)所示电路,可以看出,RC 串并联电路和集成运放负反馈电阻构成文氏电桥,振荡器的输出电压加到桥路的一对角线端,并从另一对角线端取出电压加到集成运放的输入端,当 $\omega=\omega_0$ 时,桥路平衡,振荡器进入稳定的平衡状态,产生等幅持续的振荡。

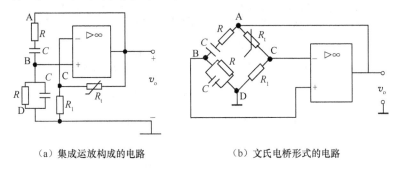

（a）集成运放构成的电路　　　　　　（b）文氏电桥形式的电路

图 3.2.3　串并联 RC 振荡电路

3.2.3　LC 正弦波振荡器

采用 LC 谐振回路作为选频网络的振荡器称作 LC 正弦振荡器,主要用来产生 1MHz 以上的高频正弦信号。应用最广泛的是三点式振荡电路。

两种基本类型的三点式振荡器电路的交流通路如图 3.2.4 所示,其中图 3.2.4(a)为电容三点式电路,又称为考比兹(Copitts)电路,它的反馈电压取自 L 和 C_2 组成的分压器;图 3.2.4 (b)为电感三点式电路,又称为哈特莱(Hartley)振荡器,它的反馈电压取自 C 和 L_2 组成的分压器,它们的共同特点是交流通路中的三极管的三个电极与谐振回路的三个引出端点连接。其中,与发射极相接的为两个同性质电抗,而接在集电极与基极间的另一个为异性质电抗。可以证明,凡是按照这种规则连接的三点式振荡电路,必定满足相位平衡条件,实现正反馈。因而,这种规定被作为三点式振荡器电路的组成法则,利用这个法则,可判别三点式振荡器电路的连接是否正确。

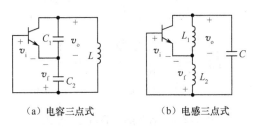

（a）电容三点式　　　　　　（b）电感三点式

图 3.2.4　三点式振荡器的交流通路

图 3.2.5 为三点式振荡器的完整电路,在图 3.2.5(a)电容三点式振荡器中,回路总电容为

$$C=\frac{C_1 C_2}{C_1+C_2}$$

所以,电路振荡频率为

$$f_o=\frac{1}{2\pi\sqrt{L\dfrac{C_1 C_2}{C_1+C_2}}}$$

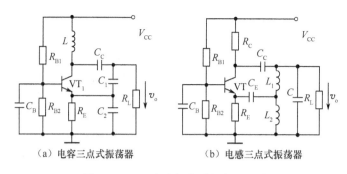

（a）电容三点式振荡器　　　　（b）电感三点式振荡器

图 3.2.5　三点式振荡器的完整电路

在图 3.2.5(b)所示的电感三点式振荡器中,其谐振频率即振荡频率为

$$f_o = \frac{1}{2\pi \sqrt{(L_1 + L_2)C}}$$

两种振荡器电路结构都很简单,而且容易起振。电容三点式振荡器输出波形更好,工作频率可以很高,应用也更为广泛。

3.2.4　石英晶体振荡器

石英晶体振荡器是以石英晶体作为选频回路的正弦波振荡器。它的特点是振荡频率的稳定性很高,广泛应用于要求频率稳定性高的电子设备中。

1. 石英晶体

（1）石英晶体的结构

在一块很薄的石英晶体切片的两个对应表面上涂敷银层作为极板,每个极板各引出一根引线作为电极,再加上金属或玻璃封装外壳就构成了一个石英晶体谐振器,其结构示意图如图 3.2.6所示。

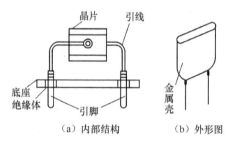

（a）内部结构　　　（b）外形图

图 3.2.6　石英晶体的结构示意图

（2）石英晶体的基本特性

若在石英晶体的两个极板上加一电场,晶片就会产生机械变形;反之,若在晶体两极板间施加机械力,则在相应方向上又会产生电场,这种现象称为压电效应。如在极板间加的是交变电压,晶片就会产生机械变形振动,而机械变形振动又会产生交变电场。在一般情况下,晶片机械变形振动的振幅及对应产生的交变电场是很微弱的,当外加交变电压的频率与晶片的固有频率相等时,机械变形振动的振幅将急剧增加,这种现象称为压电谐振。因此,石英晶体又称为石英晶体谐振器,其振荡频率基本上只与晶片的切割方式、几何形状、尺寸有关,而它的形状、尺寸可以做得很精确,因此,利用石英晶体组成的振荡电路具有很高的频率稳定度。

（3）石英晶体的符号及等效电路

石英晶体的符号和等效电路如图3.2.7(a)和(b)所示。图中：C_0是石英晶体极板之间构成的静电电容，其大小与晶片的几何尺寸、极板面积有关，一般约为几皮法至几十皮法；当晶体振荡时，机械振动的惯性可用电感L来等效，晶片的弹性可用电容C来等效，一般L的值为几十毫亨至几百毫亨，C的值很小，在0.1pF以下；晶片振动时因摩擦而造成的损耗用R来等效，为100Ω左右。

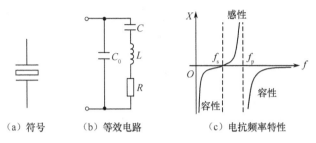

（a）符号　　（b）等效电路　　（c）电抗频率特性

图3.2.7　石英晶体的符号、等效电路和电抗频率特性

由于晶片的等效电感L很大，而C很小，R也小，因此，回路的品质因数Q很大，可达$10^4 \sim 10^6$。Q是LC谐振回路的一个重要指标，其值越高，选择性越好。

（4）石英晶体的谐振频率

从石英晶体的等效电路可知，它有两个谐振频率，即串联谐振频率和并联谐振频率。当LCR支路发生串联谐振时，其等效阻抗最小且为R，其谐振频率为

$$f_s = \frac{1}{2\pi\sqrt{LC}}$$

由于C_0数值小，它的容抗比R大得多，因此通常认为，串联谐振时振荡回路的阻抗呈纯阻性且最小，即为R的值。

当频率高于f_s时，LCR支路呈感性，可与电容C_0发生并联谐振，并联谐振频率为

$$f_p = \frac{1}{2\pi\sqrt{L \cdot \dfrac{C \cdot C_0}{C + C_0}}} = f_s\sqrt{1 + \frac{C}{C_0}}$$

由于$C \ll C_0$，因此f_s和f_p非常接近。此时回路阻抗呈纯电阻性且为最大。

根据石英晶体的等效电路，可定性画出它的电抗频率特性如图3.2.7(c)所示。由图看出：当频率$f < f_s$或$f > f_p$时，石英晶体呈容性相当于一个电容元件；当频率$f_s < f < f_p$时，石英晶体呈感性相当于一个电感元件；当频率$f = f_s$时，石英晶体相当一个串联谐振回路，阻抗呈纯电阻特性且为最小。

2. 石英晶体振荡器电路

石英晶体振荡器电路的形式是多种多样的，但其基本电路只有两类：一类是石英晶体的并联运用，在略高于f_s呈感性的频段内，晶体等效为一个高Q值的电感，与外电路电容构成并联谐振回路，称为并联晶体振荡器；另一类是石英晶体的串联运用，工作在晶体的串联谐振频率上，因为高Q值，损耗很小，晶体等效为短路线，称为串联晶体振荡器。晶体只能工作于这两种方式，而不应工作在频率低于f_s和高于f_p、电抗呈容性的频段内，否则将失去其高频率稳定性的优势。

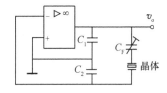

图 3.2.8　并联晶体振荡器

（1）并联晶体振荡器电路

并联晶体振荡器电路如图 3.2.8 所示。其特点是把石英晶体作为电感元件接入电路的，可见，这种振荡器实质上是一个电容三点式振荡器。由图 3.2.7(c)可知，这种振荡器的振荡频率必须是在 f_s 和 f_p 之间。通常，$C_1 \gg C_F$，$C_2 \gg C_F$，故有回路总电容 $C_L \approx C_F$，所以振荡频率主要取决于石英晶体与 C_F 的谐振频率。通常采用下述方法确定，工厂出厂的石英晶体，其上标出了在规定外部电容（又称负载电容）C_S 值时的标称频率。如 JA5 型小型金属壳石英晶体，其 $C_S = 30\mathrm{pF}$，标称频率 $f = 1\mathrm{MHz}$。这就是说，若将这个石英晶体用于并联晶体振荡器时，只要使并联的总电容 $C_S = 30\mathrm{pF}$，即调节 C_F 使其等于 C_S 值，那么振荡器将在给出的标称频率上振荡，即振荡器的振荡频率为 1MHz。

（2）串联晶体振荡器电路

串联晶体振荡器电路如图 3.2.9 所示。工作原理简述如下：假定有输入信号电压 v_i 加在运放同相输入端，则其输出电压 v_o 必与 v_i 同相。输出电压 v_o 经石英晶体反馈到同相输入端，当 v_o 的频率等于石英晶体的串联谐振频率时，其阻抗最小，理想情况下相当于短路线，此时反馈量最大且无相移，反馈电压与 v_i 同相为正反馈，满足振荡相位平衡条件。当调节 R_f 使电路负反馈小于该正反馈时，满足振幅平衡条件，电路将在石英晶体的串联谐振频率上振荡。对其他频率的信号，反馈电路呈现很大阻抗，正反馈量很小，电路不可能产生振荡。可见这种振荡器的振荡频率受晶体控制，具有很高的频稳度。

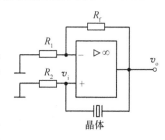

图 3.2.9　串联晶体振荡器

实际电路中为了对电路的振荡频率进行微调，可将一微调小电容 C_F 与晶体串联，同样，当微调电容等于规定的外部电容 C_S 时，则石英晶体与 C_F 所组成的串联回路将在标称频率上振荡，显然，这个标称频率就是振荡器的振荡频率。

根据以上分析我们看到，并联晶体振荡器或串联晶体振荡器的振荡频率都由石英晶体和与其串联的微调电容 C_F 联合决定，只要将 C_F 调整到石英晶体所规定的外部电容 C_S 值时，两种振荡器都将工作在石英晶体所标出的标称频率上。可见，同一型号的石英晶体，它既可以工作于并联谐振形式，又可工作于串联谐振形式。至于由它组成的实际谐振回路，在谐振时，是呈现并联谐振特性，还是呈现串联谐振特性，则由它在电路中的连接形式所决定。

本 章 小 结

（1）在实际放大器中，为了改善放大电路各方面的性能，必须引入负反馈。

（2）引入不同类型的反馈，对放大电路性能的改善是不一样的，所以正确判断反馈的类型就显得尤为重要。根据反馈是存在于直流通路还是交流通路中判断是直流反馈还是交流反馈；采用瞬时极性法判断正、负反馈；输出端负载短路法判断是电压还是电流反馈；输入端信号源短路法判断是并联还是串联反馈。

（3）引入直流负反馈是为了稳定电路工作点；引入交流负反馈可以稳定放大器的增益，减小反馈环内的非线性失真，拓宽通频带，影响输入输出电阻。放大电路中应避免正反馈引起振荡。引入电压负反馈可以稳定输出电压，减小输出电阻，电流负反馈可以稳定输出电流，增加输出电阻；并联负反馈减小输入电阻，适合于电流源信号激励，串联负反馈可以提高输入电阻，适合于电压源信号激励。

（4）在深度负反馈条件下,可以利用"虚短"和"虚断"这两个重要概念估算反馈放大电路闭环增益。

（5）放大电路中引入正反馈,当满足振幅和相位起振条件、平衡条件时,电路将产生具有一定频率和幅度的信号。

（6）根据选频网络不同,正弦波振荡器可分为 RC 振荡器、LC 振荡器和晶体振荡器。RC 振荡器又称为音频振荡器,一般用来产生低频信号;LC 振荡器可用来产生 1MHz 以上的信号,在通信系统中较为常用;晶体振荡器产生信号的频率具有极高的稳定度。

思考题与习题

3.1 什么是反馈?什么是正反馈和负反馈?什么是串联反馈和并联反馈?什么是电压反馈和电流反馈?

3.2 选择合适的答案填入空格内。
（1）为了稳定放大电路的输出电压,应引入_____负反馈;
（2）为了稳定放大电路的输出电流,应引入_____负反馈;
（3）为了增大放大电路的输入电阻,应引入_____负反馈;
（4）为了减小放大电路的输入电阻,应引入_____负反馈;
（5）为了增大放大电路的输出电阻,应引入_____负反馈;
（6）为了减小放大电路的输出电阻,应引入_____负反馈。
A. 电压　　　　B. 电流　　　　C. 串联　　　　D. 并联

3.3 选择合适的答案填入空格内。
（1）对放大电路来说,开环是指_____;
A. 无信号源　　　B. 无反馈通路　　　　C. 无电源　　　　D. 无负载
而闭环是指_____。
A. 考虑信号源内阻　　　B. 有反馈通路　　　C. 接入电源　　　D. 接入负载
（2）直流负反馈是指_____。
A. 直接耦合放大电路中所引入的负反馈
B. 只有放大直流信号时才有的负反馈
C. 在直流通路中的负反馈
（3）为了实现下列目的,应引入哪种类型的反馈,填入空格内。
　　① 为了稳定静态工作点,应引入_____;
　　② 为了稳定放大倍数,应引入_____;
　　③ 为了改变输入和输出电阻,应引入_____;
　　④ 为了抑制温漂,应引入_____;
　　⑤ 为了展宽频带,应引入_____。
　　A. 直流负反馈　　　　　B. 交流负反馈

3.4 判断下列说法是否正确:
（1）在负反馈放大电路中,当反馈系数极大的情况下,只有尽可能地增大开环放大倍数,才能有效地提高闭环放大倍数。
（2）在负反馈放大电路中,基本放大器的放大倍数越大,闭环放大倍数越稳定。
（3）在深度负反馈条件下,闭环放大倍数与反馈系数有关。而与放大器开环放大倍数无关。因此可以省去放大电路仅留下反馈网络,来获得稳定的闭环放大倍数。

(4) 负反馈只能改善反馈环路内的放大性能,对反馈环路之外无效 。

3.5 在图题 3.5 所示的电路中,找出反馈网络并判断反馈类型和极性。

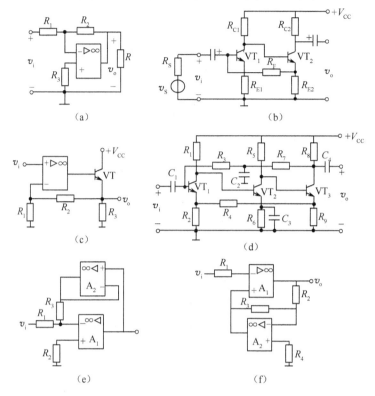

图题 3.5

3.6 近似计算图题 3.5(a)～(d)电路在深度负反馈条件下的电压放大倍数。

3.7 一个电压串联负反馈放大电路,当输入电压 $v_i = 3\text{mV}$ 时, $v_o = 150\text{mV}$;而无反馈时,当 $v_i = 3\text{mV}$ 时, $v_o = 3\text{V}$,试求这个负反馈放大电路的反馈系数和反馈深度。

3.8 一个放大电路的开环电压增益是 $A_{vo} = 10^6$,当它接成负反馈放大电路时,其闭环电压增益为 $A_{vf} = 50$,若 A_{vo} 变化 10%,问 A_{vf} 变化多少?

3.9 电路如图题 3.9 所示,近似计算它的闭环电压增益并定性地分析它的输入电阻和输出电阻。

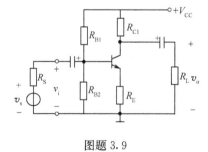

图题 3.9

3.10 已知一个负反馈放大电路的 $A = 10^5$, $F = 2 \times 10^{-3}$。

(1) $A_f = ?$

(2) 若 A 的相对变化率为 20%,则 A_f 的相对变化率是多少?

3.11 正弦波振荡器的振幅平衡条件和相位平衡条件是什么？正弦波振荡器的起振振幅条件和相位条件各是什么？

3.12 选择一个答案填入空格内。

(1) 当信号频率等于石英晶体的串联谐振频率时,石英晶体呈_____；

当信号频率在石英晶体的串联谐振频率和并联谐振频率之间时,石英晶体呈_____,

其余情况下石英晶体呈_____。

(2) 当信号频率 $f=f_0$(中心频率)时,RC 串并联网络呈_____。

A. 容性   B. 阻性   C. 感性

3.13 指出图题 3.13 电路中,哪些电路可能产生振荡,哪些电路不能产生振荡？如果能够产生振荡,说明是何种类型的振荡电路。

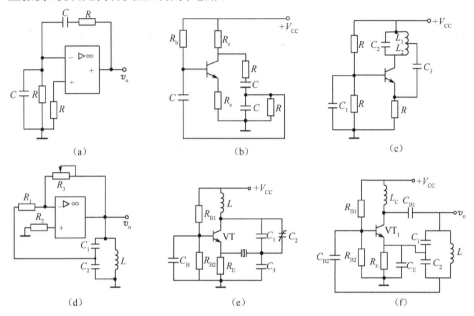

图题 3.13

3.14 为了实现下述各要求,试问应分别选择何种类型的振荡器？

(1) 产生 100Hz～20kHz 的正弦波信号。

(2) 产生 200Hz～1MHz 的正弦波信号。

(3) 产生 500kHz 的正弦波信号,且要求高的频率稳定度。

3.15 三点式正弦波振荡器的交流等效电路如图题 3.15 所示,为满足振荡的相位平衡条件,请在图中标出运算放大器 A 的同相和反相输入端。

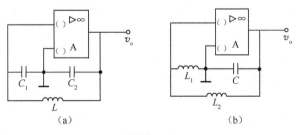

图题 3.15

3.16 对如图题 3.16 所示的电路,画出三点式振荡器的交流通路,试用相位平衡条件判断哪个可以振荡,哪个不能振荡,指出可能振荡的电路属于什么类型? 不能振荡的电路修改成能够振荡的电路。

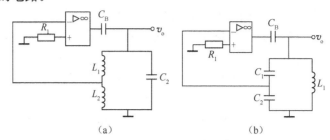

（a）　　　　　　　　　　（b）

图题 3.16

3.17 如图题 3.17 所示的石英晶体振荡电路,试说明属于哪种类型的晶体振荡电路?

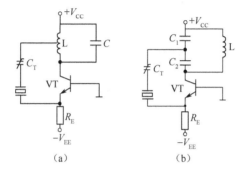

（a）　　　　　　　　（b）

图题 3.17

第4章　集成运算放大器的应用

集成运算放大器(OPAMP),简称集成运放,是一种高增益直接耦合放大器,是最基本、最具代表性的、应用最广泛的一种模拟集成电路。集成运放最早应用于模拟计算机中,用以完成加法、减法等数学运算。随着集成电路技术的迅速发展,集成运放的应用已不再局限于信号的运算,在信号的产生、变换、处理等方面也得到了广泛的应用。如医疗领域的心电图仪、超声探测仪;自控领域的微小温差、压差、浓度差、数量差等的高灵敏度检测;信号处理领域的低噪、宽带需求等,这些产品的创新无不需要高性能集成运放。本章主要讨论集成运放在运算电路,有源滤波电路,电压比较电路等方面的应用。

1. 集成运放的电压传输特性
集成运放与外电路连接方式不同,即在它的输入与输出之间接入不同的反馈网络,使得它可能工作在线性区,也可能工作在非线性区。利用这一特点,适当设计电路及选取元器件参数,就能用集成运放来实现信号的运算、处理、产生等功能。

集成运放的传输特性如图 4.0.1 所示,当输入信号幅度很小时,集成运放工作在放大状态,集成运放的输出电压与其两个输入端的电压之差是线性关系;当输入信号幅度比较大时,集成运放的工作范围将超出线性放大区域而到达非线性区,此时集成运放的输出、输入信号之间将不再是线性关系,而输出电压的值只有两种可能,或等于运放的正向最大输出电压,或等于其负向最大输出电压。

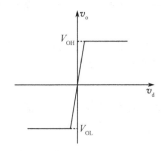

图 4.0.1　集成运放的传输特性

2. 理想集成运放模型
由于集成运放工艺水平的不断改进,集成运放产品的各项性能指标越来越好,因此,在实际应用中,为了简化电路的计算,通常将实际运放视为理想运放,由此造成的误差,在工程上是允许的。所谓理想运放,就是将集成运放的各项性能指标理想化,即认为集成运放的各项性能指标满足下列条件:

开环差模电压增益 $A_{vd} \to \infty$;

差模输入电阻 $R_{id} \to \infty$;

输出电阻 $R_o \to 0$;

共模抑制比 $K_{CMR} \to \infty$;

输入偏置电流 $I_{B1} = I_{B2} = 0$;

输入失调电压、失调电流及温漂均为 0 等。

(1) 线性放大状态

理想集成运放工作在线性区时,有两个重要特点——"虚短"和"虚断"。

设集成运放同相输入端和反相输入端的电位分别为 v_P 和 v_N,电流分别为 i_P 和 i_N。当集成运放工作在线性区时,输出电压与输入电压之差成线性关系。即

$$v_o = A_{vd}(v_P - v_N) \tag{4.0.1}$$

由于 v_o 为有限值,对于理想集成运放 $A_{vd} \to \infty$,因而 $v_P - v_N = 0$。即

$$v_P = v_N \tag{4.0.2}$$

式(4.0.2)说明,运放的输入端具有与短路相同的特征,把这种情况称为两个输入端"虚假短路",简称"虚短"。

因为理想运放的输入电阻为无穷大,所以流入理想运放两个输入端的输入电流 i_P 和 i_N 也为零。即

$$i_P = i_N = 0 \tag{4.0.3}$$

式(4.0.3)说明集成运放的两个输入端具有与断路相同的特征,把这种情况称为两个输入端"虚假断路",简称"虚断"。

注意!"虚短"和"虚断"与输入端真正的短路和断路有本质区别,不能简单替代。对于工作在线性区的运放,"虚短"和"虚断"是非常重要的两个概念,这两个概念是分析集成运放电路的基本依据。为了使运放工作在线性区,必须在电路中引入深度负反馈,后面将举例介绍。

(2)饱和工作状态

在电路中,若理想集成运放工作在开环状态或正反馈的状态下,因为 $A_{vd} \to \infty$,所以即使两个输入端之间有无穷小的输入电压,根据电压放大倍数的定义,运放的输出电压 v_o 也将是无穷大。无穷大的电压值超出了运放输出的线性范围,使运放电路进入非线性工作状态。其传输特性如图 4.0.1 所示。

集成运放电路工作在非线性状态即饱和状态有两个特点:

① 输出电压 v_o 只有两种可能的情况。当 $v_P > v_N$ 时,输出 v_o 为高电平 V_{OH};当 $v_P < v_N$ 时,输出 v_o 为低电平 V_{OL}。

② 由于理想运放的差模输入电阻为无穷大,故净输入电流为零,即 $i_P = i_N = 0$。由此可见,集成运放工作在非线性状态仍具有"虚断"的特点。

4.1 集成运算放大器的运算电路

集成运放最早的应用是实现模拟信号的运算,至今,虽然数字计算机的发展在许多方面替代了模拟计算机,但在物理量的探测、自动调节、测量仪表等系统中,完成信号的运算仍然是集成运放一个重要而基本的应用领域,本节将介绍基本的运算电路。

4.1.1 基本线性运算电路

理想运放由于增益为无穷大,所以必须引入负反馈才能工作在线性状态。在集成运算放大器中引入负反馈只有一种电路结构,即将输出信号反馈回反相输入端,在此基础上,若输入信号加在反相输入端构成反相放大器,反之构成同相放大器。反相放大器和同相放大器是最基本的线性运算电路,是其他各种运算电路的基础,本章后面将要介绍的加、减法电路,微分、积分电路,对数、指数电路等,都是在其基础上加以扩展或演变得到的。

1. 反相放大器

反相放大器电路如图 4.1.1 所示。R_1、R_f 引入电压并联负反馈。输入电压 v_i 经 R_1 接至

集成运放的反相输入端 N,同相输入端 P 通过电阻 R 接地。电阻 R 称为电路的平衡电阻,为了保证运放电路工作在平衡的状态下,R 阻值应等于从运放的反相输入端往外看信号源电压为 0 时的直流等效电阻,即

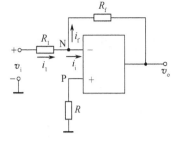

$$R = R_1 /\!/ R_f \qquad (4.1.1)$$

在 v_i 作用下,设流过电阻 R_1 的电流为 i_1,流过电阻 R_f 的电流为 i_f,流进运算放大器的电流为 i_i。

根据虚断概念,得 $i_i = 0$,$i_1 = i_f$。

图 4.1.1　反相放大器

根据虚短概念,可得 $v_N = v_P$。由于 $v_P = 0$,所以 $v_N = 0$,这种状态称为反相输入端处于"虚地"状态,是反相放大器的重要特征。于是有

$$\frac{v_i}{R_1} = -\frac{v_o}{R_f} \qquad (4.1.2)$$

因此,反相放大器的闭环电压放大倍数为

$$A_{vf} = \frac{v_o}{v_i} = -\frac{R_f}{R_1} \qquad (4.1.3)$$

由于反相输入端"虚地",显而易见,电路的输入电阻为

$$R_{if} = R_1 \qquad (4.1.4)$$

综合以上分析,对反相放大器可以归纳得出以下结论:

① 在理想情况下,反相输入端电位等于零,称为"虚地"。因此,加在集成运放输入端的共模输入电压很小。

② 电压放大倍数的大小取决于两电阻的比值,而与集成运放内部各项参数无关,负号说明输出电压与输入电压相位相反。

③ 当 $R_1 = R_f$ 时,$A_{vf} = -1$,称为反相器。

④ 由于引入深度电压并联负反馈,因此电路的输入电阻不高,输出电阻很低。

2. 同相放大器

同相放大器电路如图 4.1.2 所示。电路结构与反相比例运算电路相类似,但输入电压 v_i 加到同相端,反馈组态为电压串联负反馈。根据"虚短"的概念

$$v_N = v_P = v_i$$

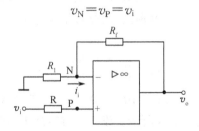

图 4.1.2　同相放大器电路

所以同相放大器不存在"虚地"现象,加在输入端是一对共模信号,这是同相放大器的重要特征。为了减小输出信号中共模信号带来的误差,使用时应选用共模抑制比高的运放。

根据"虚断"概念,有

$$v_N = \frac{R_1}{R_1 + R_f} v_o \qquad (4.1.5)$$

则
$$\frac{R_1}{R_1+R_f}v_o=v_i \qquad (4.1.6)$$

因此,同相放大器的闭环电压放大倍数为

$$A_{vf}=\frac{v_o}{v_i}=1+\frac{R_f}{R_1} \qquad (4.1.7)$$

式(4.1.7)说明,同相放大器电压放大倍数总是大于或等于1。当反馈电阻 R_f 为零时,电压放大倍数 $A_{vf}=1$,此时电路如图4.1.3所示,由于该电路输入输出电压不仅幅值相等,而且相位也相同,所以又称为电压跟随器。

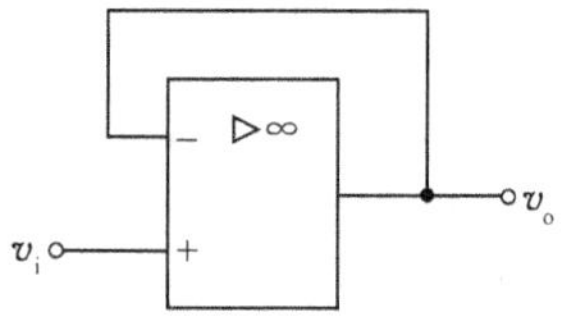

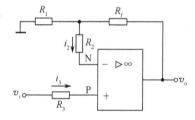

图 4.1.3 电压跟随器

综上所述,同相放大器有以下几个特点:

① 同相放大器不存在"虚地"现象,在选用集成运放时应考虑到其输入端可能具有较高的共模输入电压。

② 电压放大倍数的大小取决于两电阻的比值,与集成运放内部参数无关,且输出电压与输入电压相位相同,一般情况下放大倍数大于1,电压跟随状态时为1。

③ 由于引入了深度电压串联负反馈,因此电路的输入电阻很高,输出电阻很低。

反相放大器和同相放大器是构成加、减运算电路的基本单元,它们的闭环电压放大倍数表达式[见式(4.1.3)、式(4.1.7)]可作为公式来使用。

【例4.1.1】放大电路如图4.1.4所示。设 $R_1=1\text{k}\Omega$, $R_f=100\text{k}\Omega$, $R_2=100\text{k}\Omega$, $R_3=100\text{k}\Omega$。当输入电压 $v_i=50\text{mV}$ 时,试求输出电压的值。

图 4.1.4 例4.1.1放大电路

解:由电路即可看出这是一个同相放大器。与图4.1.2相比,增加了电阻 R_2,但根据"虚断", $i_2=0$,所以 R_2 上压降为0,可看做短路,由此可得其电压放大倍数与图4.1.2电路完全相同,即

$$A_{vf}=\frac{v_o}{v_i}=1+\frac{R_f}{R_1}=101$$

$$v_o=A_{vf}v_i=101\times50\times10^{-3}=5.05\text{V}$$

【例4.1.2】放大电路如图4.1.5所示。设 $R_1=10\text{k}\Omega$, $R_f=20\text{k}\Omega$, $R_2=20\text{k}\Omega$, $R_3=10\text{k}\Omega$。试求该电路的闭环电压放大倍数 A_{vf}。

解:根据"虚断",有

$$v_P=\frac{R_3}{R_2+R_3}v_i \qquad v_N=\frac{R_1}{R_1+R_f}v_o$$

根据"虚短",有 $v_P=v_N$,即

$$\frac{R_3}{R_2+R_3}v_i=\frac{R_1}{R_1+R_f}v_o$$

所以
$$A_{\mathrm{vf}}=\frac{v_{\mathrm{o}}}{v_{\mathrm{i}}}=\frac{R_3}{R_2+R_3}\left(1+\frac{R_{\mathrm{f}}}{R_1}\right) \tag{4.1.8}$$

代入数据得
$$A_{\mathrm{vf}}=\frac{10}{20+10}\times\frac{10+20}{10}=1$$

图 4.1.5 是同相放大器的常见形式,其 A_{vf} 的表达式(4.1.8)可作为公式使用。

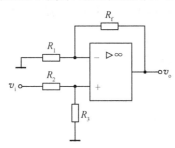

图 4.1.5　例 4.1.2 放大电路

4.1.2　加减运算电路

1. 加法运算电路

加法运算电路的功能是对若干个输入信号实现求和运算。加法电路可以用反相输入运放组成反相加法器,也可以用同相输入运放组成同相加法器。

(1) 反相加法电路

在反相放大器中,增加若干个输入端,可实现输出电压与若干个输入电压之和成比例,即反相加法电路。图 4.1.6 所示为三输入端加法电路。根据式(4.1.3),利用叠加原理有
$$v_{\mathrm{o}}=-\frac{R_{\mathrm{f}}}{R_1}v_1-\frac{R_{\mathrm{f}}}{R_2}v_2-\frac{R_{\mathrm{f}}}{R_3}v_3$$

当满足 $R_1=R_2=R_3=R_{\mathrm{f}}$ 时,有
$$v_{\mathrm{o}}=-(v_1+v_2+v_3)$$

若在图 4.1.6 所示电路输出端再接一级反相器,则可消去式中负号,实现完全符合常规的算术加法。

这种反相输入加法电路的优点是当改变某一输入回路的电阻时,仅仅改变输出电压与该路输入电压之间的比例关系,对其他电路没有影响,因此调节比较灵活方便。另外,由于 v_{N} 是"虚地",因此加在集成运放输入端的共模电压很小。在实际工作中,反相输入方式的加法电路应用比较广泛。

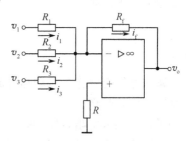

图 4.1.6　反相加法器

(2) 同相加法电路

如图 4.1.7 所示电路是同相输入加法电路,也是同相运放电路扩展的结果。根据式(4.1.8),利用叠加原理有
$$v_{\mathrm{o}}=\left(1+\frac{R_{\mathrm{f}}}{R_1}\right)\left(\frac{R_3/\!/R}{R_2+R_3/\!/R}v_1+\frac{R_2/\!/R}{R_3+R_2/\!/R}v_2\right)$$

由上式可见,该电路能够实现同相求和运算。但是,系数与各输入回路的电阻都有关,因

此当调节某一回路的电阻以达到给定的关系时,其他各路的输入电压与输出电压之比也将随之变化,常常需要反复调节才能将参数值最后确定,估算和调试的过程比较麻烦。此外,由于不存在"虚地"现象,集成运放承受的共模输入电压也比较高。

2. 减法运算电路

减法运算电路的功能是对两个输入信号实现减法运算。其典型电路如图 4.1.8 所示。从电路结构上来看,它是反相输入和同相输入相结合的放大器,R_f 和 R_1 构成反馈网络,引入深度负反馈。利用叠加原理有

$$v_o = \left(1 + \frac{R_f}{R_1}\right)\frac{R_3}{R_2 + R_3}v_2 - \frac{R_f}{R_1}v_1$$

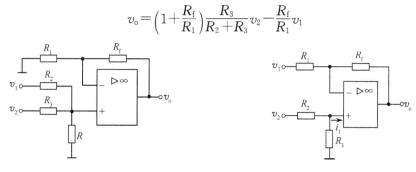

图 4.1.7　同相加法器　　　　　图 4.1.8　减法运算电路

当选取电阻值满足 $R_1 = R_2$、$R_3 = R_f$ 时,则有

$$v_o = \frac{R_f}{R_1}(v_2 - v_1)$$

即输出电压 v_o 与两输入电压之差 $(v_2 - v_1)$ 成正比,所以图 4.1.8 所示减法运算电路实际上就是一个差动运算放大器,其电压放大倍数

$$A_{vf} = \frac{v_o}{v_2 - v_1} = \frac{R_f}{R_1}$$

当进而取 $R_f = R_1$,则

$$A_{vf} = \frac{v_o}{v_2 - v_1} = 1$$

即有

$$v_o = v_2 - v_1$$

该减法运算电路作为差动运算放大器还经常被用作测量放大器。它的优点是电路简单,缺点是输入电阻较低。

为了提高输入电阻,可将两个输入信号通过电压跟随再接入电路,构成图 4.1.9 电路。此时输入电阻为无穷大,输出与输入的关系为

$$v_o = \frac{R_2}{R_1}(v_2 - v_1)$$

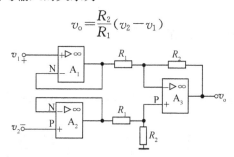

图 4.1.9　高输入电阻减法器

进一步分析该电路发现,当需要改变增益时,可以通过改变 R_1 或 R_2 实现。但是,由于电路中有两个 R_1 和两个 R_2,所以需要改变两个电阻,由此带来了调试上的不便。在此基础上引入图 4.1.10 电路,即仪用放大器。图中 A_3 构成的电路是一般的减法器,经过 A_1、A_2 的作用使电路输入电阻为无穷大,可以证明(思考题与习题 4.11)输出 $v_o = \dfrac{R_4}{R_3}\left(1+\dfrac{2R_2}{R_1}\right)(v_2-v_1)$,通常 R_2、R_3 和 R_4 为给定值,R_1 用可变电阻代替,调节 R_1 即可改变增益。

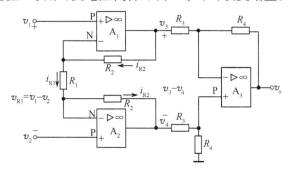

图 4.1.10 仪用放大器

4.1.3 积分和微分电路

1. 积分电路

积分电路是一种应用比较广泛的模拟信号运算电路,它是组成模拟计算机的基本单元,用以实现对积分运算的模拟。电路如图 4.1.11(a)所示。根据"虚短""虚断"概念:$v_N = v_P = 0$,$i_i = 0$,于是有

即
$$i_1 = i_2 = \frac{v_i}{R}$$

又电容器两端电压 $v_c = v_N - v_o = -v_o$,而

$$v_c = \frac{1}{C}\int i_2 \, \mathrm{d}t = \frac{1}{C}\int \frac{v_i}{R} \, \mathrm{d}t = \frac{1}{RC}\int v_i \, \mathrm{d}t$$

所以
$$v_o = -\frac{1}{RC}\int v_i \, \mathrm{d}t$$

式中,RC 为积分时间常数。可见,输出电压 v_o 与输入电压 v_i 成积分关系。

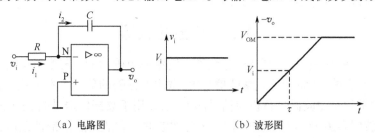

(a) 电路图　　　　　　　　(b) 波形图

图 4.1.11 积分电路

当 v_i 为一阶跃电压时,在突然加入的瞬间,电容器 C 相当于短路,故 $v_o = 0$,接着电容器 C 近似恒流方式进行充电,输出电压 v_o 与时间 t 成近似线性关系,如图 4.1.11(b)所示。此时输出电压 v_o 为

$$v_o = -\frac{1}{RC}\int v_i\,\mathrm{d}t = -\frac{1}{RC}\int V_i\,\mathrm{d}t = -\frac{V_i}{RC}t = -\frac{V_i}{\tau}t$$

式中,$\tau = RC$ 为积分时间常数。当 $t = \tau$ 时,$-v_o = V_i$。当 $t > \tau$ 时,v_o 增大,直到 $-v_o = V_{om}$,即运放输出电压的最大值,受直流电源电压的限制,致使运放进入饱和状态,而停止积分。

积分电路不仅可以实现积分运算,同时也是控制和测量系统中常用的重要单元,利用电容的充放电可以实现延时、定时以及多种波形的产生或变换。

2. 微分电路

微分电路的功能是对输入信号进行微分运算,是积分电路的逆运算。将积分电路中的 R 和 C 的位置互换,即可得到微分电路,如图 4.1.12(a)所示。

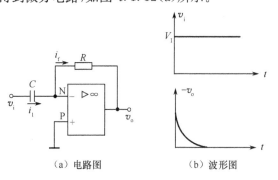

（a）电路图　　　　（b）波形图

图 4.1.12　微分电路

由电路可以看出,输入信号经电容器 C 加到运算放大器的反相输入端,而反相输入端为"虚地",故输入端的电流 $i_1 = C\dfrac{\mathrm{d}v_i}{\mathrm{d}t} = i_f$,输出电压为 $v_o = -i_f R$,即

$$v_o = -RC\frac{\mathrm{d}v_i}{\mathrm{d}t}$$

可见,输出电压 v_o 与输入电压 v_i 成微分关系,因此称为微分电路。

当输入电压 v_i 为阶跃信号时,在 v_i 突然增加的瞬间,电容器 C 相当于短路,此时输出电压 $-v_o$ 最大,随后由于电容器 C 充电,输出电压 $-v_o$ 的数值按指数规律衰减,最终趋近于零,其波形如图 4.1.12(b)所示。

微分电路的应用很广泛,在线性系统中,除了可作微分运算外,在脉冲数字电路中,常用来做波形变换,如将矩形波变换为尖顶脉冲波。

4.2　有源滤波器

滤波器实质上就是一种选频电路,它允许一定频率范围内的信号顺利通过,而将其余频率的信号加以抑制、衰减,从而能从大量的信号中,选出所需要的信号。在无线通信、自动测量及控制系统中,常常利用滤波器进行模拟信号的处理,如用于数据传送,抑制干扰等。

早期的滤波器多由 LC 电路组成,称为无源滤波器。它的缺点是带负载能力差,在较低频率下工作时,电感的体积和重量较大,而且滤波效果不理想。随着集成运放的出现,用集成运放和 RC 网络组成的有源滤波器得到了广泛的应用。它们在减小体积和减轻重量方面得到了显著改善,尤其是运放具有的高输入阻抗和低输出阻抗的特点可使有源滤波器提供一定的信号增益,且起到缓冲的作用。

根据滤波器工作信号的频率范围,滤波器可以分为四大类,分别是低通滤波器（LPF）、高通滤波器(HPF)、带通滤波器(BPF)、带阻滤波器(BEF)。它们的幅频响应如图 4.2.1 所示，通常把能够通过的信号频率范围定义为通带，而把受阻或衰减的信号频率范围称为阻带，通带和阻带的界限频率定义为截止频率。理想滤波电路在通带内应具有零衰减，而在阻带内幅度衰减到零。由图中可看出，各种滤波电路的实际幅频响应与理想情况是有差别的，电路设计和调试的目标是力求向理想特性逼近。

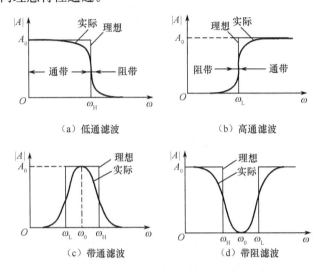

图 4.2.1　各种滤波器的幅频响应

4.2.1　低通滤波器

1.　一阶有源低通滤波器

低通滤波器是指能通过低频而抑制高频信号的滤波器。图 4.2.2 是一个最基本的无源低通滤波电路，将其输出接在同相放大器的输入端，即构成有源滤波器，如图 4.2.3(a)所示。因为只有一节 RC 滤波电路故又称为一阶有源低通滤波器，它既能滤波又能放大。由于同相放大器将负载 R_L 与滤波电路隔离开，故 R_L 对 RC 滤波电路的影响可以忽略不计。

由 RC 滤波电路得出

$$v_P = \frac{v_i}{R + \dfrac{1}{j\omega C}} \cdot \frac{1}{j\omega C} = \frac{v_i}{1 + j\omega RC}$$

同相比例放大器输出

$$v_o = \left(1 + \frac{R_f}{R_1}\right) v_P$$

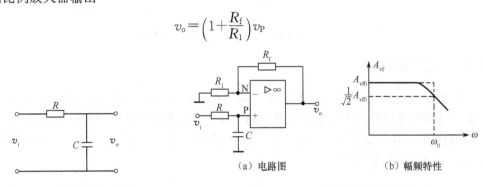

图 4.2.2　无源低通滤波器　　　　图 4.2.3　一阶有源低通滤波器

故

$$A_{vf} = \frac{v_o}{v_i} = \left(1 + \frac{R_f}{R_1}\right)\frac{1}{1+j\omega RC}$$

令

$$\omega_0 = \frac{1}{RC}$$

则

$$A_{vf} = \left(1 + \frac{R_f}{R_1}\right)\frac{1}{1+j\dfrac{\omega}{\omega_0}}$$

电压放大倍数 A_{vf} 的模为

$$|A_{vf}| = \left(1 + \frac{R_f}{R_1}\right)\frac{1}{\sqrt{1+(\omega/\omega_0)^2}}$$

当 $\omega = 0$ 时

$$|A_{vf}| = A_{vf0} = 1 + \frac{R_f}{R_1}$$

当 $\omega = \omega_0$ 时

$$|A_{vf}| = \frac{1}{\sqrt{2}}\left(1 + \frac{R_f}{R_1}\right) = \frac{A_{vf0}}{\sqrt{2}}$$

$\omega_0 = \dfrac{1}{RC}$ 称为截止角频率，其相应频率 $f_0 = \dfrac{1}{2\pi RC}$ 称为截止频率；A_{vf0} 是运放的低频电压增益。该有源滤波器的幅频特性如图 4.2.3(b)所示，图中虚线为理想幅频特性。

一阶低通滤波器的优点是电路结构简单，缺点是阻带区衰减太慢，衰减斜率仅为 $-20\mathrm{dB}/$十倍频，所以只能用于滤波要求不高的场合。

2. 二阶有源低通滤波器

为了改善滤波效果，增加阻带区的衰减速度，常将两节 RC 滤波电路串接起来，构成如图 4.2.4(a)所示的简单二阶有源低通滤波电路，在阻带区，它能提供 $-40\mathrm{dB}/$十倍频的衰减。比一阶低通滤波器的滤波效果好。若将多节 RC 滤波电路串接起来，则可构成高阶滤波电路，且随着阶数的增加，滤波效果就越接近理想特性。

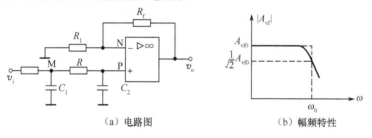

（a）电路图　　　　（b）幅频特性

图 4.2.4　二阶有源低通滤波器

4.2.2　高通滤波器

在电路构成上，把低通滤波器电路中 RC 网络的电阻换成电容、电容换成电阻就可得到相应的高通滤波器电路。图 4.2.5 是简单的一阶高通滤波器的电路及其幅频特性。

同理，将二阶有源低通滤波器中起滤波作用的电阻和电容位置互换，也可构成滤波效果较好的二阶高通有源滤波器。

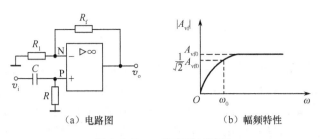

（a）电路图　　　　　　（b）幅频特性

图 4.2.5　一阶高通滤波器

4.2.3　带通滤波器

带通滤波器的作用是只允许某一频带内的信号通过，而将此频带以外的信号阻断，这种滤波器经常用于抗干扰的设备中，接收某一频带范围内的有效信号，而消除高频段及低频段的干扰和噪声。

将低通滤波器和高通滤波器串联起来，即可获得带通滤波器，图 4.2.6 是其原理示意图，其中低通滤波器的截止角频率为 ω_2，则该低通滤波器只允许 $\omega < \omega_2$ 的信号通过；而高通滤波器的截止角频率为 ω_1，即它只允许 $\omega > \omega_1$ 的信号通过。现将两者串联起来，且 $\omega_2 > \omega_1$，则其通带即是上述两者频带的覆盖部分，即等于 $\omega_2 - \omega_1$，成为一个带通滤波器。

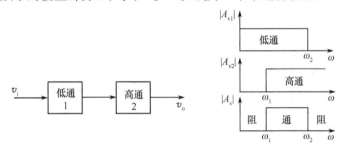

图 4.2.6　带通滤波器原理示意图

4.2.4　带阻滤波器

带阻滤波器的作用与带通滤波器相反，即在规定频带内信号被阻断，而在此频带之外信号能够顺利通过。带阻滤波器也常用于抗干扰设备中，用于阻止某个频率范围内的干扰及噪声通过。将低通滤波器和高通滤波器并联在一起，可以形成带阻滤波器，其原理示意图见图 4.2.7。设低通滤波器的通频带截止频率为 ω_1，高通滤波器的通频带截止频率为 ω_2，且 $\omega_1 < \omega_2$。当两者并联在一起时，凡是 $\omega < \omega_1$ 的信号均可从低通滤波器通过，凡是 $\omega > \omega_2$ 的信号则可从高通滤波器通过，只有 $\omega_1 < \omega < \omega_2$ 的信号被衰减，于是电路成为一个带阻滤波器。

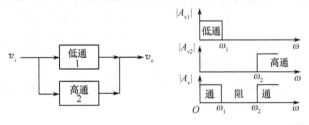

图 4.2.7　带阻滤波器示意图

4.3 电压比较器

电压比较器是一种常用的模拟信号处理电路。与前面介绍的集成运放工作在线性区应用不同,电压比较器中的集成运放工作在非线性状态。它将一个模拟输入电压与一个参考电压进行比较,并将比较的结果输出。比较器的输出只有两种可能的状态:高电平或低电平。在自动控制及自动测量系统中,常常将比较器应用于越限报警,模数转换以及各种非正弦波的产生和变换等。

电压比较器的特点是输入信号是连续变化的模拟量,而输出信号是数字量"1"或"0",因此,可以认为比较器是模拟电路和数字电路的"接口"。从电路结构来看,运放经常处于开环状态,有时为了使输入/输出特性在状态转换时更加快速,以提高比较的精度,也在电路中引入正反馈。

常用比较器有单门限电压比较器和迟滞比较器,下面分别进行介绍。

4.3.1 单门限电压比较器

单门限电压比较器是指只有一个门限电平的比较器。当输入电压等于此门限电平时,输出电平立即发生跳变。可用于检测输入的模拟信号是否达到某一给定的电平。

1. 过零电压比较器

过零电压比较器的参考电压是零电平,它的功能是将输入信号与零电平比较,其输出显示的是输入信号为大于零、小于零或等于零。因此,零电平比较器又称为过零比较器。处于开环工作状态的集成运放就是一个简单的过零比较器,如图 4.3.1(a)所示。由于理想运放的开环差模电压增益 $A_{\mathrm{vd}} \to \infty$,因此,当 $v_i < 0$ 时,$v_o = V_{\mathrm{OH}}$;当 $v_i > 0$ 时,$v_o = V_{\mathrm{OL}}$。据此,可画出过零电压比较器的传输特性,如图 4.3.1(b)所示。

习惯上,把比较器的输出电压由一个电平跳变到另一个电平时相应的输入电压值称为门限电压或阈值电压,用 V_{T} 表示。过零比较器的门限电平等于零。

图 4.3.1(a)所示的过零比较器电路简单,但其输出电压幅度较高。有时为了稳定比较器的输出电压,或希望比较器的输出幅度限制在一定的范围内,例如,要求与 TTL 数字电路的逻辑电平兼容,比较器的输出电路中通常接有双向稳压管。如图 4.3.2(a)所示,电阻 R 是该稳压管的限流电阻,在这种情况下,电压比较器的输出电压为稳压管的稳压值 $\pm V_{\mathrm{Z}}$,其传输特性如图 4.3.2(b)所示。

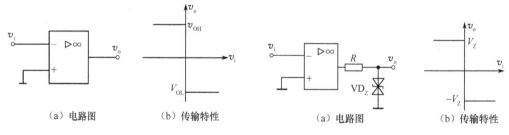

| （a）电路图 | （b）传输特性 | （a）电路图 | （b）传输特性 |

图 4.3.1 过零比较器   图 4.3.2 带有稳压管的过零比较器

2. 任意电平比较器

参考电平不是零的比较器,即为任意电平比较器。将图 4.3.2(a)所示电路中同相输入端的接地点断开,接上任意值的参考电压,即构成任意电平比较器。图 4.3.3(a)所示为任意电平比较器的另一接法。由图可见,集成运放的同相输入端通过电阻 R' 接地,存在"虚断",则 $v_P=0$。因此,当输入电压 v_i 变化使反相输入端的电位 $v_N=0$ 时,输出端的电平将发生跳变。根据叠加定理可求该电路的阈值电压。

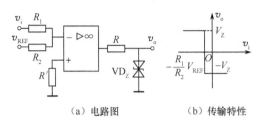

（a）电路图　　　（b）传输特性

图 4.3.3　任意电平比较器

$$\frac{R_2}{R_1+R_2}v_i+\frac{R_1}{R_1+R_2}V_{REF}=0 \tag{4.3.1}$$

解得

$$v_i=-\frac{R_1}{R_2}V_{REF} \tag{4.3.2}$$

式(4.3.2)的输入电压即为阈值电压。在参考电压 V_{REF} 大于零的情况下,该电路电压传输特性曲线如图 4.3.3(b)所示。

电压比较器除用于比较输入电压和参考电压的大小关系外,通常还用来做波形变换电路,将输入的交变信号变换成矩形信号输出。

【例 4.3.1】设计一监控报警器,要求被检测信号 v_i 达到某一预定极限值 V_L 时发出报警信号。

解:该监控报警器可用图 4.3.4 的电路实现。图中,以规定的极限电压 V_L 为参考电压,当检测信号 $v_i<V_L$ 时,输出 v_o 为负,输出端接的绿色发光二极管(LED)导通发光,表示 v_i 未达到极限值;当 $v_i>V_L$ 时,输出 v_o 为正,输出端接的红色发光二极管(LED)导通发光,发出越限报警信号,表示被检测信号 v_i 已超过极限值。

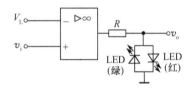

图 4.3.4　监控报警器

4.3.2　迟滞比较器

在实际应用中,单门限电压比较器具有电路简单,灵敏度高等优点,但存在的主要问题是抗干扰能力差。例如,在过零检测器中,若输入正弦电压上叠加了噪声和干扰,则由于零值附近多次过零,输出端就会出现错误阶跃,在高低两个电平之间反复地跳变,如图 4.3.5 所示,如果在控制系统中发生这种情况,将对执行机构产生不利的影响。

为了解决上述问题,可以采用迟滞比较器。将比较器的输出电压通过反馈网络加到同相输入端,形成正反馈回路,如图 4.3.6 所示,通常将这种电路称为迟滞比较器,又称施密特触发器。

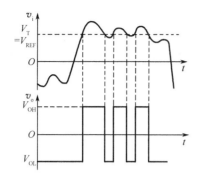
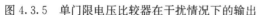

图 4.3.5　单门限电压比较器在干扰情况下的输出

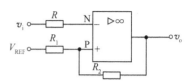

图 4.3.6　迟滞比较器

1. 估算阈值电压

根据"虚断"并利用叠加原理，有

$$v_N = v_i \tag{4.3.3}$$

$$v_P = \frac{R_2}{R_1 + R_2} V_{REF} + \frac{R_1}{R_1 + R_2} v_o \tag{4.3.4}$$

当 $v_i < v_P$ 时，输出 v_o 为高电平 V_{OH}；当 $v_i > v_P$ 时，输出 v_o 为低电平 V_{OL}，而 $v_i = v_P$ 为输出高、低电平转换的临界条件，所以由式(4.3.4)决定的 v_P 值就是阈值电压。即

$$V_T = \frac{R_2}{R_1 + R_2} V_{REF} + \frac{R_1}{R_1 + R_2} v_o \tag{4.3.5}$$

式中输出电压 v_o 有两个值。当 $v_o = V_{OH}$ 时可得上门限电压 V_{TH}，即

$$V_{TH} = \frac{R_2}{R_1 + R_2} V_{REF} + \frac{R_1}{R_1 + R_2} V_{OH} \tag{4.3.6}$$

当 $v_o = V_{OL}$ 时得下门限电压 V_{TL}，即

$$V_{TL} = \frac{R_2}{R_1 + R_2} V_{REF} + \frac{R_1}{R_1 + R_2} V_{OL} \tag{4.3.7}$$

2. 传输特性分析

设从 $v_i = 0$，$v_o = V_{OH}$ 和 $v_P = V_{TH}$ 开始讨论。当 v_i 由零向正方向增加到接近 $v_P = V_{TH}$ 前，v_o 一直保持 $v_o = V_{OH}$ 不变。当 v_i 增加到略大于 $v_P = V_{TH}$ 时，则 v_o 由 V_{OH} 下跳到 V_{OL}，同时 v_P 下跳到 $v_P = V_{TL}$，v_i 再增加，保持 $v_o = V_{OL}$ 不变，其传输特性如图 4.3.7(a)所示。

若减小 v_i，只要 $v_i > v_P = V_{TL}$，则 v_o 将始终保持 $v_o = V_{OL}$ 不变，只有当 $v_i < v_P = V_{TL}$ 时，v_o 才由 V_{OL} 跳变到 V_{OH}，其传输特性如图 4.3.7(b)所示。

把图 4.3.7(a)和(b)的传输特性结合在一起，就构成了如图 4.3.7(c)所示的完整的传输特性。

当有干扰的输入信号进入迟滞比较器时，如图 4.3.8，只要选择合适的 V_{TH}、V_{TL}，就可以避免输出产生误动作。

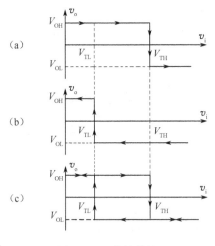

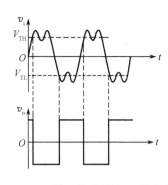

图 4.3.7　传输特性

图 4.3.8　迟滞比较器的输入/输出关系

本 章 小 结

（1）集成运放可工作在线性和非线性两种状态。引入负反馈则工作在线性状态,构成各种运算电路或滤波器等应用电路,可用"虚短"和"虚断"两个重要概念分析电路;如果运放开环工作或只引入正反馈,则工作在非线性状态,构成电压比较器。

（2）滤波器根据幅频响应不同可分为低通、高通、带通、带阻滤波器。有源滤波器是指由运放和 RC 电路构成的滤波器。它带负载能力强,在通带内有一定的增益,因此常用于低频小信号滤波。对于大电流、高输入电压以及高频等应用场合则应采用无源滤波器。

（3）运放工作在非线性区,可以实现模拟量到数字量的转换,输入为模拟信号,输出为数字信号,输出只有两种可能取值,即高电平和低电平。电压比较器输入端电流为零,"虚断"依然成立,且在同相输入端电位等于反相输入端电位时输出电压产生跳变。单门限电压比较器电路简单、灵敏度高,抗干扰能力差;迟滞比较器灵敏度低但具有一定的抗干扰能力。

思考题与习题

4.1　电路如图题 4.1 所示,各集成运算放大器均是理想的,试写出各输出电压 v_o 的值。

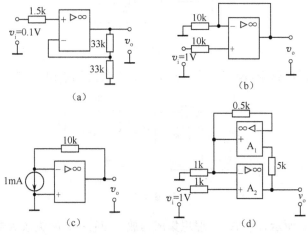

图题 4.1

4.2 电路如图题 4.2 所示,试问当 $v_i=100\sin\omega t\text{mV}$ 时 v_o 为多少?

4.3 电路如图题 4.3 所示,求下列情况时,v_o 和 v_i 的关系式。(1) S_1 和 S_3 闭合、S_2 断开;(2) S_1 和 S_2 闭合、S_3 断开;(3) S_2 闭合、S_1 和 S_3 断开;(4) S_1、S_2、S_3 闭合。

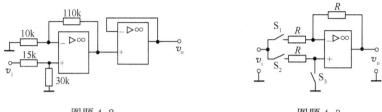

图题 4.2   图题 4.3

4.4 增益可调的反相比例运算电路如图题 4.4 所示 ,已知电路的输出 $V_{o(\text{sat})}=\pm15\text{V}$ $R_1=100\text{k}\Omega, R_2=200\text{k}\Omega$, $\text{RP}=5\text{k}\Omega$, $V_i=2\text{V}$,求在下列情况下的 v_o 值。

(1) RP 滑动头在顶部位置。

(2) RP 滑动头在正中位置。

(3) RP 滑动头在底部位置。

4.5 试求图题 4.5 中电流 I_L。

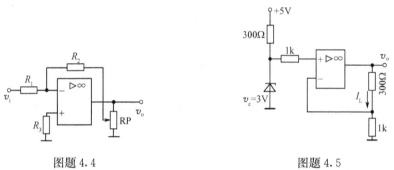

图题 4.4   图题 4.5

4.6 试求图题 4.6 电路中的 V_o 值。

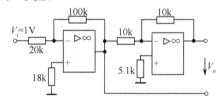

图题 4.6

4.7 在图题 4.7 所示电路中,设 $V_C(0)=0\text{V}$,求 $t=5$ 秒时的输出 v_o 值。

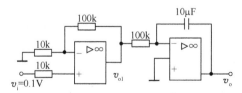

图题 4.7

4.8 电路如图题 4.8 所示,A_1,A_2 为理想集成运放 。问:(1)两级放大器各自的反馈极性与类型;(2) 两级放大器级间的反馈极性与类型;(3) 电压放大倍数 v_o/v_i＝? (4) 当负载 R_L 变化时,该电路能否稳定输出电压和输出电流。

4.9 如图题 4.9 所示电路中,设输出电压 v_o＝3V 时,驱动报警发出报警信号,如果 v_{i1}＝1V, v_{i2}＝－4.5V,试问 v_{i3} 为多大时发出报警信号?

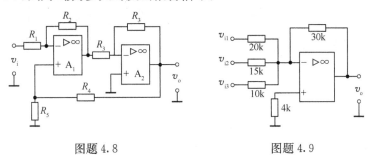

图题 4.8   图题 4.9

4.10 一桥式放大电路如图 4.10 所示,写出 $v_o = f(\delta)$ 的表达式($\delta = \Delta R/R$)。

4.11 仪用放大器电路如图 4.1.10,求 v_o 的数学表达式。

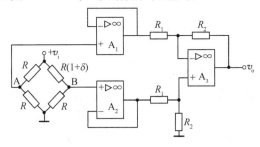

图题 4.10

4.12 电路如图题 4.12 所示,A_1、A_2 是理想运放,电容的初始电压 $u_C(0)$＝0。(1) 写出 v_o 与 v_1、v_2、v_3 之间的关系式;(2) 当电路中的电阻都相等时,输出电压 v_o 的数学表达式。

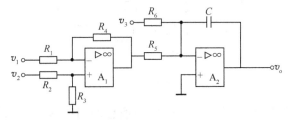

图题 4.12

4.13 在下列情况下,应分别采用哪种类型的滤波电路? (1)有用信号频率为 200Hz;(2)有用信号频率低于 500kHz;(3)希望抑制 50Hz 交流电源的干扰;(4)希望抑制 20kHz 以下的信号。

4.14 设运放为理想器件。在下列几种情况下,它们应分别属于哪种类型的滤波电路? 定性画出其幅频特性。(1)理想情况下,当频率为零和无穷大时的电压增益相等且不为零;(2)直流电压增益就是它的通带电压增益;(3)在理想情况下,频率为无穷大时的电压增益就是它的通带电压增益;(4)在频率为零和无穷大时,电压增益都等于零。

4.15 图题 4.15 所示为一阶低通滤波电路,设 A 是理想运放,试推导出电路的电压放大倍数表达式,并求出其－3dB 截止角频率 ω_H。

4.16 一阶低通滤波电路如图题 4.16 所示,已知 $R_1=10\text{k}\Omega$,$R_f=30\text{k}\Omega$,$C_f=0.5\mu\text{F}$。(1) 试求出该滤波器电压增益表达式。(2) 确定电路截止频率 f_o 的值。

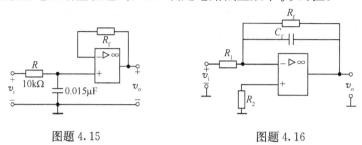

图题 4.15 · 图题 4.16

4.17 在图题 4.17 示电路中,稳压管 VD_Z 的 $V_\text{Z}=6\text{V}$,$V_{\text{D(on)}}=0$,$R_2=2R_3$,$v_i=4\sin\omega t\text{V}$,试画出 v_o 的波形。

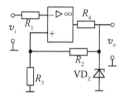

图题 4.17

4.18 图题 4.18 所示电路中 A_1 为理想运放,C_2 为比较器,二极管 VD 也是理想器件,$R_b=56.5\text{k}\Omega$,$R_c=5.1\text{k}\Omega$,三极管的 $\beta=50$,$V_{\text{BE}}=0.7\text{V}$,$C_2$ 的供电电压是 $\pm12\text{V}$。

试求:(1) 当 $v_I=3\text{V}$ 时,$v_o=?$ (2) 当 $v_I=7\text{V}$ 时,$v_o=?$ (3) 当 $v_I=10\sin\omega t(\text{V})$ 时,试画出 v_I、v_{o2} 和 v_o 的波形。

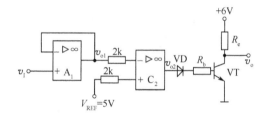

图题 4.18

4.19 一比较电路如图题 4.19 所示,设运放是理想的,且 $V_{\text{REF}}=-2\text{V}$,$A_1$ 的供电电压为 $\pm6\text{V}$,试求出门限电压值,画出比较器的传输特性 $v_o=f(v_I)$。

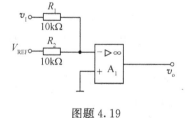

图题 4.19

第5章　直流稳压电源

在电子电路中,通常都需要电压稳定的直流电源供电,但是电力网所提供的是50Hz交流市电,所以必须把220V交流电变成稳定不变的直流电。小功率直流电源的组成框图如图5.0.1所示。它是由电源变压器、整流、滤波和稳压电路等四部分组成。

图5.0.1　直流电源组成框图

利用变压器将交流电网电压v_1变为所需要的交流电压v_2;然后经整流电路,把v_2变成单向脉动直流电压v_3;再经滤波电路,把v_3变成平滑的直流电压v_4;最后经过稳压电路,把v_4变成基本不受电网电压波动和负载变化影响的稳定的直流电压v_0。

5.1　整流和滤波电路

5.1.1　整流电路

"整流"就是运用二极管的单向导电性,把大小、方向都变化的交流电变成单相脉动的直流电。常见的单相小功率整流电路有半波、全波、桥式和倍压整流等形式。

1. 半波整流电路

图5.1.1(a)是一个最简单的单相半波整流电路,它由电源变压器Tr,整流二极管VD和负载电阻R_L组成。为分析方便,在下面的分析中,将整流管看作为理想二极管。

(1) 工作原理

变压器Tr将电网电压v_1变换为合适的交流电压v_2,当v_2为正半周时,二极管VD正向导通,电流经二极管流向负载,在R_L上得到一个极性为上正下负的电压;而当v_2为负半周时,二极管VD反偏截止,电流为零。因此在负载电阻R_L上得到的是单相脉动电压v_L,如图5.1.1(b)所示。

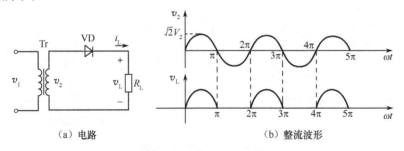

（a）电路　　　　　　　　　　　（b）整流波形

图5.1.1　单相半波整流

(2) 整流电路主要技术指标

① 输出电压平均值:在图5.1.1(a)所示电路中,负载上得到的整流电压是单方向的,但其大小是变化的,是一个单相脉动的电压。设变压器次级电压$v_2 = \sqrt{2}V_2\sin\omega t$,由此可求出其平均电压值为

$$V_L = \frac{1}{2\pi} \int_0^\pi \sqrt{2} V_2 \sin\omega t \, \mathrm{d}(\omega t) = \frac{\sqrt{2} V_2}{\pi} = 0.45 V_2$$

② 输出电流:即流过负载的直流电流

$$I_L = \frac{V_L}{R_L} \approx \frac{0.45 V_2}{R_L}$$

③ 脉动系数:脉动系数 S 是衡量整流电路输出电压平滑程度的指标。脉动系数 S 定义为整流输出电压中最低次谐波的幅值与直流分量之比。

由于负载上得到的电压 v_L 是一个非正弦周期信号,可用付氏级数展开为

$$v_L = \sqrt{2} V_2 \left(\frac{1}{\pi} + \frac{1}{2} \sin\omega t - \frac{2}{3\pi} \cos\omega t + \cdots \right)$$

因此脉动系数为

$$S = \frac{\frac{1}{2}\sqrt{2} V_2}{\frac{1}{\pi}\sqrt{2} V_2} = \frac{\pi}{2} \approx 1.57$$

④ 整流二极管的参数:在半波整流电路中,流过整流二极管的平均电流与流过负载的平均电流相等,即

$$I_D = I_L \approx \frac{0.45 V_2}{R_L}$$

当整流二极管截止时,加于两端的最大反向电压

$$V_{RM} = \sqrt{2} V_2$$

因此在选择整流二极管时,其额定正向电流必须大于流过它的平均电流 I_D,其反向击穿电压必须大于它两端承受的最大反向电压 V_{RM}。

半波整流电路的特点是结构简单,但输出直流电压值低,脉动系数大,一般只在对直流电源要求不高的情况下选用。

2. 单相桥式整流电路

为了克服半波整流电路电源利用率低,整流电压脉动系数大的缺点,通常采用全波整流电路,最常用的形式是桥式整流电路。它由 4 个二极管接成电桥形式,如图 5.1.2 所示。

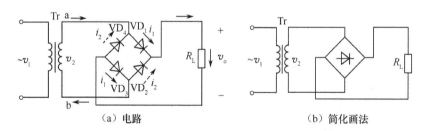

(a) 电路　　　　　　　　　　　　　(b) 简化画法

图 5.1.2　单相桥式整流

(1) 单相桥式整流电路工作原理

当电源变压器 Tr 初级加上电压 v_1 次级就有电压 v_2,设 $v_2 = \sqrt{2} V_2 \sin\omega t$。

在 v_2 的正半周,a 点电位高于 b 点电位,二极管 VD_2,VD_4 截止,VD_1、VD_3 导通,电流 i_1 的通路是 a→VD_1→R_L→VD_3→b,这时负载电阻 R_L 上得到一个正弦半波电压如图 5.1.3 中 (0~π) 段所示。

在 v_2 的负半周,b 点电位高于 a 点电位,二极管 VD_1,VD_3,截止,VD_2、VD_4 导通。电流 i_2 的通路是 b→VD_2→R_L→VD_4→a,同样在负载电阻 R_L 上得到一个正弦半波电压,如图 5.1.3 中的 $(\pi\sim2\pi)$ 段所示。

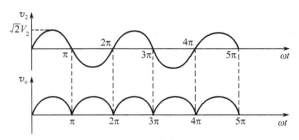

图 5.1.3　桥式整流电路输出波形

在以后各个周期内,将依次反复。

（2）电路的主要技术指标

① 负载上的直流输出电压 V_o 和直流输出电流 I_L:用傅里叶级数对图 5.1.3 中的波形进行分解后可得

$$v_o=\sqrt{2}V_2\left(\frac{2}{\pi}-\frac{4}{3\pi}\cos2\omega t-\frac{4}{15\pi}\cos4\omega t-\frac{4}{35\pi}\cos6\omega t-\cdots\right)$$

式中的直流分量（恒定分量）即为负载电压 v_o 的平均值,故直流输出电压为

$$V_o=\frac{2}{\pi}\sqrt{2}V_2=0.9V_2$$

直流输出电流为

$$I_L=\frac{V_o}{R_L}=0.9\frac{V_2}{R_L}$$

② 脉动系数:

$$S=\left(\frac{4\sqrt{2}V_2}{3\pi}\right)\bigg/\left(\frac{2\sqrt{2}V_2}{\pi}\right)=0.67$$

③ 整流二极管的参数:在桥式整流电路中,二极管 VD_1、VD_3 和 VD_2、VD_4 是两两轮流导通的,所以流经每个二极管的平均电流 I_D 为

$$I_D=\frac{1}{2}I_L=\frac{0.45V_2}{R_L}$$

二极管截止时管子两端承受的最高反向工作电压可以从图 5.1.2 中看出,在 v_2 正半周时,VD_1、VD_3 导通,VD_2、VD_4 截止,忽略导通管的正向压降,截止管 VD_2、VD_4 所承受的最高反向工作电压为 v_2 的最大值,即

$$V_{BM}=\sqrt{2}V_2$$

同理,在 v_2 的负半周,VD_1,VD_3 也承受同样大小的反向工作电压。

由以上分析可知,在变压器次级电压相同的情况下,单相桥式整流电路输出电压平均值高,脉动系数小,管子承受的反向电压和半波整流电路一样。虽然二极管用得多,但小功率二极管体积小,价格低廉,因此单相桥式整流电路得到了广泛的应用。

5.1.2　电容滤波电路

整流电路可以把交流电压转换成脉动直流电压,这种脉动直流电压中不仅包含有直流分量,而且有交流分量。把脉动直流电压中的交流分量去掉,获得平滑直流电压的过程称为滤波,而把能完成滤波作用的电路称为滤波器。

滤波器一般由电容、电感等元件组成。利用电容器的充放电或电感元件的感应电动势具有阻碍电流变化的作用来实现滤波任务的。

图 5.1.4 所示为单相桥式整流电容滤波电路。滤波电容 C 并联在负载 R_L 两端。其工作原理简述如下:负载 R_L 未接入时的情况:设电容器 C 两端初始电压为零。接入交流电源后,当 v_2 为正半周时,v_2 通过 VD$_1$、VD$_3$ 向 C 充电;v_2 为负半周时,经 VD$_2$,VD$_4$ 向 C 充电,充电时间常数为

$$\tau_C = R_d C$$

式中,R_d 为整流电路的内阻(包括变压器次级绕组的直流电阻和二极管的正向电阻)。由于 R_d 一般很小,电容器 C 很快充到交流电压 v_2 的最大值 $\sqrt{2}V_2$;由于 C 无放电回路,故 C 两端的电压 v_C 保持在 $\sqrt{2}V_2$,输出为一个恒定的直流,如图 5.1.4(b)中纵坐标左边部分所示。

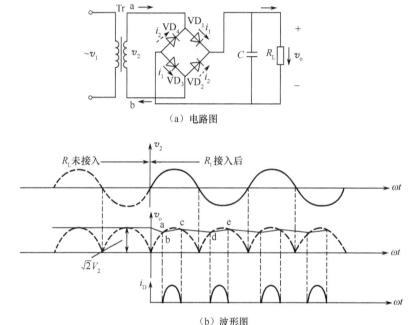

（a）电路图

（b）波形图

图 5.1.4　单相桥式整流电容滤波电路

接入负载 R_L 的情况:变压器次级电压 v_2 从 0 开始上升(即正半周开始)时接入负载 R_L,由于电容器 C 在负载未接入前已充了电,故刚接入负载时 $v_2 < v_c$,二极管受反向电压作用而截止,电容器 C 经 R_L 放电,放电时间常数为

$$\tau_d = R_L C$$

因 τ_d 一般较大,故电容两端的电压 v_C 按指数规律慢慢下降,其输出电压 $v_o = v_C$,如图 5.1.4(b)中的 ab 段所示。与此同时,交流电压 v_2 按正弦规律上升。当 $v_2 > v_c$ 时,二极管 VD$_1$、VD$_3$ 受正向电压作用而导通,此时 v_2 经二极管 VD$_1$、VD$_3$ 一方面向负载 R_L 提供电流,另一方面向电容器 C 充电,此时充电时间常数 $\tau_c = (R_L // R_d)C$,因 R_L 通常远大于 R_d,故 $\tau_c \approx R_d C$ 数值很小,电容器 C 两端电压波形如图 5.1.4(b)中 bc 段所示。v_C 随着交流电压 v_2 升高到接近最大值 $\sqrt{2}V_2$。然后 v_2 又按正弦规律下降。当 $v_2 < v_C$ 时,二极管受反向电压作用而截

止,电容器 C 又经 R_L 放电,因放电时间常数 $\tau_d = R_L C$ 较大,故 v_C 波形如图 5.1.4(b)中的 cd 段所示。电容器 C 如此周而复始地进行充放电,负载上便得到如图 5.1.4(b)所示的一个近似锯齿波的电压 $v_o = v_C$,使负载电压的波动大为减小。

由以上分析可知:

(1) $R_L C$ 越大,电容器 C 放电速率越慢,则负载电压中的交流成分越小,负载上平均电压即直流输出电压 V_o 越高。

为了得到平滑的直流输出电压 V_o,一般取

$$R_L C = (3 \sim 5)\frac{T}{2}$$

式中,T 为交流电压的周期,工频交流电 $T = 0.02\text{s}$。滤波电容的数值一般为数十微法到数千微法,此时,直流输出电压 V_o 约为

$$V_o = 1.2 V_2$$

当负载开路时

$$V_o = \sqrt{2} V_2$$

(2) 由于只有 $v_2 > v_C$ 时,二极管才导通,所以二极管的导通角小于 π,导通电流 i_D 是不连续的脉冲。电容器 C 越大,电流 i_D 脉冲幅度越大,流过二极管的冲击电流(浪涌电流)越大。所以,在选择二极管时,其参数值应留有一定余量。

(3) 电路直流输出电压 V_o 随负载电阻 R_L 减小(即负载电流 I_L 增大)而减小,表明电容滤波电路的输出特性差,适用于负载电流较小且不变的场合。

5.2 稳 压 电 路

整流输出电压经滤波后,脉动程度减小,波形变平滑。但是当电网电压发生波动或负载变化较大时,其输出电压也会随着波动。在这种情况下,滤波电路是无能为力的,必须在滤波电路之后再加上稳压电路。常用的稳压电路有并联型稳压电路,串联型稳压电路,集成稳压电路和开关型稳压电路。

5.2.1 并联型稳压电路

构成并联型稳压电路的重要元件是稳压二极管。用稳压二极管 VD_Z 和限流电阻 R 组成的稳压电路,如图 5.2.1 所示。因为稳压二极管与负载电阻 R_L 并联,故称为并联型稳压电路。图中 V_I 是经整流、滤波电路输出的直流电压。

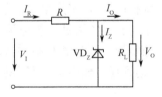

图 5.2.1 并联型稳压电路

下面分析这个电路的稳压原理。

(1) 负载电阻 R_L 不变,而交流电网电压波动时的情况。

稳压电路的输入电压 V_I 是随交流电网电压的波动而变化的,当交流电网电压升高使 V_I 增大时,将导致输出电压 V_o 升高,即稳压二极管两端电压要升高。由稳压二极管的反向击穿

特性可知,只要该管两端电压有少量增加,则流过管子的反向工作电流 I_Z 将显著增加,于是,流过限流电阻 R 的电流 $I_R = I_Z + I_O$ 将显著增加,R 两端的电压降就增大,致使 V_I 的增加量基本上都降在 R 上,因而保持输出电压 V_O 基本不变。上述稳压过程可表示如下:

$$V_I \uparrow \ \rightarrow V_O \uparrow \ \rightarrow I_Z \uparrow \ \rightarrow I_R \uparrow \ \rightarrow V_R (= I_R R) \uparrow$$
$$V_O \downarrow \longleftarrow$$

当 V_I 减小而引起 V_o 减小时,其稳压过程可作类似分析。

(2) 交流电网电压(即输入电压 V_I)不变,而负载 R_L 变化时的情况。

当负载 R_L 减小时,负载电流 I_O 将增大,流过限流电阻 R 的电流 I_R 将增大,在 R 上的压降增大,使输出电压 V_o 减小,即稳压二极管两端电压要减小,使流过管子的反向工作电流 I_Z 大大减小,I_O 的增加量被 I_Z 的减小量所补偿,使电流 I_R 基本不变,R 上的压降就不变,从而保持输出电压 V_O 基本不变。上述过程也可简单表示如下:

$$R_L \downarrow \ \rightarrow I_O \uparrow \ \rightarrow I_R \uparrow \ \rightarrow V_R (= I_R R) \uparrow \ \rightarrow V_O \downarrow \ \rightarrow I_Z \downarrow \ \rightarrow I_R \downarrow \ \rightarrow V_R \downarrow$$
$$V_O \uparrow \longleftarrow$$

同理,可分析负载 R_L 增加,负载电流 I_o 减小时的稳压过程。

由上述可见,稳压二极管的稳压作用,实际上是利用它的反向工作电流 I_Z 的变化引起限流电阻 R 上的压降变化来实现的。限流电阻具有双重作用:一是限制整流滤波电路的输出电流,使稳压二极管在反向击穿时流过的反向电流不超过 $I_{Z\,max}$,保护稳压管;二是起调节作用,将稳压二极管的反向工作电流 I_Z 的变化转换成电压的变化并承担下来,从而使输出电压 V_O 趋于稳定。

5.2.2 串联型稳压电路

前面介绍的稳压二极管稳压电路(并联型稳压电路),线路简单,使用元件少,但输出电流小,且输出电压由稳压二极管的型号(参数 V_Z)决定,不能任意调节,故限制了它的应用范围。目前广泛采用串联型稳压电路。

1. 基本电路

串联型稳压电路如图 5.2.2 所示,通常由调整电路、比较放大电路、基准电压源和取样电路 4 部分组成。其中 V_I 是输入电压,来自整流滤波电路的输出;V_O 是输出电压;R_1、R_2、R_P 组成分压器,用来反映输出电压 V_O 的变化,称为取样环节,其取样电压加在集成运放 A 的反相输入端;稳压二极管 VD_Z 及限流电阻 R 组成稳压电路,提供一个基准电压 V_Z,加在集成运放 A 的同相输入端,与其反相输入端加的取样电压相比较,用来产生一个差值信号。该稳压电路称为基准电压环节;集成运放 A 构成差动放大器,主要作用是将差值信号放大,以控制调整管 VT 工作,此差动放大器称为比较放大环节;调整管 VT 与负载串联,输出电压 $V_O = V_I - V_{CE}$,通过控制 VT 的工作状态调整其管压降 V_{CE},达到稳定输出电压 V_O 的目的,称 VT 为调整环节。

2. 稳压原理

在图 5.2.2 电路中,当因某种原因使输入电压 V_I 波动或负载电阻 R_L 发生变化时,都将导致输出电压发生变化。其稳压原理可简述如下:

当输入电压 V_I 增加、或负载电阻 R_L 增大时,输出电压 V_o 要增加,取样电压 $V_f = \dfrac{V_o}{R_1 + R_2 + R_P}(R_2 + R_{P1})$($R_{P1}$ 为电位器滑动触点下半部分的电阻值)也要增加,V_f 与基准电压

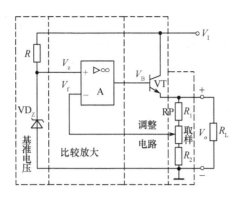

图 5.2.2　串联型稳压电路

V_Z 相比较,其差值电压经集成运放 A 放大后使调整管的基极电位 V_B 降低, I_B 减小, I_C 减小,集电极与发射极间电压 V_{CE} 增大,使 V_O 下降,从而维持 V_O 基本不变,实现稳压。上述稳压过程可表示为

$$V_I \uparrow \text{ 或 } R_L \uparrow \rightarrow V_O \uparrow \rightarrow V_f \uparrow \rightarrow V_B \downarrow \rightarrow I_B \downarrow \rightarrow I_C \downarrow \rightarrow V_{CE} \uparrow$$
$$V_O \downarrow \longleftarrow$$

同理,当输入电压 V_I 减小或负载 R_L 减小时,也将使输出电压 V_O 维持稳定。

3. 输出电压的调节范围

由集成运放虚短概念有

$$V_f = V_Z$$

而

$$V_f = \frac{V_O}{R_1 + R_2 + R_P}(R_2 + R_{P1})$$

令取样电路分压比为 N,则

$$N = \frac{V_f}{V_O} = \frac{R_2 + R_{P1}}{R_1 + R_2 + R_P}$$

于是有

$$V_O = \frac{V_Z}{N}$$

上式表明,只要改变取样电路的分压比 N,就可以调节输出电压 V_O 的大小。N 越小,V_O 越大;N 越大,V_O 越小。当电位器 RP 调至最上端(N 最大时),得输出电压最小值

$$V_{Omin} = \frac{V_Z}{N_{max}} = \left(1 + \frac{R_1}{R_2 + R_P}\right)V_Z$$

当 RP 调至最下端(N 最小)时,得输出电压最大值

$$V_{Omax} = \frac{V_Z}{N_{min}} = \left(1 + \frac{R_1 + R_P}{R_2}\right)V_Z$$

输出电压的调节范围在 $V_{Omin} \sim V_{Omax}$ 之间。

5.2.3　集成稳压器及其应用

随着集成电路工艺的发展,串联型稳压电路中的调整环节、比较放大环节、基准电压环节和取样环节,即使是它的附属电路也都可以制作在一块硅片内,形成集成稳压组件,称为集成稳压电路或集成稳压器。与其他集成组件一样,集成稳压器具有体积小、可靠性高、使用灵活、

价格低廉等优点。目前生产的集成稳压器种类很多,具体电路结构也往往有不少差异。按照引出端不同稳压器可分为三端固定式、三端可调式和多端可调式等。三端集成稳压器有输入端、输出端和公共端(接地)三个接线端点,由于所需外接元件少,便于安装调试,工作可靠,因此在实际使用中得到广泛应用。

1. 固定式三端集成稳压器

（1）一般介绍

常用的三端集成稳压器有 W7800 系列、W7900 系列。成品采用塑料或金属封装,W7800 系列外型及引脚排列如图 5.2.3 所示。W7800 系列,1 端为输入端,2 端为输出端,3 端为公共端。W7900 系列 3 端为输入端,2 端为输出端,1 端为公共端。

W7800 系列为正电压输出,可输出固定电压有 5V、6V、9V、l2V、15V、18V、24V 等 7 个档次。具体的输出电压值是用型号后两位数字表示的,如 W7805 表示输出电压为＋5V,其余类推。这个系列产品的输出电流采用如下方式表示:W78L00,输出电流为 0.1A;W78M00,输出电流为 0.5A;W7800,输出电流为 1.5A;W78H00,输出电流为 5A;W78P00,输出电流为 10A。

与之对应的 W7900 系列为负电压输出,输出固定电压数值和输出电流数值表示方法与 W7800 系列完全相同。如 W7905 表示输出电压为－5V,输出电流为 1.5A。

（a）W7800金属封装外形图　　（b）W7800塑料封装外形图　　（c）W7800方框图

图 5.2.3　W7800 系列稳压器外型及方框图

（2）主要性能参数

W7800 系列三端集成稳压器主要性能参数如表 5.2.1 所示。

表 5.2.1　三端稳压器 W7800 的主要参数

参 数 名 称	单　位	参 　数 　值
最大输入电压 $V_{i\,max}$	V	35
输出电压 V_o	V	5、6、9、12、15、18、24
最小输入、输出电压差值 $(V_I-V_o)_{min}$	V	2～3
最大输出电流 $I_{o\,max}$	A	1.5
电压调整率 S_V	无	0.1～0.2
输出电阻 R_o	mΩ	30～150

表中,最大输入电压 V_{Imax}——指保证稳压器安全工作时所允许输入的最大电压。

输出电压 V_O——指稳压器正常工作时,能输出的额定电压。

最小输入、输出电压差值 $(V_I-V_O)_{min}$——是指保证稳压器正常工作时所允许的输入与输出电压的最小差值。

最大输出电流 I_{Omax}——指保证稳压器安全工作时所允许输出的最大电流。

电压调整率 S_V——指输入电压每变化 1V 时输出电压相对变化值 $\Delta V_o/V_o$ 的百分数。即

$$S_V = \frac{\Delta V_O / V_O}{\Delta V_I} \times 100\%$$

此值越小,稳压性能越好。

输出电阻 R_O——指在输入电压变化量 ΔV_I 为 0 时,输出电压变化量 ΔV_O 与输出电流变化量 ΔI_O 的比值。即

$$R_O = \frac{\Delta V_O}{\Delta I_O}\bigg|_{\Delta V_I = 0}$$

它反映负载变化时的稳压性能。R_O 越小,即 ΔV 小,稳压性能越好。

2. 三端集成稳压器基本应用电路

(1) 固定输出的基本稳压电路

图 5.2.4(a) 所示为输出电压固定的基本稳压电路。为了确保正常工作,最小输入电压应比固定输出电压高 2~3V。电路的输出电压数值和输出电流数值由所选用的三端集成稳压器决定。如需 12V 输出电压,1.5A 输出电流,就选用 W7812;如需 5V 输出电压,0.5A 输出电流,就选用 W78M05……。电路中 C_1、C_2 的作用是滤除高频噪声,防止电路自激振荡;输入/输出之间接保护二极管 VD 是为了避免输入短路时 C_2 反向放电损坏稳压器。如果需用负电源,可改用 W7900 系列三端稳压器,电路基本结构不变,如图 5.2.4(b) 所示。

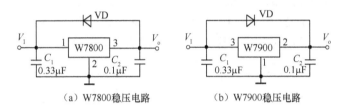

（a）W7800稳压电路　　　　（b）W7900稳压电路

图 5.2.4　固定输出的三端稳压电路

(2) 扩流电路

因三端稳压器的输出额定电流有限,当所需电流超过组件输出电流时,外接功率管可扩大输出电流,稳压器的电流扩展电路如图 5.2.5 所示。

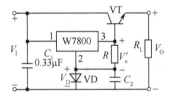

图 5.2.5　扩流电路

由电路可见,负载电流由三极管的发射极电流提供,而它的基极电流由 W7800 驱动。设稳压器的输出电流的最大值为 $I_{O\,max}$,流过电阻 R 的电流为 I_R,则晶体管的最大基极电流 $I_{Bmax} = I_{O\,max} - I_R$,因此,负载电流的最大值为

$$I_{L\,max} = (1+\beta)(I_{O\,max} - I_R)$$

电路中的二极管 VD 可以补偿功率管 VT 的发射结电压 V_{BE} 对 V_O 的影响,这是因为 $V_O = V'_O - V_{BE} + V_D = V'_O$。同时也可对 V_{BE} 进行温度补偿。

(3) 输出电压可调的稳压电路

用 W7800 系列中的三端集成稳压器 W7805 与集成运放 A 组成的输出电压可调的稳压

电路如图 5.2.6 所示。由于集成运放 A 的输入阻抗很高,输出阻抗很低,用它制成电压跟随器便能较好地克服三端集成稳压器静态工作电流 I_Q 变化对稳压精度的影响。

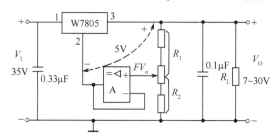

图 5.2.6 输出电压可调的稳压电路

设取样电压为 FV_O,由图可得

$$FV_O = \frac{R_2}{R_1+R_2}V_O = V_O - 5$$

$$V_O = \left(1 + \frac{R_2}{R_1}\right) \times 5$$

调节电位器改变 R_2 和 R_1 的比值,V_O 可在 $7 \sim 30V$ 范围内调整。

（4）具有正、负电压输出的稳压电路

将同种规格分别具有正、负电压输出的 W7800 系列和 W7900 系列三端集成稳压器配合使用,便能组成具有正、负电压输出的稳压电路,如图 5.2.7 所示。

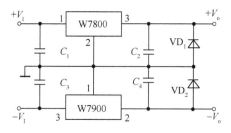

图 5.2.7 输出正负电压的稳压器

图中,W7800 系列和 W7900 系列三端集成稳压器分别接成固定输出基本稳压电路,但具有公共接地端。

3. 可调式三端集成稳压器 W317(W117)系列

（1）简介

W317(W117)系列可调三端集成稳压器为第二代三端集成稳压器。输出正电压,其调压范围为 $1.2 \sim 37V$,最大输出电流为 $1.5A$。与之对应的 W337(W137)系列为负电压输出,其电路基本结构、性能、功能与 W317(W117)系列基本相同。W117 的外形及方框图如图 5.2.8 所示。

（2）W317(W117)可调三端集成稳压器的典型应用

W317(W117)的典型应用电路如图 5.2.9 所示。图中,V_I 为整流滤波电路输入电压;C_1、C_2 用于消除高频噪声,防止电路自激振荡,R、RP 组成输出电压 V_O 调整电路,调节 RP,即可调整输出电压 V_O 的大小。

与 W7800 系列稳压器相比,它设计独特,精巧,输出电压连续可调且稳压精度高,最大输

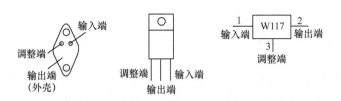

图 5.2.8　W117 外形及方框图

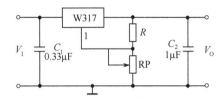

图 5.2.9　W317 典型应用电路

入/输出电压差可达 40V,工作温度范围为 0～125℃。因此,适合将它作为一种通用、标准化的集成稳压器,用于需要非标准输出电压值的各种电子设备的电源中。

本 章 小 结

（1）在电子系统中,经常需要将交流电网电压转换成稳定的直流电压,为此要用整流、滤波和稳压等环节来实现。

（2）在整流电路中,利用二极管的单向导电性将交流电转变为脉动的直流电。为抑制输出直流电压中的纹波,在整流电路后接有滤波环节。

（3）串联反馈式稳压电路的调整管工作在线性放大区,利用控制调整管的管压降来调整输出电压,它是一个带负反馈的闭环有差调节系统。在小功率供电系统中,多采用串联反馈式稳压电路,在移动式电子设备中,多采用由集成稳压器组成的 DC/DC 变换器供电。

（4）三端集成稳压器只有三个引脚:输入端,输出端和公共端,分为电压固定和可调式两种。

思考题与习题

5.1　有一单相桥式的整流电路如图题 5.1 所示,试分析在出现下述的故障时会发生什么现象？（1）VD_1 的正负极接反;（2）VD_2 短路;（3）VD_1 开路。

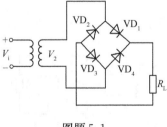

图题 5.1

5.2　判断下列说法是否正确。

（1）整流电路可将正弦电压变为脉动的直流电压。（　　）

（2）在单相桥式整流电容滤波电路中,若有一只整流管断开,输出电压平均值变为原来的

一半。（　　）

5.3 选择合适的答案填入空内。

(1) 整流的目的是_____。

    A. 将交流电变为直流电　　　B. 将高频变为低频　　　C. 将正弦波变为方波

(2) 在单相桥式整流电容滤波电路中，若有一只整流管接反，则_____。

    A. 输出电压约为 $2V_D$　　　B. 变为半波整流　　　C. 整流管将因电流过大而烧坏

(3) 直流稳压电源中滤波电路的特点_____。

    A. 将交流变为直流　　　　　B. 将高频变为低频

    C. 将交、直流混合量中的交流成分滤掉

(4) 整流后的滤波电路要选用_____。

    A. 高通滤波电路　　　　　B. 低通滤波电路　　　　　C. 带通滤波电路

5.4 试从反馈的角度分析图题 5.4 所示串联型稳压电路的工作原理及影响稳压性能的主要因素。

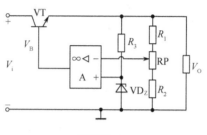

图题 5.4

5.5 如图题 5.5 所示为精密全波整流电路，设各二极管为理想的。当输入电压 v_i 为正弦波时，试画出输出电压 v_{o1} 和 v_{o2} 的波形。

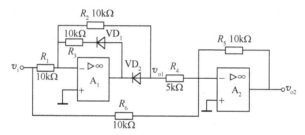

图题 5.5

5.6 整流滤波电路如图题 5.6 所示。

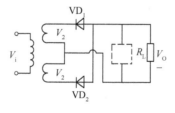

图题 5.6

(1) 把虚线框内电解电容的符号和极性画出来。

(2) 当 $V_2 = 20V$，$V_O = $ ？

(3) 如果 VD_2 击穿后开路,会出现什么样的情况?V_O 多大?

(4) 如果 VD_2 击穿后短路,会出现什么样的情况?

(5) 如果变压器次级中间点脱焊,V_O 多大?

5.7 并联稳压电路如图题 5.7 所示,稳压管 VD_Z 的稳定电压 $V_Z=6V$,$V_I=18V$,$C=1000\mu F$,$R=1k\Omega$,$R_L=1k\Omega$。

(1) 电路中稳压管接反或限流电阻 R 短路,会出现什么现象?

(2) 求变压器二次电压有效值 V_2,输出电压 V_O 的值;

(3) 若稳压管 VD_Z 的动态电阻 $r_Z=20\Omega$,求稳压电路的内阻 R_o 及 $\Delta V_O/\Delta V_I$ 的值;

(4) 将电容 C 断开,试画出 v_I、v_O 及电阻 R 两端电压 v_R 的波形。

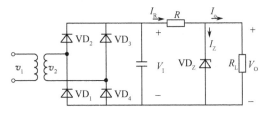

图题 5.7

5.8 图题 5.8 所示电路采用 W7808 和 W7908 集成块组成的可输出正、负电压的稳压电路。

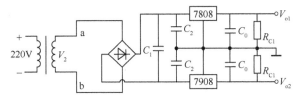

图题 5.8

(1) 标出输出电压的大小和极性。

(2) 简述电路的工作原理。

5.9 试用两个 W7815 或 W7915 构成输出 ±15V 的稳压电路。

5.10 试用两个 W137 或 W117 构成输出电压可调的直流稳压电路,电压的调节范围是 ±1.2~20V。

5.11 由 LM317 组成输出电压可调的典型电路如图题 5.11 所示,当 $V_{31}=V_{REF}=1.2V$ 时,流过 R_1 的最小电流 $I_{R min}$ 为 5~10mA,调整端 1 输出的电流 $I_{adj}\ll I_{R min}$,$V_I-V_O=2V$。

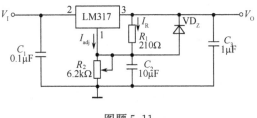

图题 5.11

(1) 求 R_1 的值;

(2) 当 $R_1=210\Omega$,$R_2=3k\Omega$ 时,求输出电压 V_O;

(3) 当 $V_O=37V$,$R_1=210\Omega$,$R_2=?$ 电路的最小输入电压 $V_{Imin}=?$

（4）调节 R_2 从 0 变化到 6.2kΩ 时，输出电压的调整范围。

5.12 电路如图题 5.12 所示，该电路是一个可调恒流源电路。

（1）当 $V_{31}=V_{REF}=1.2V$ 时，R 的阻值在 $(0.8\sim120)\Omega$ 改变时，恒流电流 I_O 的变化范围如何？

（2）当 R_L 用待充电电池代替，若 50mA 恒流充电，充电电压为 $V_E=1.5V$，求电阻 R_L 的阻值。

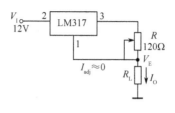

图题 5.12

第二篇 数字电子技术基础

当今社会已进入到了信息数字化的时代,在军事、生活和生产等领域数字技术的影响无所不在,而数字技术是建立在数字信号与数字电路的基础上的。

1. 数字信号和数字电路

客观世界存在的信号按其规律分为两类:一类是连续信号,另一类是离散信号。在第一篇模拟电子技术中我们研究的是随时间连续变化的电信号,即模拟信号。而本篇我们要研究的数字信号则是在时间上、数值上都是离散的电信号,如学生成绩记录,工厂的产品统计等。目前广泛使用的典型数字信号是矩形波。数字信号常用抽象出来的二值信息 1 和 0 表示。对于数字信号 1 和 0,可以用开关的断开和闭合表示,也可用电位的高和低来表示,还可以用信号的有无来表示。

数字电路是用来处理数字信号的电子线路,实现各种功能的数字电路相互连接就可形成数字系统,如电子计算机等。数字电路由数字部件组成,进行数字信号的产生、变换、传输、寄存和控制等,数字电路主要研究电路的组成结构、工作原理及逻辑功能。数字电路的各种功能是通过逻辑运算和逻辑判断来实现的,因此,数字电路又称为逻辑电路。

现实世界中大量的信号是模拟信号,通过数字系统对模拟信号进行处理或运算具有很多优势,如能够提高精度、防止干扰,等等。因此,常常利用模/数(A/D)和数/模(D/A)转换电路,进行模拟与数字信号的变换,实现模拟信号的数字化处理。

2. 数字电路的特点

(1)数字电路基本工作在二值信号,只有 0 和 1 两个基本数字,反映在电路上就是低电位和高电位两种状态,常用二极管的导通、截止,以及三极管的饱和、截止两种截然不同的状态表示。

(2)数字电路主要研究对象是电路的输入和输出之间的逻辑关系,即电路的逻辑功能;主要进行电路的逻辑分析和逻辑设计,主要的研究工具是逻辑代数。

(3)数字电路的结构简单、工作速度快、精度高、功能强、可靠性好、功耗小,便于集成化和系列化,产品的价格低、通用性好,使用方便。

数字电路的基础是基本逻辑运算与基本逻辑门电路,数字电路不仅具有算术运算的能力,而且还具备一定的"逻辑思维"能力,即按照人们设计好的规则,进行逻辑推理和判断。因此,人们才能够制造出各种智能仪表、数控装置和计算机等,实现生产管理的高度自动化。

目前,数字技术的应用已极为广泛。随着集成电路技术的进一步发展,特别是大规模(LSI)和超大规模(VLSI)集成器件的发展,电子系统性能不断增强,可靠性不断提高,成本不断降低,体积不断缩小,数字技术应用越来越广。同时,数字逻辑分析与设计方法也在不断地发展,数字电路的概念也在发生变化。例如,在嵌入式系统中,已将元器件制造技术、电路设计技术、系统构成技术等融为一体,元器件、电路、系统的概念已经趋于模糊。数字电路随着新技术的发展正在不断地完善、发展和更新。本篇仅介绍数字电路的基础知识,着力突出器件性能、电路功能和电路分析方法,以达到学以致用的目的。

第6章　数字逻辑电路基础

6.1　逻辑门电路的基本概念

1. 逻辑门电路

逻辑门电路是指具有多个输入端和一个输出端,并按照一定的逻辑规律工作的开关电路,就像门一样按一定的条件"开"或"关"。所谓逻辑是指条件与结果的因果关系,用电子电路来实现逻辑关系时,它的输入、输出量一般均为电压。以电路输入作为条件,输出作为结果,电路的输出与输入之间就表示了一定的逻辑关系,依逻辑关系的不同就引出了不同的逻辑门电路。

2. 逻辑门电路的种类

常用逻辑门电路很多,可分为基本逻辑门电路,包括与门电路、或门电路和非门电路;复合逻辑门电路,包括与非门电路、或非门电路和与或非门电路;特殊逻辑门电路,包括异或门电路、同或门电路、三态门电路,及集电极开路与非门电路等。

这些逻辑门电路可采用集成化工艺制作,当电路是由晶体管—晶体管组成时,则称为TTL集成逻辑门电路,简称TTL门电路;当电路是由P沟道场效应管(PMOS)管和N沟道场效应管(NMOS)管组成时,则称为CMOS集成逻辑门电路,简称CMOS门电路。

TTL门电路和CMOS门电路仅在内部结构和制作材料不同,相应逻辑门电路的表示符号、功能等完全相同。本教材以介绍TTL门电路为主。

3. 逻辑门电路逻辑状态的表示方法

逻辑门电路的输入、输出信号都是用电位的高低或有无来表示的,对于这样的逻辑状态,通常采用熟知的数字符号"0"和"1"来对应。但这里的0和1不再具有数量大小的概念,而只是作为一种符号,表示两种对立的逻辑状态,称为逻辑0和逻辑1。

在数字电路、逻辑门电路中,习惯将"电位"称作"电平",对于TTL集成电路,通常将小于0.4V的电平称为低电平,而将大于2.4V的电平称为高电平。

4. 正逻辑和负逻辑的规定

当用逻辑1表示高电位,逻辑0表示低电位,称为正逻辑;当用逻辑0表示高电位,逻辑1表示低电位,称为负逻辑。对于同一个电路,可以采用正逻辑,也可以采用负逻辑,对电路本身性能无任何影响,但依选用正、负逻辑的不同,电路会具有不同的功能。本教材在讨论各种逻辑关系时均采用正逻辑。

6.2　常用逻辑门电路

6.2.1　基本逻辑门电路

1. 与门电路

能实现与逻辑关系的电路称为与门电路。所谓与逻辑关系是指:当决定某件事的各种条件全部具备时,这件事才会发生的因果关系。图6.2.1所示便是满足与逻辑关系的一个实例。对电灯而言,只有当开关A与B全部闭合时,电灯才亮;否则,电灯就灭。因此,该电路中的结果(电灯亮)与条件(开关闭合)之间构成了与逻辑关系。

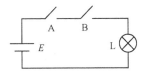

图 6.2.1　满足与逻辑关系的电路

与门电路的逻辑符号如图 6.2.2 所示。

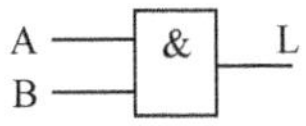

$$A \longrightarrow \boxed{\&} \longrightarrow L$$
$$B \longrightarrow$$

图 6.2.2　与门电路的逻辑符号

图中 A、B 为输入端,L 为输出端,其条件和结果的逻辑关系是由与门电路的输入端和输出端状态(1 和 0)的逻辑关系所决定的。在分析和设计逻辑电路时,为方便起见,常将输入和输出逻辑关系用所谓"逻辑表达式"表示出来。与门的逻辑表达式为

$$L = A \cdot B$$

式中"·"读作逻辑乘或者读作"与",表示两种事物具有"与"的关系,书写时"·"可省略。

以上是两输入端与门电路的逻辑表达式,对于多输入端与门电路其逻辑表达式可记为

$$L = A \cdot B \cdot C \cdots$$

上述逻辑关系,可采用列表方式将其所有可能的取值或组合表示出来,其方法是:依逻辑表达式对输入变量 A、B、C··· 各种可能取值依次进行排列,经运算求出 L 值。把它们排列在一起组成的表格称为真值表,真值表是逻辑电路分析与设计的一个基本工具。两输入端与门的真值表如表 6.2.1 所示。

表 6.2.1　两输入与门的真值表

输入		输出
A	B	L
0	0	0
0	1	0
1	0	0
1	1	1

由真值表可以看出:与门电路的逻辑功能是"(输入)有 0(输出)为 0;(输入)全 1(输出)为 1"。

2. 或门电路

能实现或逻辑关系的电路称为或门电路。所谓或逻辑关系是指:在决定一件事情的各种条件中,只要有一个或几个条件具备,这件事情就会发生的因果关系。图 6.2.3 所示便是满足或逻辑关系的一个实例。对于电灯而言,只要开关 A 或 B 任意一个闭合,灯就会亮;只有开关 A、B 全部断开,电灯才灭。表明该电路中的结果(灯亮)与条件(开关闭合)之间构成或逻辑关系。

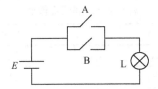

图 6.2.3　满足或逻辑关系的电路

或门电路的逻辑符号如图 6.2.4 所示。其中 A、B 为输入端,L 为输出端。或门的逻辑表达为

$$L=A+B$$

式中"+"读作逻辑加或者读作"或",表示两输入具有或的关系。或门输入端可以不止两个,其逻辑关系同样满足逻辑加。两输入端或门的真值表如表 6.2.2 所示。由真值表可以看出或门电路的功能是"有 1 为 1,全 0 为 0"。

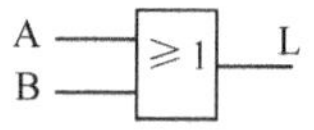

图 6.2.4　或门逻辑符号

表 6.2.2　两输入或门真值表

输入		输出
A	B	L
0	0	0
0	1	1
1	0	1
1	1	1

3. 非门电路

能实现非逻辑关系的电路称为非门电路。所谓非逻辑关系就是结果和条件处于相反状态的因果关系。图 6.2.5 所示便是满足非逻辑关系的一个实例。当开关 A 闭合时电灯灭;当开关 A 断开时电灯亮。这就是说,结果(灯亮)与条件(开关闭合)之间构成非逻辑关系。

非门电路的逻辑符号如图 6.2.6 所示。

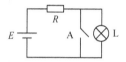

图 6.2.5　满足非逻辑关系的电路 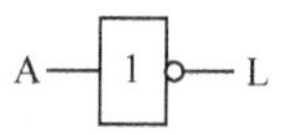　　　图 6.2.6　非门电路的逻辑符号

它是一个具有单个输入端 A 和单个输出端 L 的门电路,它的输出、输入之间满足非逻辑关系,即输入为高电平时,输出为低电平,输入为低电平时,输出为高电平。非门的逻辑表达式为

$$L=\overline{A}$$

式中"$\overline{A}$"读作 A 反或 A 非,表明非门的输出与输入总是相反的。所以,非门实际上就是反相器。非门的真值表如表 6.2.3 所示,由真值表可以看出非门电路的功能是:输入为 0,输出 1;输入为 1,输出 0。

表 6.2.3　非门真值表

输入	输出
A	L
0	1
1	0

上述三种门电路是最基本的逻辑门,代表了三种最基本的逻辑运算,是逻辑电路的基础。如将这些门电路适当组合便构成复合逻辑门电路。

6.2.2 复合逻辑门

1. 与非门电路

将一个与门和一个非门连接起来,就构成了一个与非门电路,其逻辑符号如图6.2.7所示。与非门电路的逻辑表达式为

$$L=\overline{A \cdot B}$$

依据上式可列出与非门的真值表,如表6.2.4所示。由真值表可知,与非门的特点是"有0为1,全1为0"。

表6.2.4　与非门真值表

输入		输出
A	B	L
0	0	1
0	1	1
1	0	1
1	1	0

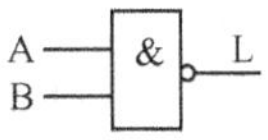

图6.2.7　与非门电路的逻辑符号

要注意的是:逻辑符号中的小圆圈代表的就是非的意思,后面的逻辑电路也都如此。

2. 或非门电路

将一个或门和一个非门连接在一起就构成或非门电路,其逻辑符号如图6.2.8所示。或非门的逻辑表达式为

$$L=\overline{A+B}$$

依据上式可列出或非门的真值表,如表6.2.5所示。由真值表可知,或非门的逻辑功能是"有1为0,全0为1"。即只要有一个输入端为高电平,输出就为低电平;只有当所有输入端都为低电平,输出才为高电平。

表6.2.5　或非门真值表

输入		输出
A	B	L
0	0	1
0	1	0
1	0	0
1	1	0

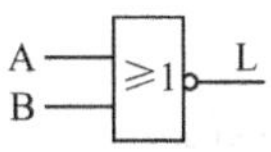

图6.2.8　或非门电路逻辑符号

3. 与或非门电路

与或非门是由两个或者多个与门、一个或门及一个非门串接而成,其逻辑表示符号如图6.2.9所示。

与或非门逻辑运算的先后次序是,输入端分别各自先"与",然后再"或",最后才"非"。与或非门的逻辑表达式为

$$L=\overline{AB+CD}$$

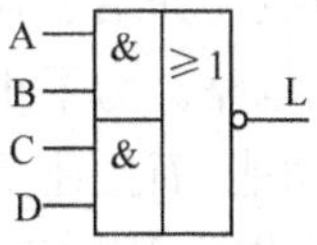

依据上式可列出与或非门的真值表,如表6.2.6所示。

图6.2.9　与或非门逻辑符号

由真值表可以看出,与或非门的逻辑功能是"每个与门输入端至少有一个为 0 时,输出为 1,任何一个与门输入端全为 1 时,输出为 0"。

表 6.2.6　与或非门的真值表

输入				输出
A	B	C	D	L
0	0	0	0	1
0	0	0	1	1
0	0	1	0	1
0	0	1	1	0
0	1	0	0	1
0	1	0	1	1
0	1	1	0	1
0	1	1	1	0
1	0	0	0	1
1	0	0	1	1
1	0	1	0	1
1	0	1	1	0
1	1	0	0	0
1	1	0	1	0
1	1	1	0	0
1	1	1	1	0

4. 异或门电路

异或门是判断两个输入信号是否相同的常用门电路。异或门的逻辑符号如图 6.2.10 所示。A 和 B 为输入端,L 为输出端。它的内部逻辑结构图如图 6.2.11 所示。其逻辑表达式为

$$L = \overline{A}B + A\overline{B}$$

可简化写成

$$L = A \oplus B$$

依据逻辑表达式可列出异或门真值表如表 6.2.7 所示。从真值表可以看出,异或门的逻辑功能是"相同为 0,不同为 1",完成异或功能。

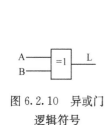

图 6.2.10　异或门
逻辑符号

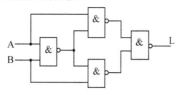

图 6.2.11　异或门内部
逻辑结构图

表 6.2.7　异或门真值表

输入		输出
A	B	L
0	0	0
0	1	1
1	0	1
1	1	0

6.3　TTL 集成逻辑门

上节我们介绍了各种常用的门电路,它们均可由 TTL 或 CMOS 电路构成,对应一较为复杂的集成电路。为了正确、有效地使用集成逻辑门电路,要求我们不仅十分熟悉它们的电路组成、逻辑功能,而且还要十分熟悉它们的性能和使用常识。

TTL 集成逻辑门电路是由晶体管—晶体管组成的电路,作为一种器件与其他电子器件一样,其性能可以用特性曲线或参数来说明。下面通过 TTL 集成逻辑与非门,来讨论 TTL 集

成逻辑门的原理、参数、性能及其使用。

6.3.1　TTL 集成逻辑门电路与工作原理

如图 6.3.1 所示的基本 TTL 与非门电路,它的输入端采用了多发射极的晶体管,而输出端则是由 VT_3、VT_4、VD 组成的推拉式输出电路。当任一输入端为低电平时,VT_1 的发射极将正向偏置而导通,VT_2、VT_3 将截止,而使 VT_4 饱和、VD 导通,导致输出为高电平。只有当全部输入端为高电平时,VT_1 将转入倒置放大状态,VT_2、VT_3 均饱和,而使 VT_4、VD 截止,输出为低电平。

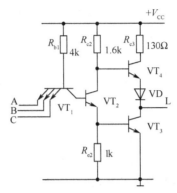

图 6.3.1　基本 TTL 与非门电路

所以,该电路的输入输出逻辑关系表达式为

$$L = \overline{A \cdot B \cdot C}$$

6.3.2　TTL 集成逻辑门的电压传输特性曲线

门电路的输入电压和输出电压之间 $v_O = f(v_I)$ 的关系曲线称为电压传输特性曲线。可以测出 TTL 与非门的电压传输特性曲线,如图 6.3.2 所示。传输特性由 4 条线段组成,对应曲线 A 点的输入电压值 V_{OFF} 称为关门电平,这是使与非门保持关闭状态,即输出高电平 V_{OH} 的最高输入电压。显然,当 $v_I < V_{OFF}$ 时,与非门能可靠关闭;对应于曲线 B 点的输入电压值 V_{ON} 称为开门电平,这是使与非门保持开启状态,即输出低电平 V_{OL} 的最低输入电压。当 $v_I > V_{ON}$ 时,与非门能可靠开启。

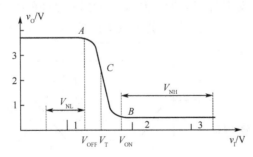

图 6.3.2　TTL 与非门的电压传输特性曲线

通常 V_{OFF} 和 V_{ON} 二值接近,其中间值,即图中 C 点所对应的输入电压 V_T 称为阈值电压或门槛电压约为 1.4V。它是输出高、低电平的分界线,当 $v_I > V_T$ 时,输出为低电平 V_{OL};当 $v_I < V_T$ 时。输出为高电平 V_{OH}。

6.3.3 TTL 集成逻辑门的主要参数

（1）输出高电平(V_{OH})

当输入端中有一个或一个以上接低电平时,输出端得到的高电平值称为输出高电平,其典型值 $V_{OH} \approx 3.6V$。

（2）输出低电平(V_{OL})

当输入端全部接高电平时,输出端得到的低电平值称为输出低电平,其典型值 $V_{OL} \approx 0.3V$。

（3）开门电平(V_{ON})

开门电平是指保证输出低电平 V_{OL} 时,所允许的最小输入高电平值。为了保证与非门可靠开启,即输出低电平,一般规定 $V_{ON} \approx 2V$（其典型值 $V_{ON} \approx 2.4V$）。

（4）关门电平(V_{OFF})

关门电平是指输出为正常高电平 V_{OH} 的 90% 的条件下,所允许的最大输入低电平值。通常 $V_{OFF} \approx 1.35V$。

（5）噪声容限(V_N)

与非门在使用时,不可避免地存在正、负向干扰（或噪声）电压,二值数字逻辑电路的优点在于它的输入信号允许有一定的容差,但当它们太大时,就会破坏与非门逻辑功能。噪声容限就是用来描述其抗干扰能力大小的重要参数,它可从两个方面加以说明。

① 当要求与非门输出高电平时,则应使正常的输入低电平 V_{IL}（约为 0.4V）与正向干扰电压叠加后的值不超过关门电平 V_{OFF},否则,将不能保证输出为高电平。这个允许加在 V_{IL} 上的正向干扰电压最大值称为输入低电平噪声容限 V_{NL},即 $V_{NL} = V_{OFF} - V_{IL}$。此式说明,只有关门电平 V_{OFF} 较高,输入低电平噪声容限才较大,即抗干扰能力较强。

② 当要求与非门输出低电平时,则应使正常的输入高电平 V_{IH}（约为 3.6V,有的手册规定为 3V）与负向干扰电压叠加后的值不小于开门电平 V_{ON},否则,将不能保证输出为低电平。这个允许加在 V_{IH} 上的负向干扰电压最大值称为输入高电平噪声容限 V_{NH},即 $V_{NH} = V_{IH} - V_{ON}$。显然,开门电平 V_{OH} 愈小,输入高电平噪声容限就愈大,抗干扰能力愈强。

（6）平均传输延迟时间(t_{pd})

与非门工作时,其输出脉冲相对于输入脉冲有一定的时间延迟,如图 6.3.3 所示。从输入脉冲上升沿的 50% 处到输出脉冲下降沿的 50% 处之间的时间间隔,称为导通延迟时间 t_{pHL};从输入脉冲下降沿的 50% 处到输出脉冲上升沿的 50% 处之间的时间间隔,称为截止延迟时间 t_{pLH}。t_{pHL} 和 t_{pLH} 的平均值称为平均传输延迟时间 t_{pd},即 $t_{pd} = (t_{pHL} + t_{pLH})/2$

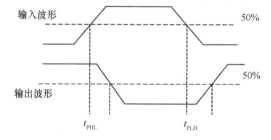

图 6.3.3　与非门传输延迟时间

t_{pd} 是表征门电路开关速度的一个参数,其值越小,开关速度就越快,工作频率就越高。TTL 门电路的开关速度比较高,其 t_{pd} 在几～几十纳秒范围内。

（7）扇入扇出系数（N_O）

与非门的扇入数取决于它的输入端的个数，如3输入端的与非门，其扇入数 $N_i=3$。

输出能驱动同类门的数目，称为扇出系数 N_O，它是描述 TTL 与非门带同类门负载能力的参数。一般 TTL 与非门 $N_O \geqslant 8$。

（8）电源电压（V_{CC}）

TTL 集成电路电源电压统一规定为 $V_{CC}=+5V$，稳定度要求 $\leqslant \pm 10\%$（$\pm 0.5V$）。

（9）功耗

功耗分为静态和动态两种，分别对应电路有无状态的转换，静态功耗是主要的。输出为低电平时的功耗为空载导通功耗 P_{ON}；输出为高电平时的功耗为截止功耗 P_{OFF}，P_{ON} 总比 P_{OFF} 大。

6.3.4　特殊逻辑门

1. 集电极开路与非门电路

在实际使用中，有时需要将多个与非门的输出端相与，此时可通过增加一级与门来实现，电路如图 6.3.4（a）所示，实现的功能是 $L=L_1 L_2$。那么，能不能将与非门的两输出端直接连接，实现相与的功能呢？普通的 TTL 门电路输出端是不能直接相与的。如图 6.3.4（b）中，假定 $L_1=1$，即上面的与非门输出为高电平；$L_2=0$，即下面的与非门输出为低电平，直接相与就会在两个门的内部产生至上而下的大电流 I，导致功耗过高而使与非门损坏。

一般把这种门电路输出直接用导线连接，形成相与功能的连接方式称为"线与"。下面将要介绍的集电极开路与非门就可以克服上述缺点，实现线与功能。

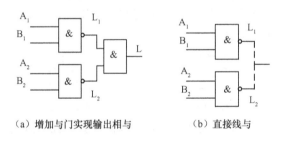

（a）增加与门实现输出相与　　　　（b）直接线与

图 6.3.4　TTL 与非门输出端与相连（方式）

集电极开路与非门，简称 OC 门，其逻辑符号如图 6.3.5 所示。该逻辑门内部电路与 TTL 基本电路相比，突出特点是输出级未接三极管 VT_4 和集电极电阻 R_C（参见图 6.3.1），VT_3 集电极处于开路悬空状态，故称为集电极开路与非门。使用时，必须在输出端外接电阻 R_C 和电源 V_{CC}，才能正常工作，如图 6.3.6 所示。此时，集电极开路与非门具备与非门逻辑功能，逻辑表达式为

$$L=\overline{A \cdot B}$$

集电极开路与非门的典型应用是实现线与。当将多个集电极开路与非门输出端连接在一起时，只需外接一个公用电阻 R_C 即可，电路如图 6.3.7 所示，输出为

$$L=\overline{A_1 \cdot B_1} \cdot \overline{A_2 \cdot B_2}$$

由图 6.37 看出，两个 OC 门中假定 A 门导通输出高电平，B 门截止输出低电平，这时只会产生由 V_{CC} 经 R_C 和 B 门的导通电流，两个 OC 门之间不会产生导通电流，造成不良影响。

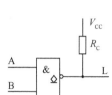
图 6.3.5　OC 门辑符号

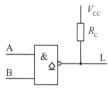
图 6.3.6　OC 门正常工作电路

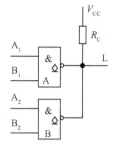
图 6.3.7　OC 门实现线与电路

2. 三态与非门电路

三态与非门电路(简称三态门)的逻辑符号如图 6.3.8(a)、(b)所示。

普通逻辑门电路只有 0 和 1 两种状态,三态门除有这两种逻辑状态外,还有一个高阻状态,称为第三态。它与普通与非门电路的不同之处就是多了一个控制端(又称使能端)EN,三态门的工作状态受 EN 控制。

对于图 6.3.8(a)来说,当使能端为 1(高电平)时,三态门处于工作状态(此时称为高电平使能有效态),其逻辑功能与普通与非门相同,逻辑表达式为

$$L = \overline{A \cdot B}$$

当使能端为 0(低电平)时,不管输入端 A、B 状态如何,这时若从输出端 L 看进去,电路处于高阻态(相当断开),可认为此时电路的全部功能被禁止,故又称禁止态。

图 6.3.8(b)的使能控制正好与图(a)相反,称使能端为低电平有效态,其表示变为 $\overline{EN}$。当使能端为 0 时,三态门处于工作状态,实现与非门逻辑功能;当使能端为 1 时,处于高阻态(禁止态)。使用时要注意两者的区别。

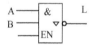
（a）高电平使能工作

（b）低电平使能工作

图 6.3.8　三态与非门电路(简称三态门)的逻辑符号

三态门的典型应用是总线控制,利用三态门可以实现用一根导线轮流传送若干个不同的数据或信号,电路如图 6.3.9 所示。图中共用的那根导线称为总线,只要让各个三态门的控制端轮流处于高电平,那么总线就会轮流传送这几个三态门的输出信号,这样就可用一根总线分时地传送不同的数据或信号,从而避免了各门之间的干扰。这种用总线来传送数据或信号的方法,在计算机和各种数字系统中被广泛应用。

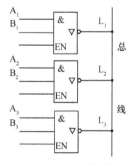
图 6.3.9　三态门的典型应用电路

6.3.5 TTL 集成逻辑门的使用常识

1. TTL 集成电路产品的外形封装

TTL 集成电路目前大都采用双列直插式外形封装,其外引出端(引脚)的编号识别方法是把标志凹槽置于左边,从外壳顶部看,靠近标记下方的引出端为第1脚,而后按逆时针方向数,即可读出第 2、3、4……各引出端号,如图 6.3.10 所示。各引出端号功能可依据集成电路型号查阅 TTL 集成电路手册。

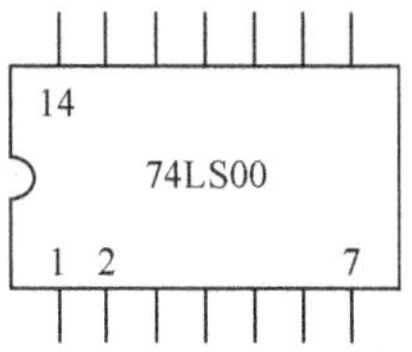

图 6.3.10　TTL 集成电路
双列直插式外形封装

2. 国产 TTL 集成电路系列

TTL 集成电路有 54/74 通用(即标准)系列,其中 54 为军品、74 为民品。国产 TTL 集成电路共分 5 个系列:T1000、T2000、T3000、T4000 和 T000 系列。T1000 系列相当于国际 54/74 系列,T2000 系列相当于国际 54/74H 高速系列,T3000 系列相当于国际 54/74S 肖特基系列(进一步提高工作速度);T4000 系列相当于国际 54/74LS 低功耗肖特基系列。T000 系列又分为两个子系列:T000 中速系列 p 和 T000 高速系列。前者除某些电参数稍有不同外,性能基本上与 T1000 系列类同,后者与 T2000 系列类同。我国以 T1000、T2000、T3000 和 T4000 4 个系列作为主要产品系列。不同系列相同型号的产品仅工作速度、功耗等参数不同,其逻辑功能完全一样。

3. TTL 集成逻辑门电路多余输入端的处理

对 TTL 集成逻辑门电路多余输入端的处理原则是:不改变原电路逻辑关系,保证电路能稳定可靠工作。

(1) 与门、与非门不用的输入端应接高电平

具体方法是:

① 将不用的输入端直接或经一个电阻 R 接电源 V_{cc},如图 6.3.11(a)所示。此方法采用最多。

② 将不用的输入端与使用端并联,如图 6.3.11(b)所示。

③ 将不用的输入端悬空,如图 6.3.11(c)所示。对于 TTL 集成电路其输入端悬空相当于接高电平,即处于逻辑 1 状态。

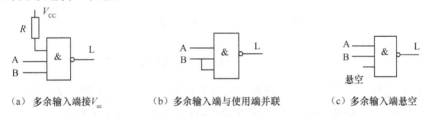

(a) 多余输入端接 V_{cc}　　　　(b) 多余输入端与使用端并联　　　　(c) 多余输入端悬空

图 6.3.11　TTL 集成与非门不用输入端处理

悬空的概念在以后各种数字器件或电路应用时常常会遇到,但必须指出:悬空的输入端易引入干扰,导致电路工作不可靠,因而这种方法仅适用于实验室。

另外,TTL 集成电路其输入端与地之间外接不同的电阻时,表现为不同的电平。一般输入端外接电阻 $R \geqslant 2k\Omega$ 时,该输入端视为高电平;而输入端外接电阻 $R \leqslant 100\Omega$ 时,该输入端视为低电平。

(2) 或门、或非门多余输入端应接低电平

具体方法是:

① 将不用的输入端直接接地,如图 6.3.12(a)所示。

② 将不用的输入端与使用端并联,如图 6.3.12(b)所示。最好采用前一种方法。

（a）不用输入端接地　　　（b）不用输入端与使用端并联

图 6.3.12　或非门不用输入端的处理

6.3.6　TTL 集成逻辑门电路外接负载问题

1. 直接驱动发光二极管(LED)

查 TTL 集成电路手册可知,TTL 门电路允许注入电流(灌电流)为 16mA,而输出电流(拉电流)为 0.4mA,而发光二极管(LED)发光时的工作电流约为 10mA,故只能采用图 6.3.13(a)所示接法驱动,L 低电平时发光二极管(LED)发光。图中 R 为限流电阻。

2. 直接驱动小功率继电器

电路如图 6.3.13(b)所示。图中,L 为 5V 小功率继电器的线圈,VD 为续流二极管起保护作用,防止线圈 L 中的电流从有到无时,L 产生的感应电动势击穿 TTL 门电路。

3. 驱动大功率负载

这时需外接功放管 T 增强带负载能力。驱动电路如图 6.3.13(c)所示。

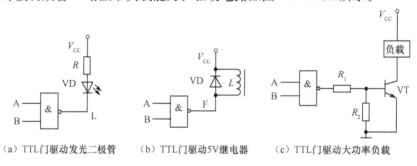

（a）TTL门驱动发光二极管　　（b）TTL门驱动5V继电器　　（c）TTL门驱动大功率负载

图 6.3.13　TTL 门驱动负载电路

6.4　CMOS 门电路

直到 20 世纪 80 年代初,采用双极型三极管组成的 TTL 集成电路一直是数字集成电路的主流产品。然而 TTL 电路存在一个严重的缺点,这就是它的功耗比较大。由于这个原因,用 TTL 电路只能制作成小规模集成电路和中规模集成电路,无法制成大规模和超大规模集成电路。CMOS 集成电路出现于 20 世纪 60 年代后期,它最突出的优点在于功耗极低,而且随着 CMOS 制作工艺的不断进步,无论是在工作速度还是在驱动能力方面,CMOS 电路都不比 TTL 电路逊色。因此,CMOS 电路便逐渐取代 TTL 电路而成为当前数字集成电路的主流产品。由于两种电路的逻辑功能基本相同,而特性、参数有很大的差别,所以掌握 TTL 电路的基本工作原理和使用知识非常必要,同时对 CMOS 电路的性能也应有相应的了解。

MOS 电路常常是由 PMOS 管(P 沟道金属氧化物场效应管)、NMOS 管(N 沟道金属氧化物场效应管)组成互补型电路。称 MOS 电路中的 PMOS 管和 NMOS 管为互补 MOS 管,互补型 MOS 集成电路,简称 CMOS 电路。CMOS 电路的工作速度可与 TTL 相比较,而它的功耗和抗干扰能力则远优于 TTL。此外,几乎所有的超大规模存储器件,以及 PLD 器件都采用 CMOS 工艺制造。

1. CMOS 非门电路

CMOS 非门电路(又称 CMOS 反相器)如图 6.4.1 所示。驱动管 VT_2 采用增强型 NMOS 管,负载管 VT_1 采用增强型 PMOS 管,它们制作在同一块硅片上。两管的栅极相连引出输入端 A,两管漏极相连引出输出端 L。它们的衬底均与各自的源极连接,电路为互补对称结构。

当输入端 A 为 1(约为 V_{DD})时,驱动管 VT_2 的栅源电压大于开启电压 V_T,故 VT_2 处于导通状态;而负载管 VT_1 栅源电压小于其开启开压 $|V_T|$,处于截止状态,故输出端 L 为 0。

当输入端 A 为 0(约为零状)时,VT_2 管截止,VT_1 管导通,这时输出端 L 为 1。

由上述可知,电路输入高电平时,输出低电平;输入低电平时,输出高电平。所以,电路实现了非的逻辑功能,即

$$L=\overline{A}$$

2. CMOS 与非门

CMOS 与非门电路如图 6.4.2 所示。驱动管 VT_1 和 VT_2 为增强型 NMOS 管,两者串联,负载管 VT_3 和 VT_4 为增强型 PMOS 管,两者并联。负载管整体与驱动管串联,而输入端 A、B 分别同时各控制一个 PMOS 管和一个 NMOS 管的栅极。L 端为输出端。

当 A、B 两个输入端全为 1 时,驱动管 VT_1 和 VT_2 都导通,而两个负载管 VT_3 和 VT_4 都处于截止状态,故输出端 L 为 0。当 A、B 两个输入端有一个或全为 0 时,则串联的驱动管必有一个或两个截止,而负载管必有一个或两个导通,因此,输出端 L 为 1。

根据以上分析可知,该电路具有"输入全 1 输出 0,输入有 0 输出 1"的逻辑关系,实现了与非的逻辑功能,即

$$L=\overline{AB}$$

3. CMOS 或非门电路

CMOS 或非门电路如图 6.4.3 所示。驱动管 VT_1 和 VT_2 为增强型 NMOS 管,两者并联,负载管 VT_3 和 VT_4 为增强型 PMOS 管,两者串联。A、B 为输入端,L 为输出端。

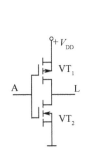
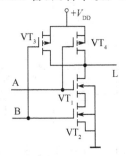
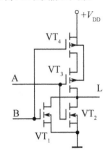

图 6.4.1　CMOS 非门电路　　图 6.4.2　CMOS 与非门电路　　图 6.4.3　CMOS 或非门电路

当 A、B 两个输入端全为 0 时,驱动管 VT_1 和 VT_2 都截止,而两个负载管 VT_3 和 VT_4 都处于导通状态,故输出端 L 为 1。当 A、B 两个输入端有一个或全为 1 时,则串联的驱动管必有一个或两个导通,而负载管必有一个或两个截止,因此,输出端 L 为 0。

根据以上分析可知,该电路具有"输入全 0 输出 1,输入有 1 输出 0"的逻辑关系,实现了与非的逻辑功能,即

$$L=\overline{A+B}$$

4. CMOS 电路的使用常识

目前,标准化、系列化的 CMOS 集成电路产品有 4000 系列、HC/HCT 系列、AHC/AHCT 系列、VHC/VHCT 系列、LVC 系列、ALVC 系列等。

CMOS 器件通常为单电源供电,而且电路对电源电压范围要求比较宽。最早的 CMOS 器件 4000B 系列的电源电压可以是 3~18V,但工作速度比较慢。后来推出的高速 CMOS 器件 74HC 系列电源电压为 2~6V,与 TTL 兼容的 74HCT 系列为 4.5~5.5V。先进的 CMOS 系列 74AHC/74AHCT 系列工作速度是 74HC/74HCT 的两倍。CMOS 器件发展至今,涌现出许多不同系列产品。各系列产品的参数也很多,对于设计者,比较重要的参数是速度和功耗。

因为 CMOS 集成电路输入阻抗高,容易受到静电或工作区域工频电磁场引入电荷的影响,而破坏电路的正常工作状态。因此,CMOS 集成电路应特别注意静电防护问题,且不论在什么条件下绝对不允许输入端悬空。

6.5 各种门电路的接口问题

TTL 和 CMOS 两种电路在具体应用中,可以根据传输延迟时间、功耗、噪声容限、带负载能力等要求来选择器件。有时需要将两种逻辑系列的器件混合使用,不同逻辑器件的电压和电流参数各不相同,因此需要采用接口转换电路。

接口转换电路一般要考虑以下因素:第一是逻辑门电路的扇出问题,即驱动器件必须能对负载器件提供足够的灌电流或者拉电流。第二是逻辑电平兼容性问题,驱动器件的输出电压必须满足负载器件所要求的高电平或者低电平的输入电压的范围。其余如噪声容限、输入和输出电容,以及开关速度等参数在某些设计中也必须予以考虑。

下面对 CMOS 电路与 TTL 电路的接口问题作简要讨论。

1. CMOS 门驱动 TTL 门

在 CMOS 电路供电电源为 +5V 时,两者的逻辑电平不需另加接口电路,仅需考虑电流匹配,即扇出系数即可,如图 6.5.1 所示。

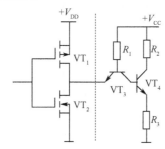

图 6.5.1　CMOS 门直接驱动 TTL 门

2. TTL 门驱动 CMOS 门

用 TTL 电路驱动 74HCT 系列 CMOS 电路时,由于高、低电平参数兼容,不需另加接口电路。当 74HC 系列 CMOS 为负载器件时,TTL 输出低电平参数与 74HC 的输入低电平参

数兼容,但是高电平参数不兼容。例如 74LS 系列的 $V_{OH(min)}$ 为 2.7V,而 74HC 系列的 $V_{IH(min)}$ 为 3.5V。为了解决这一矛盾,通常采用如图 6.5.2 所示的方法,在 TTL 的输出端与＋5V 电源之间接一个上拉电阻 R_P,上拉电阻的阻值取决于负载器件的数目,以及 TTL 和 CMOS 的电流参数。但须注意,如果 R_P 取值不太大,v_{o1} 将被提高至接近 V_{DD}。

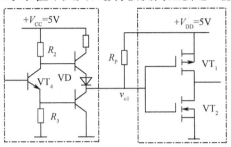

图 6.5.2　TTL 门驱动 74HC CMOS 门

由于 TTL 驱动 74HCT 系列 CMOS 时,不需另加接口电路。因此,在数字电路设计中,常用 74HCT 系列器件当作接口电路,以省去上拉电阻。

3. 低电压 CMOS 电路及接口

为减小功耗,CMOS 电路常采用低电源电压。另外,半导体制造工艺使晶体管尺寸越做越小,CMOS 的栅极与源极、栅极与漏极间的绝缘层越来越薄,不足以承受 5V 的电源电压,半导体厂家推出了供电电压为 3.3V、2.5V 和 1.8V 等一系列的低电压集成电路。

3.3V 供电电源的 CMOS 逻辑器件 74LVC 系列具有 5V 输入容限,即输入端可以承受 5V 输入电压,因此,可以与 HCT 系列 CMOS 或 TTL 系列直接接口。当 74LVC 系列驱动 HC 系列 CMOS 门时,高电平参数不满足,可以用上拉电阻、OD 门(相当于 TTLOC 门)或采用专门的逻辑电平转换器。

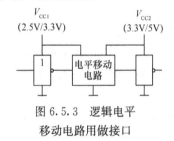

图 6.5.3　逻辑电平移动电路用做接口

2.5V 或 1.8V 供电电源的 CMOS 逻辑器件与其他系列的逻辑电路接口时,需要专用的逻辑电平转换电路,如 74ALVC164245 可用于不同 CMOS 系列或 TTL 系列之间的逻辑电平转移,它采用两种直流电源 V_{CC1} 和 V_{CC2},如图 6.5.3 所示。

6.6　数制及编码

6.6.1　数制

数制就是数的进位制,按照进位规律的不同,形成了不同进制的计数制式。

1. 十进制数

我们熟悉的计数制式是十进制(Decimal),十进制数是由 0、1、2、3、4、5、6、7、8、9 这 10 个不同的数码组成。其数是自左向右由高位到低位排列,计数规律是"逢十进一",即以 10 为基数的计数体制。

每一个十进制数码处于不同(数)位置时,所代表的数值是不同的。例如,十进制数 666,虽然三个数码都是 6,但左边的是百位数,它表示 600,即 6×10^2;中间一位是十位数,它表示 60,即 6×10^1;右边的一位为个位数,它表示 6,即 6×10^0,用数学式可表示为

$$(666)_{10}=6\times10^2+6\times10^1+6\times10^0$$

式中，10^2、10^1 和 10^0 分别为百位、十位和个位的"权"。由此可见，位数越高，权值越大，十进制数相邻高位权值是相邻低位权值的 10 倍。

上述十进制整数表示法，可扩展到表示小数，小数点右边各位数码的权值是基数 10 的负次幂，例如，十进制小数 0.142 可表示为

$$(0.142)_{10}=1\times10^{-1}+4\times10^{-2}+2\times10^{-3}$$

一般地说，任意十进制数 $(N)_{10}$ 可表示为

$$(N)_{10}=\sum_{-\infty}^{+\infty}K_i\times10^i \tag{6.5.1}$$

式(6.5.1)中，K_i 为基数 10 的第 i 次幂的系数，它可以是 $0\sim9$ 中的任一个数码。i 可以是 $-\infty\sim+\infty$ 之间的任意一个整数。

从计数电路的角度来看，采用十进制是不方便的。因为十进制的每个数码都应与电路状态对应，这在技术上、经济上都很难。

2. 二进制数

二进制(Binary)数是由 0 和 1 两个数码组成，与十进制数一样，自左向右由高位到低位排列，其计数规律是"逢二进一"，即以 2 为基数的计数体制。

这样，每一个数码处于不同位置时，所代表的权重不同，数值也就不同。例如，二进制数 10101 可表示为

$$(10101)_2=1\times2^4+0\times2^3+1\times2^2+0\times2^1+1\times2^0$$

式中，2^4、2^3、2^2、2^1、2^0 分别为相应位的"权"，相邻高位的权值是相邻低位权值的 2 倍。

同样，二进制数的表示法，也可扩展到表示小数，小数点右边各位数码的权值是基数 2 的负次幂。例如，二进制小数 0.1011 可表示为

$$(0.1011)_2=1\times2^{-1}+0\times2^{-2}+1\times2^{-3}+1\times2^{-4}$$

因此，任意二进制数 $(N)_2$ 可表示为

$$(N)_2=\sum_{i=-\infty}^{+\infty}K_i\times2^i \tag{6.5.2}$$

式(6.5.2)中，K_i 为基数 2 的 i 次幂的系数，它可以为 0 或为 1。i 为 $-\infty\sim+\infty$ 之间的任意整数。

3. 二进制数与十进制数之间的相互转换

（1）二进制数转换成十进制数

采用"乘权求和"法可以把二进制数转换成十进制数。即把二进制数按权展开，然后把所有各项的数值相加便可得到等值的十进制数值。

【例 6.1.1】试将二进制数 1010.101 转换成十进制数。

解

$$(1010.101)_2=(1\times2^3+0\times2^2+1\times2^1+0\times2^0+1\times2^{-1}+0\times2^{-2}+1\times2^{-3})_{10}$$
$$=(8+2+0.5+0.125)_{10}=(10.625)_{10}$$

（2）十进制数转换成二进制数

十进制数转换成二进制数时，可将十进制数的整数部分和小数部分分开，然后分别转换。对整数部分可采用"除 2 取余倒记法"，即对十进制整数逐次用 2 除，并依次记下余数，一直除

到商数为零。然后把全部余数,按相反的次序排列起来,就是等值的二进制整数;对小数部分可采用"乘 2 取整顺记"法,即对十进制小数逐次用 2 乘,并依次记下整数,一直乘到取整位数满足精度要求(即小数点后取几位)。然后把全部整数,按取整顺序排列起来,就是等值的二进制小数。最后将二进制形式的整数和小数相加,便得到相应十进制数所对应的二进制数。

【例 6.1.2】试将十进制数 13.86 转换成二进制数

解 首先将十进制数 13.86 分成整数 13 和小数 0.86。

整数转换采用除 2 取余倒记法,即小数转换采用乘 2 取整顺记法。

$$
\begin{array}{ll}
2\underline{\lfloor 13} \quad\text{余}1\!\uparrow\ \text{读} & 0.86\times2=1.72\ \text{取出}1\!\downarrow\ \text{读}\\
\quad 2\underline{\lfloor 6}\quad\text{余}0\ \text{数} & 0.72\times2=1.44\ \text{取出}1\ \text{数}\\
\quad\quad 2\underline{\lfloor 3}\quad\text{余}1\ \text{方} & 0.44\times2=0.88\ \text{取出}0\ \text{方}\\
\quad\quad\quad 2\underline{\lfloor 1}\quad\text{余}1\ \text{向} & 0.88\times2=1.76\ \text{取出}1\ \text{向}
\end{array}
$$

$(13)_{10}=(1101)_2$,$(0.86)_{10}\approx(0.1101)_2$,$(13.86)_{10}\approx(1101.1101)_2$

值得注意的是:十进制小数在乘 2 转换时有时存在着无限循环,需按设定误差取舍。

4. 八进制数与十六进制数

二进制数位数较多,书写和记忆不便,因而常用八进制(Octal)数和十六进制(Hexadecimal)数来表示二进制数。八进制数和十六进制数分别以 8 和 16 为基数,计数规律分别是"逢八进一"和"逢十六进一"。

八进制数采用 0、1、2、3、4、5、6、7 共 8 个不同的数码组成,而十六进制数采用 0、1、2、3、4、5、6、7、8、9、A、B、C、D、E、F 共 16 个不同的数码组成,它们的表示可仿照二进制数。每 1 位八进制数对应 3 位二进制数,每 1 位十六进制数对应 4 位二进制数。在二进制数与八进制数转换时,可将 3 位二进制数分为一组,对应 1 位八进制数,反之亦然;而二进制数与十六进制数转换时,可将 4 位二进制数与 1 位十六进制数对应。如:

$(10\ 011\ 100\ 101\ 101\ 001\ 000)_2=(2345510)_8=(1001\ 1100\ 1011\ 0100\ 1000)_2=(9CB48)_{16}$

6.6.2 编码

用十进制数来表示一种特定的编号就是编码,如邮政编码、电话号码等。数字系统中的信息可分为数值、文字符号两类,它们在计算机中也用二进制数码表示,这个特定的二进制数码称为代码,建立这种代码与十进制数值、字母、符号的一一对应的关系成为编码。

若所需编码的信息有 N 项,则所需的二进制数码的位数 n 应满足如下关系:

$$2^n\geqslant N$$

常用的编码有:二-十进制码(BCD 码),余 3 码,格雷码,美国信息交换标准代码(ASCII)等。部分编码的特点如表 6.6.1 所示。

表 6.6.1 常用的编码

$b_3b_2b_1b_0$ $2^3\,2^2\,2^1\,2^0$	自然 二进制码	BCD 码			格雷码 $G_3G_2G_1G_0$
		8421 码	5421 码	余 3 码	
0000	0	0	0		0000
0001	1	1	1		0001
0010	2	2	2		0011
0011	3	3	3	0	0010

$b_3 b_2 b_1 b_0$ $2^3 2^2 2^1 2^0$	自然二进制码	BCD 码			格雷码 $G_3 G_2 G_1 G_0$
		8421 码	5421 码	余 3 码	
0100	4	4	4	1	0110
0101	5	5		2	0111
0110	6	6		3	0101
0111	7	7		4	0100
1000	8	8	5	5	1100
1001	9	9	6	6	1101
1010	10		7	7	1111
1011	11		8	8	1110
1100	12		9	9	1010
1101	13				1011
1110	14				1001
1111	15				1000

1. BCD 码

十进制数有 0～9 共 10 个数码,要用 4 位二进制数才能表示 1 位十进制数,但 4 位二进制代码有 0000～1111 共 16 种状态,而 BCD 码只需 10 种状态,所以,必须选取其中 10 种状态作为 BCD 码。方案很多,通常是取 4 位二进制代码的前 10 种状态 0000～1001 表示 0～9 这 10 个数码,而去掉后面 6 种状态(1010～1111)。这时,4 位二进制代码各位具有的权从高位到低位依次为 8、4、2、1,故称为 8421 码。8421 码也称为 8421BCD 码。将各位代码乘权相加,即可得到该二进制代码所表示的十进制数。如 1001 所表示的十进制数是 8+0+0+1=9。

2. 格雷码

格雷码也是一种 BCD 码,但是它遵循另外两种特性。

(1) 循环特性

在两个二值代码中,不相同码位的位数称为这两个代码的距离,表 6.6.1 中 9 和 10 对应的两个代码分别为 1101 和 1111,仅次低位不同,它们之间的距离为 1。如果把格雷码中的第一个代码 0001 与最后一个代码 1000 也看作相邻的代码,那么各相邻两位代码之间的距离均为 1,故称它为单位距离码。这种特性又称为循环特性,具有循环特性的编码称为循环码。格雷码是一种循环码。

在数字电路中,由于循环码具有循环特性,当数值递增或递减时,将不会出现瞬变过程,从而提高了电路的抗干扰能力和可靠性,也有助于提高电路的工作速度。

(2) 反射特性

若以格雷码的最高位 0 和 1 的交界处为对称轴,处于轴对称位置的各对代码除最高位不同外,其余各位均相同,这一特点为反射特性。上述最高位称为反射位。有反射特性的编码称为反射码。格雷码是具有反射特性的循环码。这种编码的反射特性将有可能简化把代码变换回信息的译码电路。

3. 美国信息交换标准代码(ASCII)

ASCII 码的全称为 American Standard Code for Information Interchange。它是当前最常用的表示各种符号的编码方法,其部分代码如表 6.6.2 所示。图 6.6.1 左侧表示计算机键盘上若干个英文字母的键,如按下按钮开关 A,则编码器将输出 A 的 ASCII 代码 1000001,并经过并行到串行的变换电路,向计算机串行地输出这一代码。如果键入的符号为 C＝A＋B,则串行输出的二进制代码为 1000011　0101101　1000001　0111101　1000010。

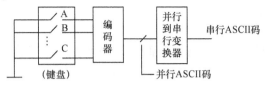

图 6.6.1　键盘及信号变换

表 6.6.2　键盘及信号变换

字符	ASCII 码	字符	ASCII 码	字符	ASCII 码
null	0100000	4	0110100	K	1001011
.	0101110	5	0110101	L	1001100
(	0101000	6	0110110	M	1001101
＋	0101011	7	0110111	N	1001110
$	0100100	8	0111000	O	1001111
＊	0101010	9	0111001	P	1010000
)	0101001	A	1000001	Q	1010001
—	0101101	B	1000010	R	1010010
/	0101111	C	1000011	S	1010011
,	0101100	D	1000100	T	1010100
'	0100111	E	1000101	U	1010101
=	0111101	F	1000110	V	1010110
0	0110000	G	1000111	W	1010111
1	0110001	H	1001000	X	1011000
2	0110010	I	1001001	Y	1011001
3	0110011	J	1001010	Z	1011010

4. 奇偶校验码

任何一个代码在其传输过程中均可能因受到干扰而发生错误,例如 1001 变成了 0001,这种与原信息不符的代码称为误码,为及时发现误码,甚至纠正发生在误码中的错误码位,普遍采用可靠性编码技术。仅可发现误码的编码方法称为检验码;不但可以发现误码而且可以纠正误码的编码方法称为纠错码。

奇偶校验码是在原代码的基础上增加一个码位(称为校验位、校验码或附加位),使各代码中含有 1 的个数均为奇数(称为奇校验)或偶数(称为偶校验),进而通过判别代码中含有 1 的奇偶性来决定代码的合法性。表 6.6.3 给出了 8421BCD 码变换而得的奇偶校验码。表中最高位是校验位。

表 6.6.3　奇偶校验码

十进制数	信息码	奇校验码	偶校验码
0	0000	10000	00000
1	0001	00001	10001
2	0010	00010	10010
3	0011	10011	00011
4	0100	00100	10100
5	0101	10101	00101
6	0110	10110	00110
7	0111	00111	10111
8	1000	01000	11000
9	1001	11001	01001

6.7 逻 辑 代 数

6.7.1 逻辑代数的概念

用来描述逻辑关系的数学方法称为逻辑代数,又称为布尔代数或开关代数,它是研究逻辑电路的数学工具。与普通代数类似,也是用字母 A、B、C……来表示变量,变量按一定的运算规则进行运算,并组成代数式,用 L(A,B,C,…)或 F(A,B,C,…)等表示,称为逻辑函数或逻辑代数。逻辑代数中的三种最基本的运算是:逻辑与,逻辑或,逻辑非。但逻辑代数与普通代数有本质上的区别:在逻辑代数中变量只有 0 和 1 两种取值,而且 0 和 1 不表示数量的大小,仅表示两种对立的逻辑状态,称为逻辑 0 和逻辑 1。

6.7.2 逻辑代数的基本定律、恒等式及常用公式

1. 基本定律

$$A+0=A \qquad A \cdot 0=0$$
$$A+1=1 \qquad A \cdot 1=A$$
$$A+A=A \qquad A \cdot A=A$$
$$A+\overline{A}=1 \qquad A \cdot \overline{A}=0$$
$$A=\overline{\overline{A}}$$

2. 运算规律

(1) 与普通代数相同的运算规律

交换律:$A+B=B+A \qquad AB=BA$

结合律:$A+(B+C)=(A+B)+C \qquad A(BC)=(AB)C$

分配律:乘法分配律 $A(B+C)=AB+AC$

加法分配律(普通代数中没有此规律)$A+BC=(A+B)(A+C)$

(2) 逻辑代数特殊运算规律

摩根定律: $$\overline{A+B}=\overline{A} \cdot \overline{B} \tag{6.7.1}$$
$$\overline{A \cdot B}=\overline{A}+\overline{B} \tag{6.7.2}$$

摩根定律是一个非常有用的定理,在化简函数和设计逻辑电路时,有着广泛的用途。摩根定律可以扩展到多个变量,即

$$\overline{A \cdot B \cdot C}=\overline{A}+\overline{B}+\overline{C}$$
$$\overline{A+B+C}=\overline{A} \cdot \overline{B} \cdot \overline{C}$$

上述基本定律和运算规律可直接利用真值表证明。对逻辑变量各种可能取值,若对应公式等号两边的值都相等,则等式成立。

例如,要证明摩根定律,列出真值表如表 6.7.1 所示。由表 6.7.1 可见

$$\overline{A+B}=\overline{A} \cdot \overline{B}$$
$$\overline{A \cdot B}=\overline{A}+\overline{B}$$

表 6.7.1　真值表

变　量		函　数　值			
A	B	$\overline{A \cdot B}$	$\overline{A+B}$	$\overline{A}+B$	$\overline{A} \cdot \overline{B}$
0	0	1	1	1	1
0	1	1	1	0	0
1	0	1	1	0	0
1	1	0	0	0	0

3. 常用公式

公式 1: $AB+A\overline{B}=A$

证明　　　　　　　　　　$AB+A\overline{B}=A(B+\overline{B})=A$

上式说明在一个与或表达式中,若两个与项中分别包含了互为反变量的数(B 和$\overline{B}$),而其他变量都相同,则可将这两个与项合并为一项,消去互为反变量的数,只保留公有变量。

公式 2: $A+AB=A$

证明　　　　　　　　　　$A+AB=A(1+B)=A$

上式说明在一个与或表达式中,如果一项(或者一个与项)是另一个与项的因子,则包含这个因子的与项是多余的。

公式 3: $A+\overline{A}B=A+B$

证明　　　　　　　　　　$A+\overline{A}B=(A+\overline{A})(A+B)$

上式说明在一个与或表达式中,如果一个与项的非是另一个与项的一个因子,则这个因子是多余的。公式 2、公式 3 又称为吸收律。

公式 4: $AB+\overline{A}C+BC=AB+\overline{A}C$

证明　　　　　　$\begin{aligned} AB+\overline{A}C+BC &=AB+\overline{A}C+BC(A+\overline{A}) \\ &=AB+\overline{A}C+ABC+\overline{A}BC \\ &=(AB+ABC)+(\overline{A}C+\overline{A}BC) \\ &=AB+\overline{A}C \end{aligned}$

推论: $AB+\overline{A}C+BCDEF=AB+\overline{A}C$

证明　从左往右变:

$$\begin{aligned} &AB+\overline{A}C+BCDEF \\ =&AB+\overline{A}C+BC+BCDEF \\ =&AB+\overline{A}C+BC \\ =&AB+\overline{A}C \end{aligned}$$

公式 4 及推论说明在一个与或表达式中,如果两个与项中,一项包含了原变量 A,另一项包含了反变量$\overline{A}$,而这两项其余的因子都是第三个与项的因子,则第三个与项是多余的。该项称为冗余项,公式 4 及推论称为冗余律。

4. 基本规则

（1）代入规则

在任何一个逻辑等式中,如果将等式两边的某变量 A 都用一个函数代替,则等式依然成立,这个规则称为代入规则。

例如,$B(A+C)=BA+BC$,则 $B[(A+D)+C]=B(A+D)+BC$。代入规则可以扩展所有定律的应用范围。

（2）反演规则

根据摩根定律，求一个逻辑函数 L 的反函数时，可将 L 中与变成或，或变成与；再将原变量换为反变量，反变量换为原变量；并将 1 变为 0，0 变为 1；则所得的逻辑函数就是 L 的反函数 $\overline{L}$。这个规则称为反演规则。

例如，$L=\overline{A}B+CD+0$，则 $\overline{L}=\overline{\overline{A}+\overline{B}}\cdot(\overline{C}+\overline{D})\cdot 1$

（3）对偶规则

一个逻辑函数 L 表达式中，若把与变成或，或变成与；1 变为 0，0 变为 1；则所得的逻辑函数就是 L 的对偶函数 L'。

例如，$L=(A+\overline{B})\cdot(A+C)$，则 $L'=A\cdot\overline{B}+A\cdot C$

一个等式成立，则它的对偶式也成立。

反演规则、对偶规则在应用时，一定要保持原来的运算顺序；对反变量以外的非号应保持不变。

6.8 逻辑函数的变换与化简

在逻辑代数中，将表示逻辑关系的表达式称为逻辑函数表达。写成一般形式为：L(A，B，C，…)。式中，A、B、C 为逻辑变量，当其取值确定以后，L 的值就确定，我们就称 L 是 A、B、C 的逻辑函数。

利用逻辑代数的公式和定律可以对逻辑函数进行恒等变换和化简。

6.8.1 逻辑函数的表达式

1. 逻辑函数不同形式的表达式

描述同一个逻辑关系的逻辑函数不是唯一的，它可以有多种不同形式的表达式。

例如
$$F=AB+\overline{A}C \qquad\qquad 与或表达式$$
$$=\overline{\overline{AB}\cdot\overline{\overline{A}C}} \qquad\qquad 与非-与非表达式$$
$$=(\overline{A}+B)(A+C) \qquad\qquad 或与表达式$$
$$=\overline{\overline{\overline{A}+B}+\overline{A+C}} \qquad\qquad 或非-或非表达式$$
$$=\overline{A\cdot\overline{B}+\overline{A}\cdot\overline{C}} \qquad\qquad 与或非表达式$$

2. 逻辑函数的最简表达式

在数字系统或电路中，逻辑函数的功能是要逻辑电路来实现的，逻辑电路是由逻辑门构成的，逻辑门电路用来实现逻辑表达式中的与、或、非运算。把逻辑门构成的图形称为逻辑图，它其实也是逻辑函数或逻辑功能的另一种表示方法。

理论上逻辑表达式越简单，需要的逻辑门数量就越少，与之对应的逻辑图就越简单，这样的逻辑电路就可以节省器件，降低成本。因此，必须使逻辑表达式简化为最简式。由于每种形式的逻辑表达式都可以转换与简化，因而逻辑函数的最简表达式的定义就不相同。其中与或表达式最常见，而且很容易利用逻辑代数的公式将其转换成其他形式的表达式，故我们以与或表达式为例说明最简式的定义。所谓最简与或表达式是指表达式中乘积项的个数最少，而且每个乘积项中变量的个数最少。

6.8.2 逻辑函数的公式法化简

逻辑函数常用化简方法有公式法和图形法。公式化简法就是利用逻辑代数的运算定律和公式对逻辑函数进行化简。在公式化简法中常采用下列方法。

（1）并项法

利用 $A+\bar{A}=1$ 公式，将两项合并为一项，消去一个变量。例如：

$$ABC+AB\bar{C}=AB(C+\bar{C})=AB$$

（2）吸收法

利用公式 $A+AB=A$，消去多余的项。例如：$A\bar{B}+A\bar{B}CD=A\bar{B}$

（3）消去法

利用公式 $A+\bar{A}B=A+B$，消去多余的因子。例如：$\bar{A}+AC=\bar{A}+C$

（4）配项法

利用公式 $A+\bar{A}=1$，将某一乘积项乘以 $A+\bar{A}$ 后，拆成两项，再与其他乘积项合并化简。例如：

$$AB+\bar{A}\,\bar{C}+B\bar{C}=AB+\bar{A}\,\bar{C}+B\bar{C}(A+\bar{A})$$
$$=AB+\bar{A}\,\bar{C}+AB\bar{C}+\bar{A}B\bar{C}$$
$$=AB+AB\bar{C}+\bar{A}\,\bar{C}+\bar{A}B\bar{C}$$
$$=AB+\bar{A}\,\bar{C}$$

公式化简法化简逻辑函数时常常综合运用上述方法。

【例 6.8.1】化简 $L=AD+A\bar{D}+A\bar{B}\bar{C}+\bar{B}C+B$

解
$$L=AD+A\bar{D}+A\overline{BC}+\bar{B}C+B$$
$$=A+A\overline{BC}+\bar{B}C+B$$
$$=A+B+C$$

【例 6.8.2】化简 $L=\overline{\overline{A\bar{B}}+\bar{C}}+A\cdot\overline{\bar{B}+C}+ABC$

解
$$L=\overline{\overline{A\bar{B}}+\bar{C}}+A\cdot\overline{\bar{B}+C}+ABC$$
$$=\overline{\overline{A\bar{B}}+\bar{C}}+A\,\overline{\bar{B}}+C+ABC$$
$$=A\bar{B}C+AB\bar{C}+ABC$$
$$=A\bar{B}C+AB\bar{C}+ABC+ABC$$
$$=(A\bar{B}C+ABC)+(AB\bar{C}+ABC)$$
$$=AC+AB$$

【例 6.8.3】化简　$L=AB+A\bar{C}+\bar{B}C+B\bar{C}+\bar{B}D+B\bar{D}+ADE(F+G)$

解
$$L=AB+A\bar{C}+\bar{B}C+B\bar{C}+\bar{B}D+B\bar{D}+ADE(F+G)$$
$$=A(B+\bar{C})+\bar{B}C+B\bar{C}+\bar{B}D+B\bar{D}+ADE(F+G)$$
$$=A\overline{\bar{B}\,C}+\bar{B}C+B\bar{C}+\bar{B}D+B\bar{D}+ADE(F+G)$$
$$=A+\bar{B}C+B\bar{C}+\bar{B}D+B\bar{D}+ADE(F+G)$$
$$=A+\bar{B}C+B\bar{C}+\bar{B}D+B\bar{D}$$
$$=A+\bar{B}C(D+\bar{D})+B\bar{C}+\bar{B}D+B\bar{D}(C+\bar{C})$$

$$= A + \overline{B}CD + \overline{B}C\overline{D} + B\overline{C} + \overline{B}D + BC\overline{D} + B\overline{C}\overline{D}$$
$$= A + (\overline{B}CD + \overline{B}D) + (\overline{B}C\overline{D} + BC\overline{D}) + (B\overline{C} + B\overline{C}\overline{D})$$
$$= A + \overline{B}D + C\overline{D} + B\overline{C}$$

由上述例题可见,公式化简法的优点是适合任意变量的逻辑函数化简。但由于逻辑函数的多样性,应用公式法化简并没有一套完整的步骤可以遵循,化简后的式子是否为最简也没有判断标准,不能直观判断。因此,用公式化简法,除了熟记公式外,只有通过多练习,积累经验,提高化简技巧。

6.8.3 逻辑函数的图形法化简

应用公式法化简逻辑函数在很大程度上取决于人们掌握和运用逻辑代数公式的熟练程度,以及积累的经验和技巧。逻辑函数即便能得到化简,在很多情况下也难以确定得到的结果是否为最简式。采用图形法化简就能克服这些问题,图形法化简是指利用卡诺图对逻辑函数化简的方法,它不需要特殊的技巧,只要遵循一定的规则就能比较简便地从卡诺图上得到逻辑函数的最简与或表达式,是一种较为标准化的逻辑函数化简方法。

1. 逻辑函数的最小项

(1) 最小项的定义

n 个变量 $X_1, X_2, \cdots, X_n$ 的最小项是 n 个变量的乘积,每个变量都以它的原变量或反变量的形式在乘积项中出现,且仅出现一次。

设 A、B、C 是三个逻辑变量,若按照最小项原则构成乘积项,便会得到 $\overline{A}\overline{B}\overline{C}$、$\overline{A}\overline{B}C$、$\overline{A}B\overline{C}$、$\overline{A}BC$、$A\overline{B}\overline{C}$、$A\overline{B}C$、$AB\overline{C}$、$ABC$ 8 个乘积项,这 8 个乘积项就称为变量 A、B、C 的最小项。不符合上述原则构成的乘积项,如 $A\overline{B}$、$ABC\overline{C}$ 等都不能称为最小项。显然,三个变量共有 2^3 个最小项。对 n 个变量来说,共有 2^n 个最小项。

(2) 最小项的性质

对上述三个变量的最小项进行分析,可看出最小项具有下列性质:

① 对任意一个最小项,只有一组变量取值使之值为 1;不同的最小项,使它的值为 1 变量取值也不同。

② 对于变量的任一组取值,任意两个最小项乘积为 0;而所有最小项的和为 1。

(3) 最小项的表示

为了叙述和书写方便,通常都用 m 表示最小项,并将最小项加以编号,编号的方法是:使最小项值等于 1 对应的变量取值当作二进制数,其对应的十进制数就是该最小项的编号。例如,$\overline{A}\overline{B}\overline{C}$ 使其值等于 1,对应变量的取值是 000,相当于十进制数 0,所以它的编号是 0,记作 m_0;$\overline{A}BC$ 使其值等于 1,对应变量的取值是 011,相当于十进制数 3,所以它的编号是 3,记作 m_3;其余类推。

在逻辑代数中,任何逻辑函数都可以表示成最小项之和的形式,称为最小项表达式。为了求得逻辑函数最小项表达式,首先应将逻辑函数转换成与或表达式,然后对与或表达式中缺少变量的乘积项配项,直到每个乘积项都成为最小项。

【例 6.8.4】将 $L = \overline{(AB + \overline{A}\overline{B} + \overline{C})\overline{AB}}$ 展开成最小项表达式

解

$$L = \overline{(AB + \overline{A}\,\overline{B} + \overline{C})\overline{AB}}$$

$$=\overline{AB+\overline{A}\ \overline{B}+\overline{C}}+AB$$
$$=\overline{AB}\cdot\overline{\overline{A}\ \overline{B}}\cdot C+AB$$
$$=(\overline{A}+\overline{B})(A+B)C+AB$$
$$=\overline{A}BC+A\overline{B}C+AB(C+\overline{C})$$
$$=\overline{A}BC+A\overline{B}C+AB\overline{C}+ABC$$

它常写成下列形式：$L=m_3+m_5+m_6+m_7=\sum m(3,5,6,7)$

2. 卡诺图及其画法

为了便于化简，把逻辑函数的所有最小项用图形即小方格表示。小方格在排列时，应使几何位置相邻的小方格，在逻辑上也是相邻的。所谓逻辑相邻，是指两个小方格所表示的最小项只有一个因子互为反变量即互补，而其余因子相同。按照这种相邻性原则排列的最小项方格图称为卡诺图。图 6.8.1 所示，分别是二、三、四变量的卡诺图。

因为 n 个变量的逻辑函数，有 2^n 个最小项。因此，相对应的卡诺图应有 2^n 个方格。所以，二、三、四变量卡诺图分别有 4、8、16 个方格，每个方格对应一个最小项。方格中的十进制数字是最小项的编号，也是卡诺图中方格的编号。在方格图外面标出了行和列各变量的取值。例如，三变量卡诺图中的 1 号方格，行变量 A 取值是 0，列变量 B、C 取值是 0、1，因此，1 号方格对应变量 A、B、C 的取值是 001，它对应的最小项是 $\overline{A}\overline{B}C$ 又如，四变量卡诺图中的 7 号方格，对应变量 A、B、C、D 的取值是 0111，它对应的最小项是 $\overline{A}BCD$。因此，卡诺图中方格及其编号与最小项是一一对应的。

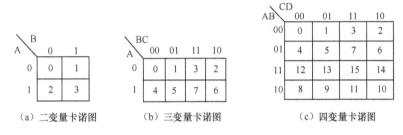

（a）二变量卡诺图　　（b）三变量卡诺图　　（c）四变量卡诺图

图 6.8.1　二、三、四变量的卡诺图

在卡诺图中必须保证几何位置相邻的方格对应的最小项，具有逻辑相邻性。为此，卡诺图中行和列变量的取值必须按 00、01、11、10 的顺序排列。

需要注意的是，卡诺图中同一行的最左和最右方格，同一列的最上和最下方格也是逻辑相邻的，即具有循环邻接的特性。由此可知，4 个角的方格也是逻辑相邻的。依照同样方法，可以画出五变量以上卡诺图。但因变量增多，卡诺图变得复杂，故应用较少。

3. 逻辑函数的卡诺图表示方法

任何逻辑函数都可以用卡诺图表示，其基本方法是：根据逻辑函数表达式中含有的变量数，画出相应变量卡诺图，然后，对应于逻辑函数表达式中所包含的每一个最小项，在卡诺图对应编号的小方格中填 1，无对应项的方格填 0 或不填。所得结果即为该逻辑函数的卡诺图。

【例 6.8.5】用卡诺图表示逻辑函数 $L(A,B,C,D)=\sum m(2,5,7,8,9)$

解　该逻辑函数含有 4 个变量，应画四变量卡诺图。

因为给出的逻辑函数是最小项表达式，可直接在对应于编号为 2、5、7、8、9 最小项的方格中填 1，得该逻辑函数的卡诺图如图 6.8.2 所示。

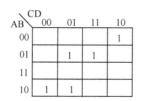

图 6.8.2　例 6.8.5 卡诺图

【例 6.8.6】画出 $L(A、B、C)=AB+\overline{A}BC+\overline{A}\overline{B}C$ 的卡诺图

解　该逻辑函数含有三个变量,画三变量卡诺图。

将 $L(A、B、C)$ 逻辑表达式转换成最小项表达式,即

$$L(A、B、C)=AB+\overline{A}BC+\overline{A}\overline{B}C$$
$$=AB(C+\overline{C})+\overline{A}BC+\overline{A}\overline{B}C$$
$$=ABC+AB\overline{C}+\overline{A}BC+\overline{A}\overline{B}C$$
$$=m_7+m_6+m_3+m_1$$

然后,在与最小项 m_7,m_6,m_3,m_1 对应的方格中填入 1,便得到所求的逻辑函数卡诺图如图 6.8.3 所示。

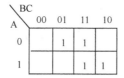

图 6.8.3　例 6.8.6 卡诺图

【例 6.8.7】画出 $L(A,B,C)=A+BC+C\overline{\overline{A}+B}$ 的卡诺图

解　已知逻辑函数含三个变量,应画出三变量卡诺图,如图 6.8.4(a)所示。要画出表示该逻辑函数的卡诺图,除了可以采用将逻辑表达式转换成最小项表达式,再填入卡诺图的方法外,还可以采用不转换成最小项表达式而直接填入卡诺图的方法。这种方法就是将逻辑表达式中的每个乘积项包含的全部最小项所对应的方格都填上 1。

如乘积项 A,在三变量卡诺图中它包含的全部最小项为

$$A(B+\overline{B})(C+\overline{C})=A\overline{B}\overline{C}+A\overline{B}C+AB\overline{C}+ABC$$
$$=m_4+m_5+m_6+m_7$$

可在对应的方格中填 1,如图 6.8.4(a)所示。由图看出乘积项 A 包含的全部最小项,实际上就是变量 A=1 的所有最小项。由此给我们一个启发,要将乘积项 A 填入卡诺图,只要把变量 A=1 对应的方格全部填 1 即可。

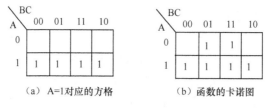

(a)　A=1 对应的方格　　　　(b)　函数的卡诺图

图 6.8.4　例 6.8.7 的卡诺图

同理,将乘积项 BC 填入卡诺图,只要将变量 B=1、C=1 对应的方格全部填 1,这时,编号为 m_7 的方格填 1 有重叠,由于逻辑函数 $L(A、B、C)$ 为各乘积项逻辑加,即有 1+1=1。至于

乘积项 $C\overline{A+B}$，可利用摩根定律进行转换，即 $C\overline{A+B}=\overline{ABC}=m_1$。然后，在卡诺图中对应的方格填 1。由此得到该逻辑函数的卡诺图如图 6.8.4(b) 所示。

4. 逻辑函数的卡诺图化简

卡诺图化简逻辑函数的依据是它的逻辑相邻性，即几何位置相邻小方格对应的最小项只有一个因子互补，利用求和可消去互补变量，实现化简。例如，具有逻辑相邻性的最小项 ABC、$AB\overline{C}$，利用求和，即 $ABC+AB\overline{C}=AB(C+\overline{C})=AB$ 实现化简。这个化简过程实际上就是合并最小项的过程。

由此例看出，两个相邻的最小项可合并成一项，并消去一个互补变量。同理，4 个相邻的最小项也可合并成一项，消去两个互补变量，8 个相邻的最小项同样可合并成一项，消去三个互补变量。根据上述合并最小项的原则，卡诺图化简逻辑函数的步骤：

① 画出表示逻辑函数的卡诺图；

② 画包围圈合并最小项。画包围圈的原则是：

a. 每个包围圈包围填 1 的方格数应尽可能多，但必须相邻且为 2^n（n 为 0 或正整数）个，即 1、2、4、8、16 个方格。

b. 卡诺图中所有填 1 的方格都应至少被圈过一次，不能漏圈。若某填 1 方格不能与相邻方格组成包围圈，则要单独画圈。

c. 每个包围圈中应至少保证有一个填 1 的方格未被圈过两次，否则包围圈就重复多余了。

③ 将各包围圈合并最小项的结果逻辑加，便得到最简与或表达式。

注意： 在写包围圈的与项表达式时，对应 1 写原变量，对应 0 写反变量。0 到 1 或 1 到 0 的变量被消去。

【例 6.8.8】 用卡诺图化简逻辑函数 $L(A,B,C,D)=\sum m(0,2,5,7,8,10,12,13,14,15)$。

解 ① 依照用卡诺图表示逻辑函数的方法，画出该逻辑函数卡诺图，如图 6.8.5 所示。

② 画包围圈合并最小项。见图 6.8.5 中所示。

③ 写出各包围圈合并最小项结果进行逻辑加，得最简逻辑表达式：

$$L(A,B,C,D)=A\overline{D}+B\overline{D}+BD$$

【例 6.8.9】 试用卡诺图化简 $L(A、B、C、D)=\overline{A}B\overline{C}+\overline{\overline{BCD}(C+\overline{D})}+\overline{A}BC\overline{D}$。

解 ① 首先将逻辑表达式转换成与或表达式，即

$$L(A、B、C、D)=\overline{A}B\overline{C}+\overline{\overline{BCD}(C+\overline{D})}+\overline{A}BC\overline{D}$$

$$=\overline{A}B\overline{C}+BCD+\overline{(C+\overline{D})}+\overline{A}BC\overline{D}=\overline{A}B\overline{C}+BCD+C\overline{D}+\overline{A}BC\overline{D}$$

然后，依照用卡诺图表示逻辑函数的方法，画出该逻辑函数的卡诺图，如图 6.8.6 所示。

② 画包围圈合并最小项，见图 6.8.6 中所示。

③ 写出各包围圈合并最小项的结果进行逻辑加，

得最简逻辑表达式 $\quad L(A,B,C,D)=\overline{A}B\overline{C}+C\overline{D}+BD+\overline{A}BC\overline{D}$

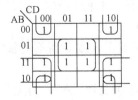

图 6.8.5 例 6.8.8 卡诺图及包围圈

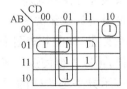

图 6.8.6 例 6.8.9 卡诺图及包围圈

上面我们讨论的用卡诺图化简函数的方法,得到的是函数的最简与或式。实际上借助卡诺图化简函数,我们还可以得到函数的最简或与式。

具体步骤是:

① 画出表示逻辑函数的卡诺图;

② 画圈 0 包围圈。画圈 0 包围圈的原则是:

a. 每个包围圈包围 0 的方格数应尽可能多,但必须相邻且为 2^n(n 为 0 或正整数)个,即 1、2、4、8、16 个方格。

b. 卡诺图中所有填 0 的方格都应至少被圈过一次,不能漏圈。若某填 0 方格不能与相邻方格组成包围圈,则要单独画圈。

c. 每个包围圈中应至少保证有一个填 0 的方格未被圈过两次,否则包围圈就重复多余了。

③ 写出每个圈 0 包围圈对应的或项表达式,把所有圈 0 包围圈对应的或项表达式相乘便得到函数最简或与表达式。

注意:在写圈 0 包围圈的或项表达式时,对应 0 写原变量,对应 1 写反变量。0 到 1 或 1 到 0 的变量被消去。

【例 6.8.10】用卡诺图化简逻辑函数 $L(A,B,C,D)=\sum m(0,2,5,7,8,10,12,13,14,15)$

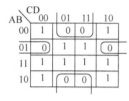

图 6.8.7　卡诺图及包围圈

解　① 依照用卡诺图表示逻辑函数的方法,画出该逻辑函数卡诺图,如图 6.8.7 所示。

② 画圈 0 包围圈,见图 6.8.7。

③ 写出各圈 0 包围圈求项表达式并相乘,得最简或与逻辑表达式。

$$L(A,B,C,D)=(B+\overline{D})(A+\overline{B}+D)$$

逻辑函数用卡诺图化简成或与表示式,对应的是对该函数的反函数用卡诺图化简成与或表示式。

5. 具有无关项的逻辑函数的化简

在实际应用中,经常会遇到这样的问题,即输入变量的取值不是任意的,函数变量的某些取值根本不会出现,或者不允许出现。我们把对输入变量取值所加的限制称为约束。由于每一组输入变量的取值都是一个,而且仅有一个最小项的值为 1,所以当限制某些输入变量的取值不能出现时,可以用它们对应的最小项恒等于 0 来表示,这些恒等于 0 的最小项称为约束项。在存在约束项的情况下,由于约束项的值始终等于 0,所以既可以将约束项写进逻辑函数式中,也可以将约束项从函数式中删掉,而不会影响函数值。

有时还会遇到另外一种情况,就是输入变量在某些取值下函数值是 1 还是 0 皆可,并不影响电路的功能,我们称这些函数组合对应的最小项为任意项。

我们将约束项和任意项统称为逻辑函数式中的无关项。这里所说的"无关"是指是否把这些最小项写入逻辑函数式无关紧要,可以写入也可以删除。

无关项的意义在于,在卡诺图中可以随意的将它的值当作 1 或 0 而不会影响逻辑函数的值。具体取何值,可以根据使逻辑函数得到最简化而定。

无关项的表示方法是这样的,假定某逻辑函数的最小项 $\overline{A}BC$、$AB\overline{C}$ 为无关项,则可用数学式表示为 $\sum d(3,6)$。式中,d 表示无关项,表明编号为 3、6 的最小项为无关项。具有无关项的逻辑函数则称为具有无关项的逻辑函数。在卡诺图中常用"×"表示无关项,在真值表中无关项的函数值也用"×"表示。表明它的值可取 1 或取 0。

在化简具有无关项的逻辑函数时,如果充分利用无关项条件,则可获得更为简化的逻辑表达式。

【例 6.8.11】 试用卡诺图化简逻辑函数

$$L(A,B,C,D)=\sum m(1,2,5,6,9)+\sum d(10,11,12,13,14,15)$$

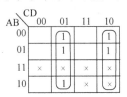

图 6.8.8　卡诺图及包围圈

解　首先根据逻辑表达式画出四变量卡诺图,在编号为 m_1、m_2、m_5、m_6、m_9 的小方格中填上 1,在编号为 $m_{10}\sim m_{15}$ 的小方格中填上"×",如图 6.8.8 所示。"×"的值可当作 1,也可当作 0,视对化简有利而定。从卡诺图上看可将 m_{13} 和 m_{10}、m_{14} 的值当作 1,分别画入两个包围圈内,由此可得最简逻辑表达式为 $L=\overline{C}D+C\overline{D}$。

由此例可见,在利用卡诺图化简具有无关项的逻辑函数时,只要某无关项能和其他填 1 的方格组成较大包围圈时,其值一定取 1,而其余无关项则取 0,这样才能实现化简结果为最简。

本 章 小 结

(1) 数字电路最基本的逻辑关系是与、或、非,实现这些逻辑关系的电路是与门、或门和非门,数字电路中实际常常用到与非、或非门、异或门等复合逻辑门。

(2) 集成门电路中最常见的是 TTL 门电路和 CMOS 门电路。TTL 门电路发展早,驱动能力较强,工作速度快,但功耗大,输入电阻小,主要有 74LS 系列,在中小规模电路中应用较多。近年来应用较多的是 CMOS 集成门电路,它的功耗和抗干扰能力远优于 TTL 电路,几乎所有的超大规模存储器件,以及 PLD 器件都采用 CMOS 工艺制造,费用低。

(3) TTL 门电路和 CMOS 门电路除了常用的与非门、或非门、同或门、异或门之外,还有集电极开路与非门(OC 门)、三态门等特殊的逻辑门。

(4) 由于数字电路中器件工作在开关状态,数字电路采用二进制的数制方式。为了使用方便,还有八进制和十六进制。用二进制数编码,有很多种方案。对十进制数的编码是 BCD码,最常用的是 8421BCD 码。

(5) 逻辑代数是数字电路分析和设计的工具。逻辑电路可由逻辑函数表示,还可以真值表、卡诺图的方法呈现,它们之间可以相互转换。

(6) 逻辑代数有一些基本定律、运算规律、常用公式和三个基本规则,使用这些定律、规律、公式和规则,可以对逻辑函数进行简化或变化,以便得到最简单的或所需的逻辑关系,实现数字电路设计的最简化。

(7) 逻辑函数有最小项的表达式,逻辑函数的化简最常用的是公式法和卡诺图法。运用卡诺图可实现对逻辑函数标准化简化。

(8) 借助于逻辑代数和卡诺图,可以将逻辑函数表达式进行变换,用基本逻辑门或集成逻辑门组成复杂的逻辑电路,实现各种逻辑功能。

思考题与习题

6.1 试列出三输入端与门、或门、与非门、或非门的真值表。画出它们的逻辑符号,写出相应的逻辑表达式。

6.2 对应图题6.2示各总种输入波形,试分别画出输出 L 的波形。

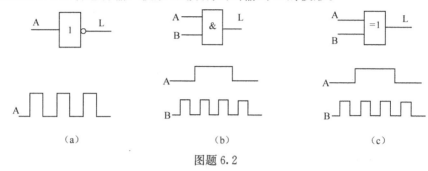

图题 6.2

6.3 改正图题6.3所示 TTL 电路中的错误。

6.4 试说明能否将"与非"门、"或非"门、"异或"门当作反相器使用,如果可以,各输入端应如何连接?

6.5 试说明在下列情况下,用万用表测量图题6.5中 V_{i2} 端得到电压各多少?已知电路为 TTL 的电路。(1) V_{i1}悬空;(2) V_{i1}接高电平(3.6V);(3) V_{i1}经 100Ω 电阻接低地。

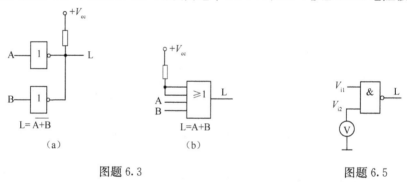

图题 6.3   图题 6.5

6.6 试分析 CMOS 或非门电路输入端接大电阻(如 510kΩ)到地和输入端接小电阻(510Ω)到地时,输入电平是高还是低?

6.7 电路如图题6.7所示其中 $V_{OH}=3.6V$,$V_{OL}=0.3V$,输入波形如图所示,试定量画出 V_{O1} 和 V_{O2} 的波形。

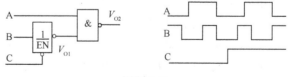

图题 6.7

6.8 CMOS 门电路采用如图题6.8所示的方法扩展输入端,试分析电路的逻辑功能,并写出 L 的表达式。

6.9 上题中所述的扩展输入端的方法是否可用于 TTL 电路,为什么?

6.10 试写出图题6.10所示电路的输出表达式。

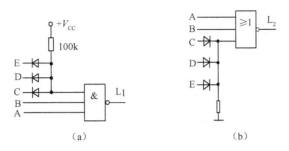

图题 6.8

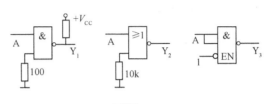

图题 6.10

6.11 试分析图题 6.11 示数据双向传输电路的原理。

6.12 试分析图题 6.12 所示电路,画出输出波形。

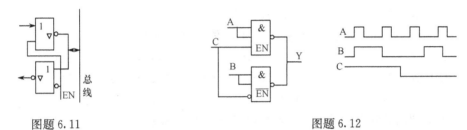

图题 6.11   图题 6.12

6.13 将下列二进制数转换为十进制数。

    (1) $(110010111)_2$ (2) $(101011.1101)_2$

6.14 将下列十进制数转换为二进制数。

    (1) $(45)_{10}$ (2) $(63.92)_{10}$

6.15 用逻辑代数公式证明下列等式。

    (1) $ABC+\overline{A}+\overline{B}+\overline{C}=1$

    (2) $\overline{A}\,\overline{B}+A\,\overline{B}+\overline{A}B=\overline{B}+\overline{A}$

    (3) $AB+\overline{A}\,\overline{B}=\overline{\overline{A}B+A\,\overline{B}}$

6.16 试用公式法化简下列函数。

    (1) $L=A(\overline{A}+B)+B(B+C)+B$

    (2) $L=(\overline{A}+\overline{B}+\overline{C})(B+\overline{B}+C)(C+\overline{B}+\overline{C})$

    (3) $L=(A+AB+ABC)(A+B+C)$

    (4) $L=\overline{CD+\overline{C}\,\overline{D}}\cdot\overline{AC+\overline{D}}$

    (5) $L=\overline{\overline{BC}+AB+A\,\overline{C}}$

6.17 分别写出下列各函数的反演和对偶表达式。

    (1) $L=AB+\overline{A}C+B\,\overline{C}$ (2) $L=\overline{\overline{ABD}+\overline{ABC}+B\,\overline{CD}}$

6.18 分别写出下列函数的或与、与非一与非、与或非表达式。

$$L=AD+B\bar{D}+\bar{C}$$

6.19 用图形化简法将下列函数化简为最简与或表达式。

(1) $L(A,B,C)=\sum m(0,1,2,5)$

(2) $L(A,B,C,D)=\sum m(0,4,6,8,10,12,14)$

(3) $L(A,B,C,D)=\sum m(0,2,5,7,8,10,13,15)$

6.20 用图形化简法将下列函数化简成最简与或表达式。

(1) $L=\bar{A}\bar{C}D+\bar{A}B\bar{D}+ABD+A\bar{C}\bar{D}$

(2) $L=\bar{A}\bar{B}C+AD+B\bar{D}+C\bar{D}+A\bar{C}+\bar{A}\bar{D}$

(3) $L=(\bar{A}\bar{B}+B\bar{D})\bar{C}+BD\overline{\bar{A}\bar{C}}+\bar{D}\overline{\bar{A}+\bar{B}}$

6.21 写出下列函数的最小项表达式。

(1) $L=AB+\bar{A}C+B\bar{C}$

(2) $L=AC+\bar{B}+\bar{C}$

(3) $L=AD+B\bar{D}+\bar{C}$

6.22 画出下列逻辑函数的卡诺图。

(1) $L=(A+B)C$

(2) $L=A\bar{B}+B\bar{C}+C\bar{A}$

(3) $L(A,B,C,D)=\sum m(0,3,5,8,11,13,14)$

6.23 用图形法将下列具有约束条件 $\sum d$ 的函数化简成与或式。

(1) $L(A,B,C,D)=\sum m(0,1,2,3,6,8)+\sum d(10,11,12,13,14,15)$

(2) $L(A,B,C,D)=\sum m(0,2,4,5,7,13)+\sum d(8,9,10,11,14,15)$

(3) $L(A,B,C,D)=\sum m(1,2,4,12,14)+\sum d(5,6,7,8,9,10)$

6.24 将下列函数分别写成与非—与非和或非—或非的表示式。

(1) $L=AB+\bar{A}C$

(2) $L=A(B+C)$

(3) $L=A\bar{B}+A\bar{C}+\bar{A}BC$

6.25 如图题 6.25 所示为逻辑函数的卡诺图，试写出函数的最简与或表达式和最小项表达式。

6.26 如图题 6.26 所示为逻辑函数的卡诺图，试写出函数的最简与或表达式和最小项表达式。

A \ BC	00	01	11	10
0	1			1
1		1	1	

图题 6.25

AB \ CD	00	01	11	10
00	1		1	1
01	1			
11	1	1		1
10	1		1	1

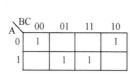

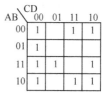

图题 6.26

第7章　组合逻辑电路

第6章介绍的逻辑代数知识,是数字电路的基本分析和设计工具;与门、或门、非门等逻辑门电路,是数字电路的基本单元。将这些逻辑门电路按一定规律组合起来,就可以构成实现各种功能的逻辑电路。运用逻辑代数的知识可以对其进行分析,还能按照使用的要求设计各种逻辑电路。按照逻辑电路的功能及其特点,数字电路通常分为组合逻辑电路和时序逻辑电路。本章讨论组合逻辑电路及相关基础知识。

7.1　组合逻辑电路的分析和设计

7.1.1　组合逻辑电路的概念

任何时刻,电路的输出状态仅由同一时刻各输入状态的组合决定,则这类逻辑电路称为组合逻辑电路。组合逻辑电路的结构框图如图7.1.1所示。它可用如下的逻辑函数来描述,即

$$L_i = f_i(A_1, A_2, \cdots, A_n)$$

式中,$L_1, L_2, \cdots, L_m$ 表示不同的输出;$A_1, A_2, \cdots, A_n$ 为输入变量。组合逻辑电路的特点:

(1) 电路中不包含具有记忆功能的器件;

(2) 输出与输入之间无反馈;

(3) 电路结构简单,通常由各种逻辑门电路组合而成。

图7.1.1　组合逻辑电路的结构框图

7.1.2　组合逻辑电路的分析

逻辑电路就是用逻辑符号表示的逻辑图。所谓组合逻辑电路的分析,就是根据给定的逻辑电路,写出其逻辑表达式,分析它的逻辑功能。分析组合逻辑电路可按下述步骤进行:

(1) 由逻辑图写出逻辑表达式。通常从输入端开始,依次逐级写出各个门电路或器件的逻辑表达式,最后写出输出端的逻辑表达式。

(2) 化简逻辑表达式。采用公式法或图形法均可,最终要写出最简逻辑表达式。

(3) 依最简逻辑表达式列写真值表。

(4) 根据最简逻辑表达式或真值表,分析其逻辑功能[若由最简逻辑表达式能看出电路功能,则步骤(3)可以省略]。

【例7.1.1】分析图7.1.2所示逻辑电路的逻辑功能。

解　(1) 由逻辑图写出逻辑表达式:$L = \overline{\overline{\overline{A}\,\overline{B}}\,\overline{AB}}$

(2) 化简：$L = \overline{\overline{\overline{A}\,\overline{B}}\,\overline{AB}} = \overline{A}\,\overline{B} + AB$

(3) 列写真值表:依据最简逻辑表达式列出真值表如表7.1.1所示。

(4) 分析逻辑功能

由真值表可见,该逻辑电路功能是"输入相同输出1,输入相异输出0",正好与异或功能相

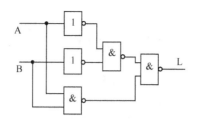

图 7.1.2　例 7.1.1 逻辑电路

反,称为同或逻辑,记为 $L=A\odot B$ 或者称为异或非逻辑,记为 $L=\overline{A\oplus B}$。实现同或逻辑关系的逻辑门称为同或门,同或门的逻辑符号如图 7.1.3 所示。

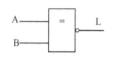

图 7.1.3　同或门的逻辑符号

表 7.1.1　电路真值表

输入		输出
A	B	L
0	0	1
0	1	0
1	0	0
1	1	1

7.1.3　组合逻辑电路的设计

所谓组合逻辑电路的设计,就是根据实际工程的逻辑功能要求,设计出实现该要求的逻辑电路。一般组合逻辑电路的设计步骤如下:

(1) 分析实际工程要求,设定输入、输出变量,进行逻辑赋值。

(2) 根据逻辑功能要求列出真值表。

(3) 根据真值表写出逻辑表达式。

根据真值表写出与或逻辑表达式的方法是:观察真值表,输出函数值为 1 则对应一项乘积项;即输出函数值为 1,若对应的输入变量值为 1 时取原变量,变量值为 0 时则取反变量,写出该乘积项。把所有输出函数值为 1 的乘积项相加,可得到函数与或逻辑表达式。

逻辑表达式也可写成或转换为其他形式,实现不同形式逻辑表达式电路使用的逻辑门不同。

(4) 选择器件,化简或变换逻辑表达式。

(5) 画出逻辑电路图。

【例 7.1.2】设计一个三人表决电路,多数赞成时,议案能够通过,否则,不能通过。

解　(1) 根据逻辑要求设定逻辑变量、列出真值表:设 A、B、C 为参加表决的三人,其取值为 1 表示赞成,取值为 0 表示不赞成。表决结果用 L 表示,若多数赞成,则 $L=1$,表示议案通过;否则 $L=0$,表示议案没有通过。列出真值表如表 7.1.2 所示。

(2) 由真值表写出逻辑表达式:可先写出函数值 $L=1$ 对应输入变量表达式;然后逻辑加,即

$$L=\overline{A}BC+A\overline{B}C+AB\overline{C}+ABC$$

(3) 化简逻辑表达式:可采用图形法化简:画出卡诺图如图 7.1.4 所示,求得最简逻辑表达式为

$$L=BC+AC+AB$$

156

表 7.1.2　三人表决真值表

A	B	C	L
0	0	0	0
0	0	1	0
0	1	0	0
0	1	1	1
1	0	0	0
1	0	1	1
1	1	0	1
1	1	1	1

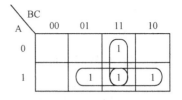

图 7.1.4　卡诺图化简

也可采用公式法化简：

$$L = \overline{A}BC + A\overline{B}C + AB\overline{C} + ABC$$
$$= \overline{A}BC + A\overline{B}C + AB\overline{C} + ABC + ABC + ABC$$
$$= BC(\overline{A} + A) + AC(\overline{B} + B) + AB(\overline{C} + C)$$
$$= BC + AC + AB$$

（4）由最简逻辑表达式画出逻辑图，如图 7.1.5 所示。逻辑表达式中的与、或运算，分别选用与、或门实现。

图 7.1.5 逻辑电路需用与门和或门两种基本逻辑门组成，而工程上大量使用的是与非门。当采用与非门实现上述逻辑功能时，需将与或逻辑表达式转换成与非一与非表达式。表达式转换可采用二次求非及德·摩根定律实现，即

$$L = BC + AC + AB$$
$$= \overline{\overline{BC + AC + AB}}$$
$$= \overline{\overline{BC} \cdot \overline{AC} \cdot \overline{AB}}$$

由该式便可画出用与非门实现的三人表决逻辑电路，如图 7.1.6 所示。

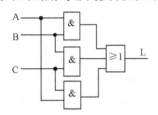
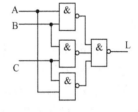

图 7.1.5　三人表决逻辑电路图　　图 7.1.6　用与非门实现的三人表决逻辑图

门电路是组合逻辑电路的基本单元，用逻辑门设计组合逻辑电路的关键是建立和化简逻辑表达式，以便用最少的门电路来实现所需逻辑功能。随着集成技术的发展，目前的电路设计主要采用中规模、大规模集成芯片来实现。因此，设计思想和方法有所变化，关键在于根据具体情况，选择合适的芯片，尽可能地减少所用集成器件的数量和种类，减少连线，提高可靠性。

下面介绍几种常用中规模集成组合逻辑器件，不仅是为了熟悉和掌握相应集成器件的功能、使用方法，也是为了进一步学习和掌握组合逻辑电路的分析方法和设计方法，从而建立用中规模集成组合器件设计组合电路的思想。

7.2 常用组合逻辑电路

7.2.1 加法器

在数字电路中,常需要对两个数进行加、减、乘、除算术运算,目前这些运算在数字计算机中都是化作若干步加法运算进行的。因此,加法运算是最基本的运算。完成加法运算的逻辑电路称为加法器,加法器是构成算术运算器的基本单元。

加法器有半加器和全加器之分,如$(1011)_2+(0011)_2$中最低位$1+1$与次低位$\mathbf{1+1}$的相加时有所不同,前者不考虑进位直接相加,我们称之为半加,实现半加的电路称为半加器;而后者除了本位的两个数相加外,还要考虑比它低的位的运算结果,即进位,通常称为全加,实现全加的电路为全加器。工程上大量使用的是全加器。

1. 半加器

半加器逻辑电路与符号如图7.2.1所示。A和B表示两个二进制加数,S表示本位和,向高位的进位用C表示。半加器的真值表如表7.2.1所示,由电路或真值表可写出其逻辑表达式为

$$S=\overline{A}B+A\overline{B}=A\oplus B$$
$$C=AB$$

表 7.2.1 半加器真值表

A	B	C	S
0	0	0	0
0	1	0	1
1	0	0	1
1	1	1	0

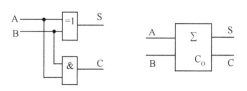

图 7.2.1 半加器逻辑电路与符号

2. 全加器

实际应用中往往都是多位二进制数的相加,需要用全加器。全加器的逻辑符号如图7.2.2所示。其中,A_i为被加数($i=0,1,2,\cdots,n$表示任意位,以下相同),B_i为加数,C_{i-1}为来自相邻低位的进位数,S_i为本位和,C_i表示送往相邻高位的进位数。由二进制数相加规律可以列出全加器真值表,如表7.2.2所示。

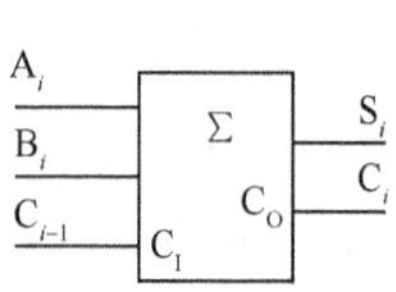

表 7.2.2 全加器真值表

A_i	B_i	C_{i-1}	C_i	S_i
0	0	0	0	0
0	0	1	0	1
0	1	0	0	1
0	1	1	1	0
1	0	0	0	1
1	0	1	1	0
1	1	0	1	0
1	1	1	1	1

图 7.2.2 全加器逻辑符号

由真值表写出逻辑表达式

$$S=\overline{A}_i\overline{B}_iC_{i-1}+\overline{A}_iB_i\overline{C}_{i-1}+A_i\overline{B}_i\overline{C}_{i-1}+A_iB_iC_{i-1}$$
$$C_i=\overline{A}B_iC_{i-1}+A_i\overline{B}_iC_{i-1}+A_iB_i\overline{C}_{i-1}+A_iB_iC_{i-1}$$

对上式进行变换得

$$S_i = \overline{A_i}(\overline{B_i}C_{i-1} + B_i\overline{C_{i-1}}) + A_i(B_iC_{i-1} + \overline{B_i}\overline{C_{i-1}})$$

$$= \overline{A_i}(B_i \oplus C_{i-1}) + A_i(\overline{B_i \oplus C_{i-1}})$$

$$= A_i \oplus B_i \oplus C_{i-1}$$

$$C_i = C_{i-1}(\overline{A_i}B_i + A_i\overline{B_i}) + A_iB_i(C_{i-1} + \overline{C_{i-1}})$$

$$= C_{i-1}(A_i \oplus B_i) + A_iB_i$$

$$= \overline{\overline{C_{i-1}(A_i \oplus B_i) + A_iB_i}}$$

$$= \overline{\overline{C_{i-1}(A_i \oplus B_i)} \cdot \overline{A_iB_i}}$$

用异或门及与非门构成的全加器逻辑电路如图 7.2.3 所示。

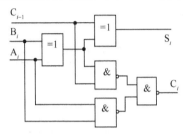

图 7.2.3　用异或门及非门构成的全加器逻辑电路

一个全加器可实现两个 1 位二进制数的相加,若将多个全加器作链式连接,即将低位的进位输出端与相邻高位的进位输入端相连,便能实现多位二进制数相加。图 7.2.4 所示为一个 4 位二进制加法器。图中,$A_3A_2A_1A_0$ 和 $B_3B_2B_1B_0$ 为两个 4 位二进制数,每位相加的进位信号 $C_3C_2C_1C_0$ 分别送给相邻高位作为输入信号。因此,任一位加法运算必须在其低位运算完成之后才能进行,这种进位方式称为串行进位,故该加法器称为串行进位加法器。显然,它的运算速度较慢,为了克服这一缺点,可以采用超前进位加法器,其相关内容可参阅有关文献。

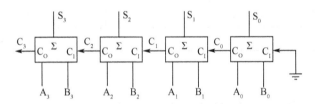

图 7.2.4　4 位二进制加法器

目前,全加器已制成集成电路,国产的 74LS692 就是具有串行进位的 4 位加法器,其引脚排列图如图 7.2.5 所示。图中,$A_3A_2A_1A_0$ 和 $B_3B_2B_1B_0$ 为相加的两个 4 位二进制数输入端,$S_3S_2S_1S_0$ 为其对应的和位输出端。C_I 为最低位的进位输入端,C_O 为最高位的进位输出端,主要用来扩展加法器的位数。V_{CC} 和 GND 分别为电源和接地端,使用非常方便。为了进一步提高加运算的速度,已有快速的四位超前进位加法器 74LS283,它的功能、外引脚排列均与 74LS692 相同,可取而代之,运算速度可提高 3.5 倍以上。

全加器除了完成加法运算外,还可用在其他不同场合。

【例 7.2.1】用 74LS692 设计码制转换电路,将 8421BCD 码转换为余 3 码。

解:设 ABCD 表示 4 位 8421BCD 码,$Y_3Y_2Y_1Y_0$ 表示 4 位余 3 码,根据两者的关系列出真

值表如表 7.2.3 所示。由表可以得到

$$Y_3Y_2Y_1Y_0 = ABCD + 0011$$

因此,用 74LS692 实现码制转换的电路,如图 7.2.6 所示。

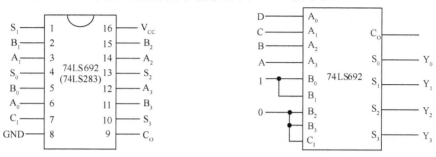

图 7.2.5　74LS692 引脚图　　　　图 7.2.6　74LS692 实现 8421BCD 码转换为余 3 码电路

表 7.2.3　8421BCD 码转换为余 3 码

输	入			输	出		
A	B	C	D	Y_3	Y_2	Y_1	Y_0
0	0	0	0	0	0	1	1
0	0	0	1	0	1	0	0
0	0	1	0	0	1	0	1
0	0	1	1	0	1	1	0
0	1	0	0	0	1	1	1
0	1	0	1	1	0	0	0
0	1	1	0	1	0	0	1
0	1	1	1	1	0	1	0
1	0	0	0	1	0	1	1
1	0	0	1	1	1	0	0

7.2.2　比较器

在数字系统中,常常要对两个二进制数值进行比较。能对两个位数相同的二进制数进行比较,并判断它们大小的电路称为数值比较器。

1.　1 位数值比较器

将两个 1 位二进制数 A、B 进行比较,有 A>B、A=B、A<B 三种结果,分别用 $Y_{A>B}$、$Y_{A=B}$、$Y_{A<B}$ 表示。设比较结果成立为 1,反之为 0,可列出其真值表如表 7.2.4 所示。

由表 7.2.4 可知:

$$Y_{A>B} = A\overline{B}$$

$$Y_{A=B} = \overline{A}\,\overline{B} + AB = \overline{\overline{A}B + A\overline{B}}$$

$$Y_{A<B} = \overline{A}B$$

1 位比较器的逻辑电路如图 7.2.7 所示。

表 7.2.4　1位二进制数数值比较器真值表

输　　入		输　　出		
A	B	$Y_{A>B}$	$Y_{A=B}$	$Y_{A<B}$
0	0	0	1	0
0	1	0	0	1
1	0	1	0	0
1	1	0	1	0

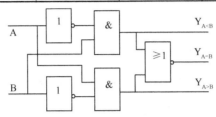

图 7.2.7　1位比较器的逻辑电路

2. 集成数值比较器

多位二进制数码的比较是从高位到低位逐位进行的,先由高位定大小,只有在高位相同时才对低位进行比较。74LS85 是 4 位数值比较器,其引脚排列图,如图 7.2.8 所示。其中, $I_{A>B}$、$I_{A=B}$、$I_{A<B}$ 是 3 个低位级联输入端,各引出端的功能表如表 7.2.5 所示。

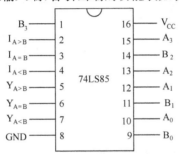

图 7.2.8　4 位数值比较器 74LS85 引脚图

表 7.2.5　74LS85 4 位数值比较器功能表

比　较　输　入				级　联　输　入			输　　出		
A_3B_3	A_2B_2	A_1B_1	A_0B_0	$I_{A>B}$	$I_{A=B}$	$I_{A<B}$	$Y_{A>B}$	$Y_{A=B}$	$Y_{A<B}$
$A_3>B_3$	×	×	×	×	×	×	1	0	0
$A_3<B_3$	×	×	×	×	×	×	0	0	1
$A_3=B_3$	$A_2>B_2$	×	×	×	×	×	1	0	0
$A_3=B_3$	$A_2<B_2$	×	×	×	×	×	0	0	1
$A_3=B_3$	$A_2=B_2$	$A_1>B_1$	×	×	×	×	1	0	0
$A_3=B_3$	$A_2=B_2$	$A_1<B_1$	×	×	×	×	0	0	1
$A_3=B_3$	$A_2=B_2$	$A_1=B_1$	$A_0>B_0$	×	×	×	1	0	0
$A_3=B_3$	$A_2=B_2$	$A_1=B_1$	$A_0<B_0$	×	×	×	0	0	1
$A_3=B_3$	$A_2=B_2$	$A_1=B_1$	$A_0=B_0$	1	0	0	1	0	0
$A_3=B_3$	$A_2=B_2$	$A_1=B_1$	$A_0=B_0$	0	0	1	0	0	1
$A_3=B_3$	$A_2=B_2$	$A_1=B_1$	$A_0=B_0$	×	1	×	0	1	0
$A_3=B_3$	$A_2=B_2$	$A_1=B_1$	$A_0=B_0$	0	0	0	1	0	1
$A_3=B_3$	$A_2=B_2$	$A_1=B_1$	$A_0=B_0$	1	0	1	0	0	0

【例 7.2.2】用 74LS85 实现 8 位二进制数值比较。

解 8 位二进制数值比较需要用两片 74LS85 构成,其电路如图 7.2.9 所示。其中,芯片(2)为高 4 位比较,芯片(1)为低 4 位比较。低 4 位的比较结果作为高位的级联输入,芯片(1)的级联输入取 $I_{A=B}=1$,其他接 0。

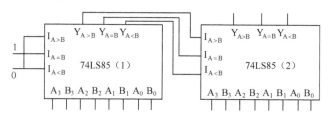

图 7.2.9　用 74LS85 实现 8 位二进制数值比较电路

对于更多位二进制数值的比较,可依相同方法用多片 4 位比较器级联实现。但级联的芯片越多,比较的速度越慢。所以,多位二进制数值的比较最好采用并联方式,如图 7.2.10 所示。

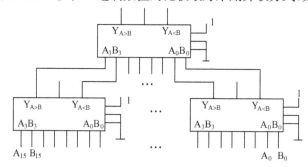

图 7.2.10　用 74LS85 实现 16 位二进制数值比较电路

7.2.3　编码器

在数字系统中,将若干个二进制数码 0 和 1,按一定规律编排组合成代码,用来表示某种特定的含义(如十进制数、符号、信号等),称为编码,完成编码工作的逻辑电路称为编码器。

1. 普通二进制编码器

普通二进制编码器是将信号编为二进制代码的电路。因为 1 位二进制数仅有 0 和 1 两个数码,故只能表示两个信号,若要表示更多的信号,则要采用多位二进制数。n 位二进制数有 2^n 种不同组合,可以表示 2^n 个信号。下面通过具体例子说明二进制编码器的组成和工作原理。

【例 7.2.3】设计一个编码器,将 I_0、I_1、I_2、I_3、I_4、I_5、I_6、I_7 这 8 个信号编为二进制代码。

解 (1)确定二进制代码的位数。

因为待编码的信号有 8 个,由 $2^n=8$ 可知 $n=3$,即二进制代码为 3 位,设为 ABC。

(2)列真值表(编码表)。

将待编码的信号 $I_0\sim I_7$,作为输入量,与之对应的二进制代码 ABC 作为输出量,列出真值表如表 7.2.6 所示。表中的对应关系完全是人为的,可任意设定,原则是方便记忆和有利于编码器电路的连接。

表7.2.6　3位二进制编码器真值表

输　　入	输　　出		
	A	B	C
I_0	0	0	0
I_1	0	0	1
I_2	0	1	0
I_3	0	1	1
I_4	1	0	0
I_5	1	0	1
I_6	1	1	0
I_7	1	1	1

（3）由真值表写出逻辑表达式：

$$A = I_4 + I_5 + I_6 + I_7$$
$$B = I_2 + I_3 + I_6 + I_7$$
$$C = I_1 + I_3 + I_5 + I_7$$

（4）由逻辑表达式画出逻辑图。

因为表达式已是最简形式，可以直接依表达式画出逻辑图，如图7.2.11所示。若要用与非门实现，可将表达式转换成与非—与非式，再画出相应逻辑图即可。

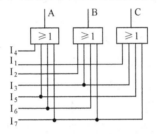

图7.2.11　3位二进制编码器逻辑图

由图7.2.11看出，当输入端有信号输入时，即可输出相应的二进制代码。如 I_2 端有信号输入，而其余端无信号输入时，即 $I_2 = 1$，$I_1 = I_3 = I_4 = I_5 = I_6 = I_7 = 0$，则输出 ABC＝010，这就是 I_2 的编码；同理，I_6 端有信号输入，则 $I_6 = 1$，其余为0，输出 ABC＝110，为 I_6 的编码；当 $I_1 \sim I_7$ 均无信号输入，即 $I_1 \sim I_7$ 全为0，输出 ABC＝000，即为 I_0 的编码。

2. 优先编码器

上面介绍的编码器，由于某一时刻只能对一个输入信号进行编码，因此，不允许同一时刻有两个或两个以上的信号输入。但在数字电路系统中，特别是在计算机系统中，经常会出现同一时刻有多个信号输入的情况，这时需要对各个输入进行判断，对最重要的输入优先响应而完成编码，这种编码电路称为优先编码器。优先编码器允许多个信号同时输入，但只对优先级别最高的输入信号进行编码。下面以优先编码器74LS148为例说明。

74LS148为二进制优先编码器，其引脚排列图如图7.2.12所示。图中 $\overline{I}_0$、$\overline{I}_1$、$\overline{I}_2$、$\overline{I}_3$、$\overline{I}_4$、$\overline{I}_5$、$\overline{I}_6$、$\overline{I}_7$ 为8个信号输入端，输入端上带非号，表示低电平有效，即输入低电平信号时实现编码；$\overline{Y}_2$、$\overline{Y}_1$、$\overline{Y}_0$ 为3个输出信号端，带非号表示反码输出，即输出低电平有效。由于该编码器有8个输入，3个输出，故又称为8线-3线优先编码器。图中，$\overline{S}$ 为输入使能（控制）端，低电平有效；Y_S 输出使能（控制）端；$\overline{Y}_{EX}$ 为优先编码标志端，也是低电平有效。

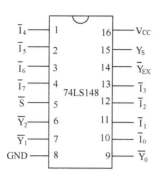

图 7.2.12　74LS148 引脚图

74LS148 的真值表如表 7.2.7 所示。由真值表看出：

当输入使能端 $\overline{S}=1$ 时，无论 $\overline{I}_0\sim\overline{I}_7$，有无编码信号输入，输出 $\overline{Y}_2\overline{Y}_1\overline{Y}_0$ 始终为高电平 111，优先编码标志 $\overline{Y}_{EX}$ 端和输出使能端 Y_S 也都为高电平 1，表明此时编码器未工作，即禁止编码。只有当 $\overline{S}=0$ 时，编码器才能正常工作。此时，只要有一个输入端有低电平信号输入，则 $\overline{Y}_{EX}=0$，表明已完成编码；否则 $\overline{Y}_{EX}=1$，表明未实现编码。另外，当 8 个输入端均无低电平信号输入或只有 $\overline{I}_0$ 端有低电平信号输入时，输出状态相同均为 111。这时可依据 $\overline{Y}_{EX}$ 端状态加以区别，当 $\overline{Y}_{EX}=0$ 时，表明它是 $\overline{I}_0$ 的编码；否则，表明是输入端无低电平信号输入的非编码输出。输出使能端 Y_S，只有在 $\overline{S}=0$，且 8 个输入端均无低电平信号输入时才为 0。它用作芯片扩展，即与另一片 74LS148 的输入使能端 $\overline{S}$ 连接，构成更多输入端的优先编码器。

74LS148 输入信号优先级排队次序依次为 $\overline{I}_7\overline{I}_6\cdots\overline{I}_0$，优先编码器的工作原理是：当 $\overline{I}_7$ 为低电平时，不管 $\overline{I}_0\cdots\overline{I}_6$ 的电平如何，输出 $\overline{Y}_2\overline{Y}_1\overline{Y}_0$ 始终为 000，这就是说，$\overline{I}_7$ 的编码请求无任何附加条件。而 $\overline{I}_0$ 的编码请求则受到的限制最大，除了 $\overline{I}_0$ 本身应为低电平外，$\overline{I}_1\sim\overline{I}_7$ 必须全部是高电平。只有当级别高的高位输入端没有低电平信号输入时，才能对级别低的低位输入信号进行编码。

表 7.2.7　74LS148 真值表

输　入									输　出				
$\overline{S}$	$\overline{I}_0$	$\overline{I}_1$	$\overline{I}_2$	$\overline{I}_3$	$\overline{I}_4$	$\overline{I}_5$	$\overline{I}_6$	$\overline{I}_7$	$\overline{Y}_2$	$\overline{Y}_1$	$\overline{Y}_0$	Y_S	$\overline{Y}_{EX}$
1	×	×	×	×	×	×	×	×	1	1	1	1	1
0	1	1	1	1	1	1	1	1	1	1	1	0	1
0	×	×	×	×	×	×	×	0	0	0	0	1	0
0	×	×	×	×	×	×	0	1	0	0	1	1	0
0	×	×	×	×	×	0	1	1	0	1	0	1	0
0	×	×	×	×	0	1	1	1	0	1	1	1	0
0	×	×	×	0	1	1	1	1	1	0	0	1	0
0	×	×	0	1	1	1	1	1	1	0	1	1	0
0	×	0	1	1	1	1	1	1	1	1	0	1	0
0	0	1	1	1	1	1	1	1	1	1	1	1	0

7.2.4　译码器

译码是编码的逆过程，将二进制代码的特定含义"翻译"出来称为译码。实现译码功能的逻辑电路称为译码器。译码器可分为两类：一种是将代码转换成与之一一对应的有效信号；另一种是将代码转换成另一种代码，也称代码转换器。

164

1. 二进制译码器

二进制译码器是"翻译"二进制代码的逻辑电路,它输入的是二进制代码,输出的是表示代码含义的有效信号。

图 7.2.13 所示是二进制译码器的一般原理图。它具有 n 个输入端 $X_0 \sim X_{n-1}$ 和 2^n 个输出端 $\overline{Y}_0 \sim \overline{Y}_{2^{n-1}}$。它可输入 n 位二进制代码,而 n 位二进制代码有 2^n 种组合,故有 2^n 个输出信号,每个输出信号都对应一种输入代码的组合。图中输出端上的非号表示输出低电平信号有效。

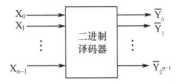

图 7.2.13 二进制译码器的一般原理图

假定输入为 3 位二进制代码 $A_2 A_1 A_0$,则有 $2^3 = 8$ 个输出信号。它们之间的对应关系,用真值表 7.2.8 表示。

表 7.2.8 3 位二进制译码器的真值表

输	入		输				出			
A_2	A_1	A_0	$\overline{Y}_0$	$\overline{Y}_1$	$\overline{Y}_2$	$\overline{Y}_3$	$\overline{Y}_4$	$\overline{Y}_5$	$\overline{Y}_6$	$\overline{Y}_7$
0	0	0	0	1	1	1	1	1	1	1
0	0	1	1	0	1	1	1	1	1	1
0	1	0	1	1	0	1	1	1	1	1
0	1	1	1	1	1	0	1	1	1	1
1	0	0	1	1	1	1	0	1	1	1
1	0	1	1	1	1	1	1	0	1	1
1	1	0	1	1	1	1	1	1	0	1
1	1	1	1	1	1	1	1	1	1	0

由真值表可见,对应于输入 A_2、A_1、A_0 每一种组合代码,只有一个输出信号为低电平 0,其余均为高电平 1。依真值表可以写出各输出端的最简逻辑表达式为

$$\overline{Y}_0 = \overline{\overline{A}_2 \overline{A}_1 \overline{A}_0} \qquad \overline{Y}_1 = \overline{\overline{A}_2 \overline{A}_1 A_0}$$

$$\overline{Y}_2 = \overline{\overline{A}_2 A_1 \overline{A}_0} \qquad \overline{Y}_3 = \overline{\overline{A}_2 A_1 A_0}$$

$$\overline{Y}_4 = \overline{A_2 \overline{A}_1 \overline{A}_0} \qquad \overline{Y}_5 = \overline{A_2 \overline{A}_1 A_0}$$

$$\overline{Y}_6 = \overline{A_2 A_1 \overline{A}_0} \qquad \overline{Y}_7 = \overline{A_2 A_1 A_0}$$

由逻辑表达式可画出 3 位二进制译码器逻辑图,如图 7.2.14 所示。由于它具有 3 根输入线和 8 根输出线,故又称为 3 线-8 线译码器,简称 3/8 线译码器。

当输入某个二进制代码时,译码器相应输出端便会输出一个低电平信号。例如,输入代码 $A_2 A_1 A_0 = 000$ 时,$\overline{Y}_0$ 输出为 0,其他输出端都为 1,即译码器将输入的 3 位二进制代码 000 译成了 $\overline{Y}_0$ 端的低电平输出信号。其余以此类推。

上述 3/8 线译码器已有集成器件,如 74LS138 就是一个 3/8 线译码器,其引脚排列图,如图 7.2.15 所示。

图中,A_2、A_1、A_0 是译码器的 3 个输入端,$\overline{Y}_0 \sim \overline{Y}_7$ 是它的 8 个输出端。它的工作原理与前面介绍的 3/8 线译码器相同,也是将输入的二进制代码译成相应的低电平输出信号,但

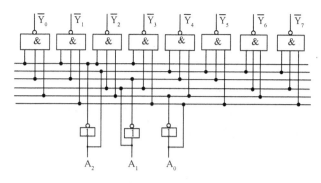

图 7.2.14　3 位二进制译码器逻辑图

它设置了 3 个使能(控制)输入端 S_A、$\bar{S}_B$、$\bar{S}_C$,用于控制译码器的工作。只有当 $S_A=1$、$\bar{S}_B=\bar{S}_C=0$ 时,才允许译码,3 个条件中的任何一个不满足就禁止译码,无论输入状态如何,输出恒为全 1。由于设置了多个使能(控制)输入端,因而不用附加任何电路,就可方便地扩大译码器的译码功能。图 7.2.16 所示,就是用两个 3/8 线译码器构成的 4/16 线译码器的连接图。

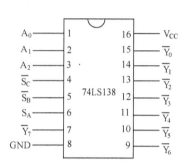

图 7.2.15　74LS138 引脚图

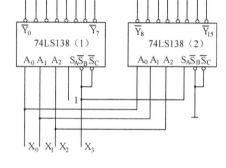

图 7.2.16　3 线-8 线译码器构成 4 线-16 线译码器连接图

图 7.2.16 中 $X_3X_2X_1X_0$ 为输入的二进制代码,将 $X_2X_1X_0$ 送至译码器 74LS138(1)和 74LS138(2)的输入端 A_2、A_1、A_0,而将 X_3 送至 74LS138(1)的 $\bar{S}_B$、$\bar{S}_C$ 和 74LS138(2)的 S_A。当 $X_3=0$ 时,74LS138(1)允许译码,而 74LS138(2)译码被禁止,此时译码输出 $\bar{Y}_0\sim\bar{Y}_7$;当 $X_3=1$ 时,74LS138(2)具有译码功能,而 74LS138(1)译码被禁止,译码输出 $\bar{Y}_8\sim\bar{Y}_{15}$。这样,利用使能(控制)输入端而不用任何附加电路,就可方便地扩大译码功能。用 3 块 74LS138 构成的 5 线-24 线译码器,电路如图 7.2.17 所示。用 4 块 74LS138 构成 5 线-32 线译码器,请读者自行画出电路图。

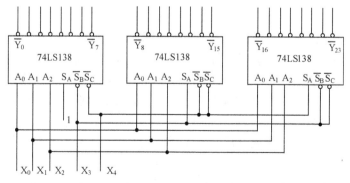

图 7.2.17　5 线-24 线译码器连接图

译码器的典型应用是作为其他芯片的片选(使能)信号,如图 7.2.18 所示。

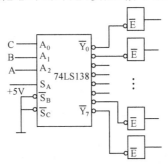

图 7.2.18　用译码器作片选的电路

此外,由上面 3 线-8 线译码器的真值表和输出表达式可以看出,3 线-8 线译码器能产生 3 变量函数的全部最小项,每一个输出对应一个最小项(低电平有效),因此用译码器能方便地实现各种逻辑函数。

【例 7.2.4】用 3 线-8 线译码器 74LS138 实现函数:$L = A \oplus B \oplus C$。

解　第一步,将函数 L 的最小项表达式写出　$L(A,B,C) = \sum m(1,2,4,7)$

第二步,确定 3 线-8 线译码器的输入与控制变量。将变量 A、B、C 分别接到 3 线-8 线译码器的 A_2、A_1、A_0,S_A、$\bar{S}_B$、$\bar{S}_C$ 取 100。

第三步,输出为 $L = m_1 + m_2 + m_4 + m_7 = \overline{\overline{m_1} \cdot \overline{m_2} \cdot \overline{m_4} \cdot \overline{m_7}}$,用与非门可实现,画出电路图,如图 7.2.19 所示。

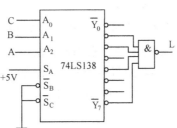

图 7.2.19　74LS138 实现函数 L 电路

2. 数码显示译码器

在数字测量仪表、数字电子计算机及其他数字系统中,常常需要将各种测量和运算结果用人们习惯的十进制数字显示出来,以便读取数据,了解电路的工作情况,这就需要用数字显示电路来实现。数字显示电路通常由数码显示器和数码显示译码器等部分组成。

(1) 数码显示器

数码显示器是用来显示数字、文字或符号的器件。常用的数码显示器有辉光数码管、荧光数码管、半导体数码管 LED、液晶显示器 LCD 等 4 种,后 3 种都设计成图 7.2.20 所示七段笔画形状显示数码,通过控制不同发光段组合来显示不同数码。例如,当 a、b、c 三段亮,显示数码"7";a、b、c、d、g 五段亮,显示数码 3,等等。

目前,七段半导体数码管 LED 和液晶显示器 LCD 使用最多。

① 半导体数码管 LED

通常用特殊的半导体材料,如磷砷化镓、磷化镓等化合物制成 PN 结,当外加正向偏压时,

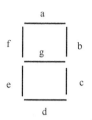

图 7.2.20　七段字形分段图

会辐射发光,辐射波长决定了发光颜色,它能发出红、绿、黄等不同颜色的光。将单个这样的PN结封装成器件就是发光二极管。半导体数码管的七段笔画 a、b、c、d、e、f、g 每段都对应一个发光二极管,这些发光二极管有共阳极和共阴极两种接法,分别如图 7.2.21(a)、(b)所示。

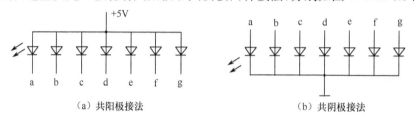

（a）共阳极接法　　　　　　　　　　　（b）共阴极接法

图 7.2.21　半导体数码管基本结构

共阳极接法在使用时,公共阳极接高电平(+5V),当字段为低电平时,该字段发光。共阴极接法在使用时,公共阴极接低电平(地),字段为高电平时,该字段发光。当有选择地给某些字段加上合适的电平,就可显示出不同的数码。

图 7.2.22 所示为带小数点的七段共阴极半导体数码管 BS201 的引脚排列图。h 为小数点,也是一只发光二极管,其阴极也与公共阴极相连。使用时,将公共阴极接地,若要显示数字4,应在 b、c、f、g 这 4 段加上高电平,若要显示数字 8,则应在 a～g 各段都加上高电平,若要显示小数点,则 h 端应接高电平。但必须注意不能将+5V 直接与 a～g 及 h 输入端相接(应接限流电阻),否则会烧毁 PN 结。

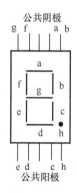

图 7.2.22　带小数点的七段共阴极半导体数码管 BS201 的引脚排列图

半导体数码管的优点是:亮度较强,清晰,工作电压低(1.5～3V),体积小,寿命长,可靠性高,缺点是工作电流较大(每段 5～10mA)。

② 液晶显示器 LCD

液晶为液态晶体的简称,它是一种介于液态和固态之间的有机化合物。它既有液体的流动性,又具有固态晶体的某些光学特性。液晶对电场、光、温度、力等外界条件变化特别敏感,并可以把上述外界信息转变为可视信号。液晶在电场作用下会产生各种电光效应,现以动态散射效应为例,说明液晶显示数码的原理。

在两电极之间夹一薄层经特定处理的液晶,其分子排列整齐。此时,液晶对外部入射光没有散射作用,呈透明色。当在两电极间加上电压,液晶中的离子(预先在液晶中掺入杂质所形成)在外加电场作用下产生定向运动,在运动过程中,使液晶分子受到碰撞而旋转,破坏了它的整齐排列,成为无规则的紊乱状态,对外部入射光产生散射,这就是所谓的动态散射效应,也是液晶的显示原理。当断开两电极间的电压时,经短暂延迟液晶又重新恢复原来的整齐排列状态。

利用动态散射效应制成的七段数码显示器在两块薄玻璃板上涂敷二氧化锡透明导电层,光刻成七段正面电极和 8 字反面电极。正、反面电极对准,封装成间隙约 $10\mu m$ 的液晶盒,灌注液晶后密封而成。当在液晶显示器任一段正面电极和反面电极间,加适当大小的电压,则该段内的液晶产生散射效应,实现显示。

用液晶制成的显示器,其优点是工作电压低,微功耗,结构简单,成本低。然而,液晶本身不发光,它是一种被动的显示器件。它借助自然光和外来光显示数码,尚存在不够清晰,响应速度低等问题。

下面以驱动半导体数码管 LED 为例,介绍相应的显示译码器。

(2) 七段字形译码器

七段字形译码器的输入是 4 位二进制数码,输出是 7 位显示码,其功能是将二-十进制代码 BCD 码译成七段字形控制信号,以驱动七段显示器显示相应的十进制数字。

在数字显示电路中,LED 显示器的各字段 a、b、c、d、e、f、g 均要与译码器相应输出端连接。由于 LED 显示器有共阳极和共阴极两种接法,使其字段发光的驱动电平不同,因此,对译码器输出信号的要求就不同。当采用共阴极接法 LED,七段字形译码器的真值表就应如表 7.2.9 所示。如果采用共阳极接法 LED,则译码器的输出状态与之相反。

表 7.2.9 七段字形译码器真值表

输　　入				输　　　　出							显 示 数 码
D	C	B	A	a	b	c	d	e	f	g	
0	0	0	0	1	1	1	1	1	1	0	0
0	0	0	1	0	1	1	0	0	0	0	1
0	0	1	0	1	1	0	1	1	0	1	2
0	0	1	1	1	1	1	1	0	0	1	3
0	1	0	0	0	1	1	0	0	1	1	4
0	1	0	1	1	0	1	1	0	1	1	5
0	1	1	0	1	0	1	1	1	1	1	6
0	1	1	1	1	1	1	0	0	0	0	7
1	0	0	0	1	1	1	1	1	1	1	8
1	0	0	1	1	1	1	1	0	1	1	9

由于数字显示电路应用非常广泛,因此,显示译码器已作为标准器件,制成了中规模集成电路。图 7.2.23 所示是七段字形译码器 74LS49 的引脚排列图。图中,A_3、A_2、A_1、A_0 是它的输入端,用于输入 BCD 代码;$Y_a \sim Y_g$ 是它的输出端,分别对应于半导体数码管字形的 a～g 段,输出高电平有效,因而适用于共阴极接法的 LED;$\overline{I}_B$ 称为灭灯输入端,低电平有效,当 $\overline{I}_B = 0$ 时,不管其输入端 A_3、A_2、A_1、A_0 的状态如何,所有输出全为 0,导致数码管各段全部熄灭(灭灯)。只有当 $\overline{I}_B = 1$ 时,译码器才能正常工作有译码输出。

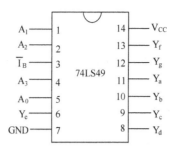

图 7.2.23　74LS49 引脚图

74LS49 七段字形译码器的输出 $Y_a \sim Y_g$ 为集电极开路(OC)输出,使用时必须外接电阻。图 7.2.24 所示就是由 74LS49 和半导体数码管 LED 构成的译码显示电路原理示意图,它能完成 BCD 码的译码和显示功能。

常用的 BCD-7 段译码/驱动器还有 74LS47、74LS48、74HC4511 等,74LS47 用来驱动共阳极发光二极管显示器,而 74LS48、74HC4511 用来驱动共阴极发光二极管显示器。与74LS49 一样,74LS47 为集电极开路输出,用时要外接电阻;而 74LS48、74HC4511 的内部有升压电阻,因此无须外接电阻(可直接与显示器相连)。此外,74LS48、74HC4511 有灯测试输入使能端、动态灭零输入使能端、静态灭零输入使能端、动态灭零输出使能端,用于检查芯片的好坏、高位或低位零时显示器全灭等控制,使用时请查阅相关资料。

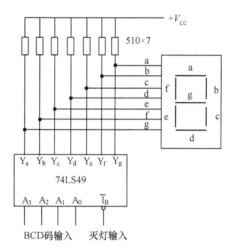

图 7.2.24　74LS49 外接上拉电阻驱动半导体数码管

7.2.5　数据选择器

数据选择器又称多路选择器,英文缩写为 MUX。其基本逻辑功能是:在 n 个选择信号控制下,可从 2^n 个输入数据中,选择一个作为输出。例如,当 $n=2$ 时,即有两个选择信号,可从 $2^2=4$ 个输入数据中,选择一个作为输出,称为 4 选 1 MUX。当 $n=3$ 时,即有 3 个选择信号,可从 $2^3=8$ 个输入数据中,选择一个作为输出,则称为 8 选 1 MUX,以此类推。

数据选择器应用广泛,也已经作为标准器件,制成了中规模集成电路。图 7.2.25 所示为双 4 选 1 数据选择器 74LS153 的引脚排列图。在同一个封装中有两个 4 选 1 MUX。图中,A_1、A_0 是选择输入端,为两个 MUX 所共有,D_3、D_2、D_1、D_0 为数据输入端,Y 为数据输出端,$\overline{S}$

为使能(选通)输入端,它们是各自独立的。$\overline{S}$表示低电平有效,即$\overline{S}=0$时MUX正常工作,具有按选择输入端A_1、A_0的状态,控制选通输入数据的逻辑功能;当$\overline{S}=1$时,不论数据输入端输入什么数据,输出Y都为0,MUX禁止工作。

74LS153 MUX的功能表如表7.2.10所示。根据功能表,当$\overline{S}=0$ MUX正常工作时,可以写出74LS153 MUX的输出函数逻辑式为

$$Y=\overline{A_1}\,\overline{A_0}D_0+\overline{A_1}A_0D_1+A_1\,\overline{A_0}D_2+A_1A_0D_3$$

表7.2.10　74LS153 MUX功能表

输　　入			输　　出
$\overline{S}$	A_1	A_0	Y
1	×	×	0
0	0	0	D_0
0	0	1	D_1
0	1	0	D_2
0	1	1	D_3

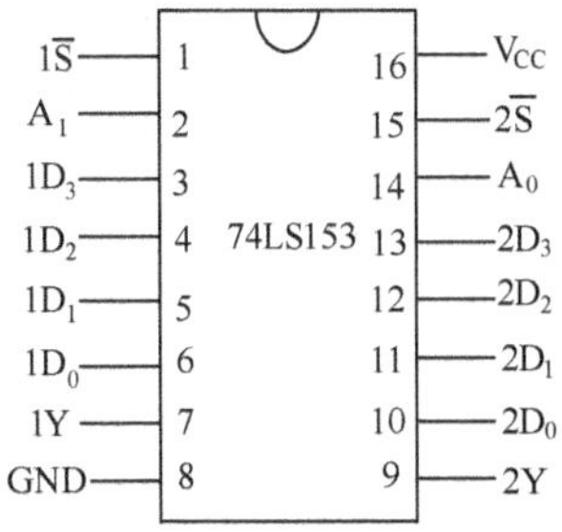

图7.2.25　74LS153引脚图

除了4选1 MUX以外,还有8选1、16选1 MUX,其工作原理基本相同。如74LS151是一个8选1 MUX,它的引脚排列如图7.2.26所示,功能表如表7.2.11所示。当使能端$\overline{G}$低电平有效时,输出Y的表达式为 $Y=\sum\limits_{i=0}^{7}m_iD_i$,

式中m_i为控制变量A_2、A_1、A_0的最小项。

输出变量W是输出Y的非,即$W=\overline{Y}$,8选1 MUX 74LS151包含互为相反的输出。

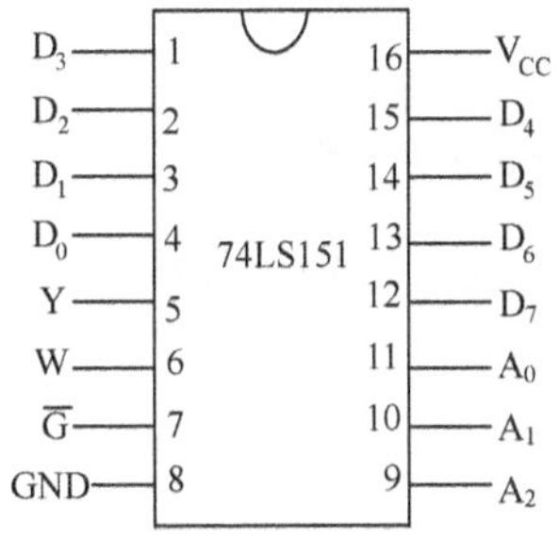

图7.2.26　8选1 MUX 74LS151
的引脚排列图

表7.2.11　8选1 MUX 74LS151的功能表

输　　入				输　　出
$\overline{G}$	A_2	A_1	A_0	Y
1	×	×	×	0
0	0	0	0	D_0
0	0	0	1	D_1
0	0	1	0	D_2
0	0	1	1	D_3
0	1	0	0	D_4
0	1	0	1	D_5
0	1	1	0	D_6
0	1	1	1	D_7

对于多位数据的选择,如16数据选1电路,既可以直接采用16选1的MUX,也可由少位数MUX的扩展实现。

MUX位数扩展,借助使能(选通)输入端完成。两片74LS151实现16选1数据选择电路,如图7.2.27所示。

用两片数据选择器74LS153和一片译码器74LS138也可以组成16选1数据选择电路,如图7.2.28所示。

数据选择器除了具有从多路输入数据中,选择一路输出的基本功能之外,利用它的输出表达式包含所有控制变量最小项的特点,可以构成任何功能的组合电路。

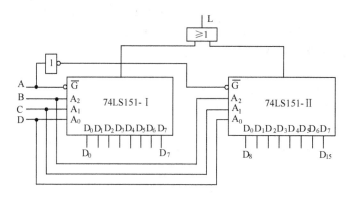

图 7.2.27 用 74LS151 组成的 16 选 1 数据选择电路

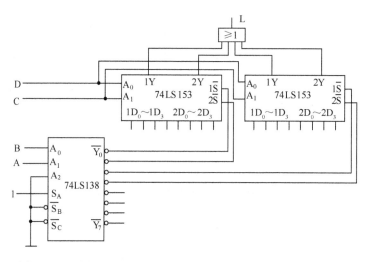

图 7.2.28 用 74LS138 和 74LS153 组成的 16 选 1 数据选择电路

【例 7.2.5】利用 8 选 1 MUX 74LS151 产生逻辑函数：$L=\overline{X}YZ+X\overline{Y}Z+XY$。

解 把式 $L=\overline{X}YZ+X\overline{Y}Z+XY$ 变换成最小项表达式

$$L=\overline{X}YZ+X\overline{Y}Z+XYZ+XY\overline{Z}$$

将上式写成 $L=m_3D_3+m_5D_5+m_6D_6+m_7D_7$

由该式可知，m_0、m_1、m_2、m_4 的控制变量 D_0、D_1、D_2、D_4 应为 0，而 D_3、D_5、D_6、D_7 都应为 1。由此可画出该逻辑函数产生器的逻辑图，如图 7.2.29 所示。

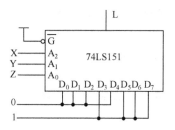

图 7.2.29 74LS151 逻辑函数产生器逻辑图

数据选择器构成可编序列信号发生器比较方便,现以 4 选 1 MUX 为例加以说明。4 选 1 MUX 有 4 路并行数据输入 $D_3 \sim D_0$,控制选择输入 $A_1 A_0$ 使其按二进制编码依次由 $00 \sim 11$ 变化时,则 4 路并行输入数据便依次被选择传送到输出端,转换成串行数据输出,如图 7.2.30 所示。只要预先将并行数据输入端置 0 或 1,在选择输入 $A_1 A_0$ 控制下,数据选择器便可输出所要求的序列信号,成为可编序列发生器。

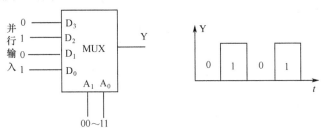

图 7.2.30 4 选 1 MUX 实现串行数据输出

7.3 中规模组合逻辑器件应用举例

利用 7.2 所讲的中规模组合逻辑器件可以实现各种组合逻辑功能,下面通过设计和分析组合逻辑电路的例子,进一步说明中规模组合逻辑器件的应用。

1. 全加器和比较器应用

全加器和比较器的输出不包含全部输入变量的最小项,理论上不能用来实现所有的组合电路功能,但在某些场合使用比较方便。

【例 7.3.1】用全加器实现两个 1 位 8421BCD 码十进制加法运算。

解 8421BCD 码相加时,也是位对位相加。1 位十进制数由 4 位二进制码组成,由于 4 位二进制数"逢十六进一",而十进制数则是"逢十进一",这样就造成十进制数运算和 8421 码运算时,在进位时差 6,如

$$
\begin{array}{cc}
4 & 0100 \\
+\ 3 & 0011 \\
\hline
7 & 0111
\end{array}
\qquad
\begin{array}{cc}
6 & 0110 \\
+\ 8 & 1000 \\
\hline
14 & 1110
\end{array}
$$

$4+3=7$ 没问题,而 $6+8=14$ 的和有两位,就需要用两个 8421BCD 码表示,应为 0001 0100,而结果是 1110,相差 0110。当和超过 9 时,必须有进位,电路需要作加 6 修正。

因此,两个 1 位 8421BCD 码十进制加法运算电路需要有三部分:一是 4 位加法器完成两个数相加;二是判别电路,决定是否修正;三是加 6 修正电路。其中第一和第三均为加法,可以由 4 位全加器实现。第二部分判别电路,当需要修正时其输出 F 为 1,否则,输出 F 为 0;其输入为第一部分相加的结果,有

$$
F = C_0 + S_3 S_2 + S_3 S_1 = \overline{\overline{C_0} \cdot \overline{S_3 S_2} \cdot \overline{S_3 S_1}}
$$

实现电路如图 7.3.1 所示。

修正电路也可以直接采用 4 位比较器构成,请读者自行完成。

【例 7.3.2】分析图 7.3.2 所示电路的功能。

解 74LS85 为 4 位二进制数比较器,由图知其输入 4 位数 $A_3 A_2 A_1 A_0$ 与 0100 比较,当 $A_3 A_2 A_1 A_0$ 大于 0100(即十进制数 4)时,使 4 位二进制数加法器 74LS692 的一个 4 位输入

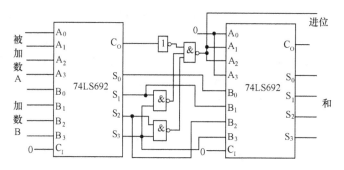

图 7.3.1 全加器构成两个 1 位 8421BCD 码十进制加法器

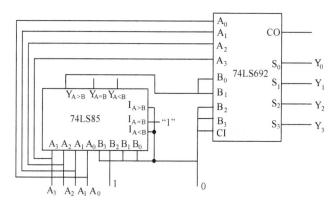

图 7.3.2 比较器和加法器构成的电路

为 0011(即十进制数 3);否则,输入为 0000(即十进制数 0)。因此,当 $A_3A_2A_1A_0$ 大于 0100 时加 0011 输出,而当 $A_3A_2A_1A_0$ 小于等于 0100 时,直接输出。按照编码表 6.6.1,该电路是码制转换电路,功能是将输入 8421 码转换为 5421 码。

2. 译码器应用

译码器的输出包含所有的最小项,可用于任何组合电路的实现。由于每个最小项都有对应的输出线,在设计组合电路时选取方便,特别适合设计多输出的组合逻辑电路。

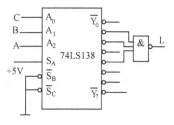

图 7.3.3 单"1"检测电路

【例 7.3.3】用 3 线-8 线译码器实现单"1"检测电路。

解 所谓单"1"检测电路,即判断输入变量中的取值为 1 的个数,只有唯一一个输入为 1,其他都为 0 时输出才为 1,否则输出为 0。若输入有 A、B、C 3 个变量,则用一片 74LS138 即可实现。三变量输出单 1 的是 $A \cdot \overline{B} \cdot \overline{C}$、$\overline{A} \cdot B \cdot \overline{C}$、$\overline{A} \cdot B \cdot C$,对应 $\overline{Y}_1$、$\overline{Y}_2$、$\overline{Y}_4$,电路如图 7.3.3 所示。如果输入变量超过三个,则需先将 3 线-8 线译码器扩展,然后再按相同的思路构建电路。

【例 7.3.4】分析图 7.3.4 所示 3 线-8 线译码器电路的功能。

解 (1)由电路得

$$L_1 = \overline{A} \, \overline{B}C + \overline{A}B \, \overline{C} + A \, \overline{B} \, \overline{C} + ABC$$

$$L_2 = \overline{A}BC + A \, \overline{B}C + AB \, \overline{C} + ABC$$

(2)列真值表,如表 7.3.1 所示。

表 7.3.1　3 线-8 线译码器电路的真值表

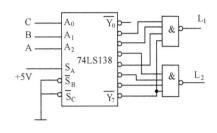

图 7.3.4　3 线-8 线译码器组成的电路

输　　入			输　　出	
A	B	C	L_1	L_2
0	0	0	0	0
0	0	1	1	0
0	1	0	1	0
0	1	1	0	1
1	0	0	1	0
1	0	1	0	1
1	1	0	0	1
1	1	1	1	1

（3）由表分析，这是实现两个 1 位二进制的全加器，L_1 为和，L_2 为向高位进位。

3. 数据选择器应用

数据选择器的输出表达式包含输入变量的所有最小项组合，也可用于设计任何组合逻辑电路。所以数据选择器的应用很广，典型的应用有：实现组合逻辑、多路信号分时传送、数据传送并/串转换、产生序列信号等。与译码器不同，数据选择器有多个输入端（数据端），只有一个输出端，所以适合设计多输入的组合电路，对多数出的组合电路则不太方便。

【例 7.3.5】用 4 选 1 数据选择器实现函数 $L(A,B,C) = \sum(0,1,5,6,7)$。

解　L 有 3 个变量，而 4 选 1 数据选择器只有两个输入变量，必须将一个输入变量作为数据输入。设 4 选 1 数据选择器地址 A_1A_0 取 AB，C 作输入数据。对函数 L 进行变换如下：

$$L(A,B,C) = \sum(0,1,5,6,7)$$
$$= \overline{A}\,\overline{B}\,\overline{C} + \overline{A}\,\overline{B}C + A\overline{B}C + AB\overline{C} + ABC$$
$$= \overline{A}\,\overline{B} + A\overline{B}C + AB$$

由表达式知：$D_0 = 1, D_1 = 0, D_2 = C, D_3 = 1$。因此，可得到实现电路，如图 7.3.5 所示。

如果要用 4 选 1 数据选择器实现四变量函数，则有两种方法。一种方法是将芯片扩展，然后按上面的方法实施。另一种方法是芯片不扩展，将变量通过组合加到输入端。

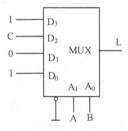

图 7.3.5　4 选 1 数据选择器实现三变量函数

【例 7.3.6】用 4 选 1 数据选择器实现函数：$L(A,B,C,D) = \sum(0,1,5,6,7,11)$。

解　L 有 4 个变量，而 4 选 1 数据选择器只有两个输入变量，还需要将两个输入变量作为数据输入。设 4 选 1 数据选择器地址 A_1A_0 取 A 和 B，C 和 D 作输入数据。对函数 L 进行变换如下：

$$L(A,B,C,D) = \sum(0,1,5,6,7,11)$$
$$= \overline{A}\,\overline{B}\,\overline{C}\,\overline{D} + \overline{A}\,\overline{B}\,\overline{C}D + \overline{A}B\overline{C}D +$$

$$\overline{A}BC\overline{D}+\overline{A}BCD+A\overline{B}CD$$
$$=\overline{A}\,\overline{B}\,\overline{C}+\overline{A}B(C+D)+A\overline{B}CD$$

由表达式知:$D_0=\overline{C}$,$D_1=C+D$,$D_2=CD$,$D_3=0$。因此,可得到实现电路,如图 7.3.6 所示。

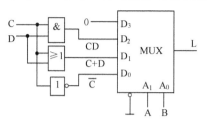

图 7.3.6 选 1 数据选择器实现四变量函数

【例 7.3.7】用 8 选 1 数据选择器产生 01101001 序列。

解 利用一片 8 选 1 数据选择器,只要将数据端接成:$D_0=D_3=D_5=D_6=0$,$D_1=D_2=D_4=D_7=1$,在输入 ABC(地址)变量为顺序信号时,即可产生 01101001 序列。电路和波形如图 7.3.7 所示。

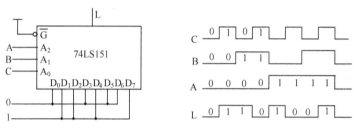

图 7.3.7 01101001 序列电路与波形

7.4 组合电路中的竞争与冒险

信号通过连线和集成逻辑门都有一定的延时,多个输入信号发生变化时,也可能有先后、快慢的差别。输入变量可能经不同的路径传输,到达电路某一汇合点的时间就有先后,这种现象叫竞争。在输入信号变化的瞬间,由于竞争使得电路输出会出现一些不正确的尖峰信号,产生瞬时错误,我们称为冒险。

在组合电路中,如果电路的输入变化不影响输出的稳定状态,但在转换瞬间电路有冒险,就称为静态冒险;如果电路的输入变化使得输出在最终稳定之前,输出发生了 3 次变化,即中间经历了 0—1 或 1—0 变化(输出序列为 1—0—1—0 或 0—1—0—1,)就称为动态冒险。

例如,图 7.4.1 所示电路,输出函数为 $L=AB+\overline{A}C$。当 B=C=1 时,应有 $L=A+\overline{A}$,即不管 A 如何变化,L 恒为高。实际上由于门电路有延迟,当 A 由高变低时,输出波形会出现一个负脉冲,如图 7.4.2 所示。

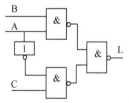

图 7.4.1 竞争与冒险示例电路 1

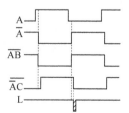

图 7.4.2 竞争与冒险示例电路 1 波形

这个负脉冲是由竞争造成的错误输出,由于脉冲宽度很窄,常被称为毛刺。这种向下(负向)的毛刺又可称为 0 型冒险;反之,若出现向上(正向)的毛刺称为 1 型冒险。图中假定各门的延时均为 t_{pd},且忽略了信号的前后沿时间。

图 7.4.3 所示的是另外一种情形。加到同一门电路的两路输入信号同时向相反方向变化时,由于边沿的过渡时间不同而造成竞争,使输出端出现毛刺(图中未考虑门延时)。这种由于多个输入变量同时变化引起的冒险被称为功能冒险。

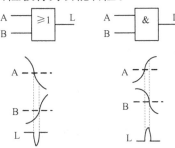

图 7.4.3 竞争与冒险示例电路 2

数字电路中竞争是经常发生的,但不一定都会产生毛刺。由图 7.4.2 可看出当变量 A 由 0 变为 1 时,输出并未产生毛刺。所以,竞争不一定造成危害,但一旦出现毛刺,则会使电路输出错误,应该避免。

7.4.1 冒险的识别

1. 代数法

当函数表达式在一定条件下可以简化成 $L=A+\overline{A}$ 或 $L=A\cdot\overline{A}$ 的形式时,A 的变化可能引起冒险现象。

2. 卡诺图法

在函数的卡诺图中,如果两包围圈相切,而相切处又未被其他包围圈包围,则可能发生冒险现象。如图 7.4.4 所示,图中两包围圈相切,$L=AB+\overline{A}C$。当输入变量 ABC 由 111 变为 011 时,输出 L 从一个包围圈进入另一个包围圈。若把包围圈外函数值视为 0,则函数值可能按 $1-0-1$ 的规律变化,从而出现毛刺。

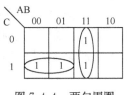

图 7.4.4 两包围圈
相切的卡诺图

3. 实验法

两个以上输入变量同时变化引起的功能冒险难以用上面两种方法判断,可采用实验法作判断。实验法是在输入的各种变化情况下,利用示波器逐级观测各级的输出,发现毛刺,从而分析确定原因。

7.4.2 冒险的消除

当电路中有冒险时,必须设法消除,否则会导致输出错误结果。消除冒险现象通常有如下方法。

(1)加滤波电容法。毛刺很窄,其宽度与门的延时相近,可以在输出端并联滤波电容来消除,也可在本级输出与下级输入之间并联滤波电容来消除,如图 7.4.5 所示。加入滤波电容后电路输出波形边沿会变斜,所以电容的参数要选择合适,一般可由实验确定。

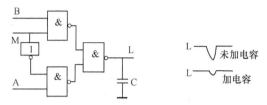

图 7.4.5　加滤波电容消除毛刺

（2）加选通信号法。毛刺仅发生在输入信号变化的瞬间,如这段时间先将门封住,待电路稳定后,再加选通信号取出输出结果,则可避免冒险,如图 7.4.6 所示。

该方法简单易行,但选通信号的选取一定要合适。

（3）增加冗余项法。针对卡诺图中的相切的包围圈,增加一个包围圈（即冗余项）可消除冒险现象。如图 7.4.7 所示,增加一个包围圈后,函数表达式变成 $L＝AB＋\overline{A}C＋BC$,这样可以有效避免 $L＝A＋\overline{A}$ 的情况,避免冒险现象。

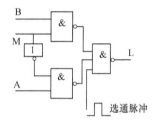

图 7.4.6　加选通信号消除冒险

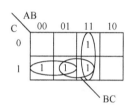

图 7.4.7　增加冗余项避免冒险

冗余项是简化函数时应舍弃的多余项,但为了电路工作可靠又要加上它。可见,最简化设计实际不一定都是最佳的。

上述三种方法各有特点,增加冗余项法适用范围有限,加滤波电容是实验调试阶段常用的应急措施,加选通信号则是行之有效的方法。目前,许多中规模器件都具有使能端,即选通控制端,为消除冒险提供了方便。

本 章 小 结

（1）组合电路的输出只与电路该时刻的输入有关,电路没有记忆功能。

（2）组合电路的分析是通过写出电路的表达式、列真值表等方法,得到电路的逻辑功能。

（3）组合电路的设计是对给定的逻辑功能,选取合适的参数和器件,设计并画出逻辑电路。

（4）常用的集成组合器件有比较器、全加器、编码器、译码器、数据选择器等,各集成器件由功能表描述其功能和使用方法。

（5）集成组合器件组成的各种应用电路,要按照器件功能表得到逻辑表达式,分析电路的逻辑功能。

（6）常用的集成组合器件用使能端来扩展电路的逻辑功能,用集成器件设计逻辑电路具有较强的技巧性,是组合电路主要的设计方法。

（7）组合电路由于输入变量经不同的路径传输,电路可能存在竞争与冒险,可用加滤波电容、选通脉冲、冗余项的方法克服。

思考题与习题

7.1 试分析图题 7.1 所示逻辑电路的功能。

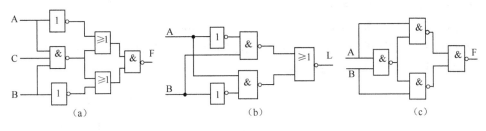

图题 7.1

7.2 图题 7.2 所示为某组合逻辑电路，A、B 为输入变量，S_3、S_2、S_1、S_0 为选择控制变量，F 为输出函数，试写出电路在选择控制变量控制下的输出函数表达式，并说明电路功能。

7.3 图题 7.3 所示为某组合逻辑电路的输入 A、B、C 和输出 L 的波形，试写出其逻辑关系式。

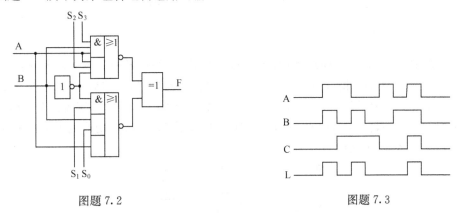

图题 7.2   图题 7.3

7.4 图题 7.4 为某逻辑电路的真值表，(1)试写出其与或逻辑表达式并化简，画出逻辑电路图；(2)试分别写出其与非－与非、或非－或非形式逻辑表达式，并分别用与非门、或非门实现该电路，画出逻辑电路图。

7.5 保密锁上有 3 个键钮 A、B、C，要求：3 个键钮同时按下，或 A、B 两个同时按下，锁就能被打开，而当不符合上述组合状态时，将使电路发出报警响声，试设计此保密逻辑电路。

A	B	C	L
0	0	0	1
0	0	1	1
0	1	0	1
0	1	1	0
1	0	0	1
1	0	1	1
1	1	0	0
1	1	1	0

图题 7.4

7.6 某导弹发射场有正、副指挥员一名，操纵员两名，当正副指挥员同时发出命令时，只要两名操纵员有一人按下发射控制电钮，即可产生一个点火信号将导弹发射出去。试用与非门设计一个组合逻辑电路完成点火的控制。

7.7 用 3 线-8 线译码器和与非门实现下列函数。

$$L_1 = AB + \overline{ABC}$$
$$L_2 = ABC + (\overline{A}B + C)$$
$$L_3 = \overline{AB} + A\,\overline{C} + A\,\overline{BC}$$

7.8 设 AB 表示一个 2 位二进制数，试用 3 线-8 线译码器和必要的与非门设计 AB 的平方运算电路。

7.9 分别用 4 选 1 和 8 选 1 数据选择器和必要的门实现下列函数。

(1) $L = \sum m(2, 4, 5, 7)$

(2) $L = \sum m(1, 3, 7, 9, 13)$

7.10 写出图题 7.10 所示电路的输出表达式，分析其功能。

7.11 数据选择器如图题 7.11 所示，写出输出逻辑表达式，当 $D_3 = 0$，$D_2 = D_1 = D_0 = 1$ 时，判断 $L = \overline{A_1} + A_1 \overline{A_0}$ 是否正确。

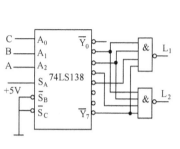

图题 7.10

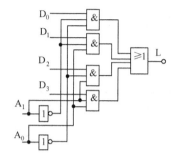

图题 7.11

7.12 某产品有 A、B、C、D 4 项指标，当达到 A、B 合格，C、D 中任一项合格以上，则产品合格；或者当达到 A 不合格，B、C、D 全部合格，产品也合格。(1)试列出产品合格函数 F(A, B, C, D) 的最小项表达式；(2)分别用 74138 译码器和与非门电路实现这个函数。

7.13 试用 3 线-8 线译码器 74138 设计一个能完成图题 7.13 所示功能的电路。其中 A、B、C、D 为输入，F 为输出。

图题 7.13

7.14 试用 8 选 1 数据选择器重做上题。

7.15 写出图题 7.15 所示电路输出函数表达式，说明电路功能。

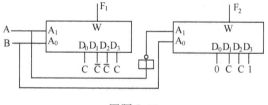

图题 7.15

7.16 分析图题 7.16 所示 8 选 1 数据选择器 74LS151 电路的逻辑功能。要求：写出 F 的表达式，列真值表。

7.17 图题 7.17 所示电路，K_1、K_0 为控制信号，X、Z 为输入，Y 为输出。试列出电路的真值表，分析在选择信号 K_0、K_1 取不同值时，电路可以获得几种逻辑功能。

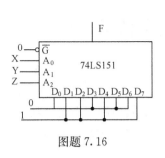

图题 7.16

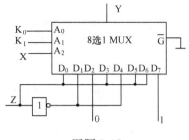

图题 7.17

7.18 试用双 4 选 1 数据选择器设计 1 位二进制全减器。

7.19 试用 4 位全加器构成 4 位二进制减法器。

7.20 试用 1 位全加器和适当的逻辑门组成 5 人表决电路,同意者过半数通过(假设无人弃权)。

7.21 设计一个有 3 个输入端、一个输出端的组合逻辑电路,输入为二进制数。当输入二进制数能被 2 整除时,输出为 1,否则输出为 0。要求分别用与非门和数据选择器实现该电路。

7.22 试分别用 74LS138 和 74LS151 实现函数 $F=\overline{A}B+AD+\overline{B}\,\overline{C}\,\overline{D}$。

7.23 试用 4 位数值比较器和 4 位全加器构成 4 位二进制数码转换成 8421BCD 码的转换电路。

7.24 某与非电路的逻辑函数表达式为 $F(A,B,C,D)=\overline{\overline{AB\overline{C}}\cdot\overline{\overline{A}CD}\cdot\overline{\overline{A}BC}\cdot\overline{\overline{A}\,\overline{C}D}}$,判断该电路是否存在冒险? 若有,试用增加冗余项的方法消除。

7.25 在输入有原变量又有反变量的条件下,用与非门实现函数 $F=\overline{A}B+AD+\overline{B}\cdot\overline{C}\cdot\overline{D}$,要求:(1)判断在哪些输入组合下,可能发生冒险;(2)用增加冗余的方法消除逻辑冒险;(3)用取样方法避免冒险。

第8章 时序逻辑电路

第7章讨论的组合逻辑电路,它在任一时刻的输出状态,仅取决于当时输入信号,而与以前的电路状态无关。本章要讨论的时序逻辑电路却不同,它在任一时刻的输出状态不仅与当时的输入信号有关,而且还与电路原来的状态有关。时序逻辑电路具有记忆功能,这一点是时序逻辑电路与组合逻辑电路的根本区别。时序逻辑电路一般是由组合电路加反馈电路构成的,其组成方框图如图8.0.1所示。

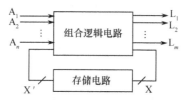

图8.0.1 时序逻辑电路方框图

时序逻辑电路具有如下特点:

(1)电路由组合逻辑电路和存储电路两部分构成。存储电路的作用是记忆给定时刻前的输出信号,作为产生新状态的条件。

(2)输出、输入之间至少有一条反馈路径。

时序逻辑电路的基本单元是触发器,常用电路有寄存器、计数器等数字逻辑部件。本章将介绍它们的工作原理、逻辑功能及应用。

8.1 触 发 器

在各种复杂的数字电路中,不但需要对二值信号进行算术运算和逻辑运算,还经常需要将这些信号和运算结果保存起来,为此,需要使用具有记忆功能的基本逻辑单元。能够存储1位二值信号的基本单元电路统称为触发器。触发器是组成时序逻辑电路的基本单元。

为了实现记忆1位二值信号的功能,触发器必须具备以下两个基本特点:

第一,具有两个能自行保持的稳定状态,用来表示逻辑状态的0和1,或二进制数的0和1。

第二,根据不同的输入信号,在触发信号的控制下,稳定状态可以置成0或1。

由于采用的电路结构形式不同,触发信号的触发方式也不一样。触发方式分为电平触发、脉冲触发和边沿触发3种。在不同的触发方式下,当触发信号到达时,触发器的状态转换过程具有不同的动作特点。

同时,由于控制方式的不同(即信号的输入方式以及触发器状态随输入信号变化的规律不同),触发器的逻辑功能不同,分为RS触发器、D触发器、JK触发器、T触发器等几种类型。

8.1.1 RS触发器

1. 基本RS触发器

基本RS触发器逻辑电路及其逻辑符号如图8.1.1(a)、(b)所示。它由两个与非门交叉连接而成,是构成其他各类触发器的基础,故称之为基本RS触发器。

$\overline{R}_D$和$\overline{S}_D$是它的两个输入端。$\overline{R}_D$和$\overline{S}_D$输入端处的小圆圈表示低电平有效,平时这两个端应接高电平,维持触发器状态不变。只有当$\overline{R}_D$或$\overline{S}_D$接收到低电平信号时,才可能使触发器的状态产生翻转。

Q和$\overline{Q}$是它的两个互补输出端。一般将Q端的状态定义为触发器的状态,如$Q=0$,$\overline{Q}=1$,称触发器为0态;$Q=1$,$\overline{Q}=0$,称触发器为1态。因此基本RS触发器具有0、1两个稳定状态(有两个稳定状态的触发器统称为双稳态触发器),因而可用来表示1位二进制数,即具有记忆功能。

基本RS触发器逻辑功能如下。

(1) $\overline{S}_D=1$,$\overline{R}_D=0$

不论触发器原来的状态如何,触发器状态将翻转为0态,即$Q=0$,$\overline{Q}=1$。

因为$\overline{R}_D=0$导致A门输出$\overline{Q}=1$,从而使B门的两个输入全为1,使得其输出$Q=0$,按照规定这时触发器处于0态。由于是$\overline{R}_D$端加低电平使触发器置0态,所以称$\overline{R}_D$端为置0端,又称为复位端。

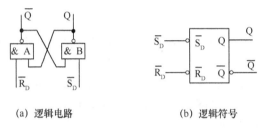

(a) 逻辑电路　　　　　　(b) 逻辑符号

图8.1.1　基本RS触发器逻辑电路及其逻辑符号

(2) $\overline{S}_D=0$,$\overline{R}_D=1$

不论触发器原来状态如何,触发器状态将翻转为1态,即$Q=1$,$\overline{Q}=0$。

因为$\overline{S}_D=0$导致B门输出$Q=1$,从而使A门的两个输入全为1,使得其输出$\overline{Q}=0$,按照规定这时触发器处于1态。由于是$\overline{S}_D$端加低电平使触发器置1态,所以称$\overline{S}_D$端为置1端,又称为置位端。

(3) $\overline{S}_D=1$,$\overline{R}_D=1$

因为两个输入端$\overline{S}_D$和$\overline{R}_D$都没接收到低电平信号,触发器保持原来状态不变。

(4) $\overline{S}_D=0$,$\overline{R}_D=0$

在此条件下,导致$Q=\overline{Q}=1$,破坏了触发器两个输出端Q与$\overline{Q}$的互补逻辑关系,属非正常状态。当两个输入端的低电平信号同时撤除后,由于两个与非门的工作速度差异,将不能确定触发器是处于1态还是0态,即状态不定。所以在使用时,这种输入方式应当避免,成为约束条件。

上述逻辑关系的真值表如表8.1.1所示。

表8.1.1　基本RS触发器逻辑关系的真值表

$\overline{R}_D$	$\overline{S}_D$	Q
0	1	0
1	0	1
1	1	不变
0	0	不定

可见，基本 RS 触发器的逻辑功能为：（对 $\overline{R}_D$、$\overline{S}_D$ 输入信号而言）全 1 不变；全 0 避免；有 1 有 0，Q_D 与 $\overline{R}_D$ 相同。工作特点是低电平直接触发。

目前，基本 RS 触发器已制成集成器件，如 74LS279（T4279）内含 4 个基本 RS 触发器，其引脚排列图，如图 8.1.2 所示。74LS279 的功能同前所述，其中有两个基本 RS 触发器均有两个 $\overline{S}_D$ 输入端，组成相与关系，可以提供更大的使用灵活性。

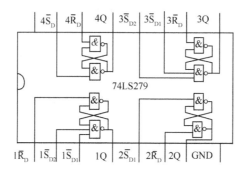

图 8.1.2　74LS279 引脚排列图

基本 RS 触发器结构简单、使用方便，广泛应用于开关消噪声电路、键盘输入电路以及某些特定的场合。

常用机械开关电路如图 8.1.3(a) 所示。当开关 S 在闭合或断开的几毫秒时间内，金属触点之间会产生碰撞抖动，产生接触噪声干扰，输出信号波形如图 8.1.3(b) 所示。该信号加入系统后，将会造成干扰引起误动作。

在开关 S 后面串接基本 RS 触发器，便构成了开关防抖动电路，如图 8.1.3(c) 所示。该电路能有效地消除噪声干扰。当开关 S 由 B 掷到 A 时，动触点和下面静触点第一次接触时，$\overline{S}_D$ =1，$\overline{R}_D$ =0，则 Q=0，输出为低电平。触点因抖动跳开时，有 $\overline{S}_D$ =1，$\overline{R}_D$ =1，触发器输出状态不变，仍保持低电平；当触点再次接通时，又有 $\overline{S}_D$ =1，$\overline{R}_D$ =0，输出仍为低电平，消除了噪声干扰。当开关 S 由 A 掷到 B 时，按照同样的分析方法可知，输出仍能有稳定的高电平。输出波形如图 8.1.3(d) 所示。

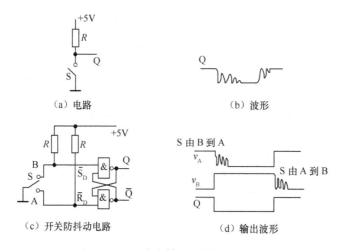

（a）电路　　　　　　　　　　　　（b）波形

（c）开关防抖动电路　　　　　　　（d）输出波形

图 8.1.3　开关防抖动电路及输出波形

但是，基本 RS 触发器在有些应用场合也存在很多问题。例如，当输入端信号在一段时间内发生多次变化时,输出也可能随之而变,无法在时间上加以控制,即存在着多次翻转(空翻)的现象。其次,基本 RS 触发器对输入状态有一定限制,使用中禁止出现 $\overline{S}_D=0$、$\overline{R}_D=0$ 的情况,这也增加了实际使用的不便。

采用时钟控制的触发器便可弥补上述不足。

2. 钟控 RS 触发器

前面介绍的基本 RS 触发器的翻转过程直接由输入信号控制,而实际上常常要求系统中各触发器在规定时刻变化,且由外加时钟 CP 控制。因此,触发器通常是钟控型的,有同步、主从、边沿等类型。这里仅介绍同步 RS 触发器,其他钟控 RS 触发器功能基本与之类似。

同步 RS 触发器的电路与逻辑符号如图 8.1.4 所示。由图可知,输入信号 S、R 要经门 G_3 和 G_4 传递,这两个门同时受 CP 信号控制。

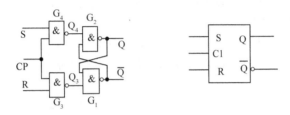

图 8.1.4 同步 RS 触发器的电路与逻辑符号图

当 CP＝1 时,$Q_3=\overline{R \cdot CP}=\overline{R}$ $\quad Q_4=\overline{S \cdot CP}=\overline{S}$

$$Q=\overline{Q_4 \cdot \overline{Q}}=\overline{\overline{S}\,\overline{Q}} \quad \overline{Q}=\overline{Q_3 \cdot Q}=\overline{\overline{R}Q}$$

上面等式两边的 Q 意义不同,左边 Q 表示 CP 作用后的新状态,而右边表示的是 CP 还未作用时的状态,也就是现在的状态。为了区分,前者用 Q^{n+1} 表示,称为次态;后者用 Q^n 表示,称为现态。

因此,钟控 RS 触发器的逻辑功能可以用如下表达式表示:

$$\begin{cases} Q^{n+1}=S+\overline{R}Q^n \\ SR=0(约束条件) \end{cases}$$

上式称为触发器的特性方程或特征方程式。

3. 主从和边沿 RS 触发器

由钟控 RS 触发器的分析可知,仅当 CP＝1 时,"触发"电路发生变化,使 Q 和 $\overline{Q}$ 根据 S、R 信号而改变状态。因此,将 CP 的这种触发方式称为电平触发方式。电平触发方式,在 CP＝1 的全部时间里,S 和 R 状态的变化都可能引起输出状态的改变。在 CP 回到 0 以后,触发器保存的是 CP 回到 0 以前瞬间的状态。

根据上述的动作特点可以想象到,如果在 CP＝1 期间 S、R 的状态多次发生变化,那么触发器输出的状态也将发生多次翻转(空翻),这就降低了触发器的抗干扰能力。

避免多次翻转的方法之一,就是采用具有存储功能的触发导引电路,主从结构式触发器就是这类触发器。

主从 RS 触发器原理电路如图 8.1.5 所示。

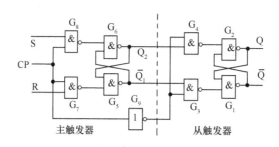

图 8.1.5　主从 RS 触发器

分析图 8.1.5 可知,主从 RS 触发器的工作分两步进行。第一步,在 CP 由 0 正向跳变至 1 时(即 CP=1 时),主触发器接收输入信号,电路状态发生变化;而从触发器被 G_9 封锁。第二步,在 CP 由 1 负向跳变至 0 时(即 CP=0 时),主触发器被封锁,状态不变,而从触发器接收主触发器的状态输入。由于主从触发器的状态分主次分时变化,不会引起整个触发器状态两次以上的翻转,因此克服了多次翻转现象。

主从触发器在某些条件下,可能存在一次翻转现象。如在 CP=1 期间,触发器的状态发生一次转移后,输入又发生变化时,主触发器不会再变,此时就有可能出现状态与特征方程不一致的现象。

接下来要介绍的边沿触发器,只对时钟信号的某一个边沿敏感,而在其他时刻保持状态不变,不受输入信号变化的影响,完全避免空翻、一次翻转等现象,大大提高了抗干扰能力。

边沿触发器的结构如图 8.1.6 所示,通过电路中的几条反馈线,即维持与阻塞线,能确保该触发器仅在 CP 由 0 到 1 的上升沿时刻才发生状态转移,而在其余时间不变。这种结构的触发器又称为维持与阻塞触发器,详细工作情况,请参阅有关参考书。

边沿触发器因电路结构的不同,对时钟脉冲的敏感也不同,且可分为上升沿触发和下降沿触发。后面的讨论均以边沿型触发器为例。

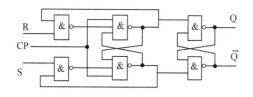

图 8.1.6　维持阻塞 RS 触发器

8.1.2　D 触发器

利用时钟边沿控制的 D 触发器的逻辑符号如图 8.1.7 所示。它有 4 个输入端。其中 $\overline{R}_D$、$\overline{S}_D$ 分别叫做直接置 0(复位)端和直接置 1(置位)端。它们的功能与基本 RS 触发器中介绍的

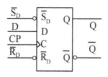

图 8.1.7　D 触发器的逻辑符号

完全相同。所谓直接的含义是指不管输入端 D、CP 为何种状态,均能利用这两个端将触发器置成某种状态。例如,使 $\overline{R}_D=0$、$\overline{S}_D=1$,则输出 Q=0;使 $\overline{R}_D=1$、$\overline{S}_D=0$,则输出 Q=1。触发器正常工作时应将 $\overline{R}_D$、$\overline{S}_D$ 端悬空或接高电平(即 $\overline{R}_D=1$,$\overline{S}_D=1$)。

CP 端是时钟脉冲输入端,时钟脉冲通常是由标准脉冲信号源提供的矩形波信号,它控制

着触发器的翻转时刻。CP 输入端上未画小圆圈,表明触发器是 CP 上升边沿触发翻转,即 CP 输入由 0 到 1 的正跳变使触发器状态翻转。

D 端是信号输入端,它的状态决定触发器将要翻转到的状态。Q 和 $\overline{Q}$ 为触发器两个互补输出端。D 触发器的功能如表 8.1.2 所示。

由表看出:在时钟脉冲 CP 上升沿触发下,触发器输出状态 Q^{n+1} 与 D 输入端信号相同,而与它的原来状态 Q^n 无关。于是,可写出 D 触发器的特性方程:$Q^{n+1}=D$。

综合上述,D 触发器的逻辑功能可简记为:Q^{n+1}、D 相同。工作特点是 CP 上升沿触发翻转。D 触发器的工作波形图如图 8.1.8 所示。

表 8.1.2　D 触发器的功能表

输		入	输　　出
Q^n	D	CP	Q^{n+1}
0 1	0	↑	0
0 1	1	↑	1

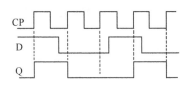

图 8.1.8　D 触发器的工作波形

常用集成 D 触发器品种很多,有单 D 触发器,如 T076、T106 等,它们都具有 3 个 D 输入端,组成"与"的关系,具有较大的使用灵活性;有双 D 触发器,如 T077、T107、74LS74 (T4074)等,所有双 D 触发器均只有一个 D 输入端,且外引脚排列顺序一致,使用方便;此外,还有四 D 触发器 74LS175 (T4175);六 D 触发器 74LS174 (T4174);八 D 触发器 74LS377 (T4377)等,上述所有 D 触发器的引脚图、特性等可查阅附录或查阅集成电路手册。

8.1.3　JK 触发器

在各类时钟控制的集成触发器中,就逻辑功能的完善性、使用的灵活性和通用性来说,JK 触发器具有明显优势,是最主要的触发器之一。

JK 触发器的逻辑符号如图 8.1.9 所示。它有 5 个输入端,$\overline{R}_D$、$\overline{S}_D$ 为直接置 0(复位)端和直接置 1(置位)端。它们的功能与 D 触发器中介绍过的相同。J、K 为信号输入端,它的状态决定触发器将要翻转到的状态。CP 为时钟脉冲输入端,其上画一小圆圈,表明 JK 触发器是 CP 下降沿触发翻转,即 CP 由 1 到 0 的下跳变使触发器状态翻转。

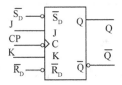

图 8.1.9　JK 触发器的逻辑符号

Q 和 $\overline{Q}$ 为 JK 触发器两个互补输出端。经 JK 触发器电路推证其特性方程为

$$Q^{n+1} = \overline{J}\overline{Q}^n + \overline{K}Q^n$$

式中,Q^n 为时钟脉冲 CP 下跳变之前触发器的状态,称为现态;Q^{n+1} 为时钟脉冲下跳变后的状态,称为次态。具体分析如下:

(1) J=0,K=1

无论 Q^n 为什么状态,都有 $Q^{n+1}=0$,即触发器翻转到 0 态,称之为置 0;

(2) J=1,K=0

无论 Q^n 为什么状态,都有 $Q^{n+1}=1$,即触发器翻转到 1 态,称之为置 1;

（3）J＝0，K＝0

此时，$Q^{n+1}＝Q^n$，表明触发器在CP时钟脉冲下降沿触发后的状态保持原状态不变，称之为保持；

（4）J＝1，K＝1

此时，$Q^{n+1}＝\overline{Q^n}$，表明触发器在CP时钟脉冲下降沿触发后的状态就改变一次，为原态的反，称之为计数。

归纳上述4种情况，可列出JK触发器功能表，如表8.1.3所示。

综上，JK触发器的逻辑功能可简记为：（触发器翻转状态对J、K端信号而言）全1必翻；全0不变；有1有0，Q^{n+1}、J相同；工作特点是CP下降沿触发翻转。JK触发器的工作波形图如图8.1.10所示。

表8.1.3　JK触发器功能表

输入			输出
J	K	Q^n	Q^{n+1}
0	0	0	0
		1	1
0	1	0	0
		1	
1	0	0	1
		1	
1	1	0	1
		1	0

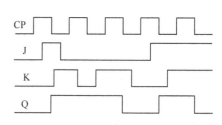

图8.1.10　JK触发器的工作波形图

常用JK触发器品种很多，有单JK触发器，如T208、T108、T1028（74H72）等，它们都具有3个J、K输入端，分别组成"与"的关系，提高了器件使用灵活性；还有双JK触发器，如74LS112（T4112）、74LS114（T4114）等，这些触发器均为下降沿触发翻转。值得注意的是，有些JK触发器产品因内部结构不同而采用时钟脉冲CP上升沿触发翻转，如双JK触发器74LS109（T4109），四JK触发器74LS376等均为上升沿触发翻转。它们的逻辑符号差别仅是时钟脉冲CP输入端上不加小圆圈。上述所有JK触发器的引脚图、特性等可查阅集成电路手册。

8.1.4　T与T′触发器

在某些应用场合下，需要这样一种逻辑功能的触发器，当控制信号为1时，每来一个时钟信号它的状态就翻转一次，当控制信号为0时，时钟信号到达后它的状态保持不变。具备这种逻辑功能的触发器称为T触发器。它的功能表如表8.1.4所示。

表8.1.4　T触发器功能表

输　　入			输　　出	
CP	T	Q^n	Q^{n+1}	
↑	0	0	0	保持
		1	1	
↑	1	0	1	翻转
		1	0	

从功能表可写出 T 触发器的特征方程为

$$Q^{n+1} = T\overline{Q^n} + \overline{T}Q^n$$

若令 T 触发器的 T 恒为 1,则其特征方程变为 $Q^{n+1} = \overline{Q^n}$,该触发器每接收一个时钟,它的状态就翻转一次,这种触发器称为 T' 触发器。

事实上只要将 JK 触发器的两个输入端连在一起作为 T 端,就可以构成 T 触发器。正因为如此,在触发器的定型产品中通常没有专门的 T 和 T' 触发器。

触发器作为一种能存储信息的电路,应用非常广泛。在系统和设备中,常用于诸如开关设定、数据存储、数据转换、误差检测、波形整形等。它们都是常用数字部件计数器、寄存器等重要组成部分,有时还直接用来构成非标准进制的计数器。

8.2 时序电路的分析与设计方法

根据各触发器的时钟信号 CP 的异同,可把时序电路分为同步与异步时序电路。其中,同步时序电路所有触发器的时钟输入端 CP 都连在一起,使电路各触发器的状态变化与时钟 CP 同步;异步时序电路只有部分触发器接时钟输入端 CP,其他触发器的时钟取自电路中触发器输出的组合,各触发器的状态变化有先后,不与时钟输入 CP 同步。

最常见的时序电路是计数器和寄存器,此外,还有序列产生与检验等电路。下面将围绕计数器和寄存器等时序电路展开分析与讨论。

8.2.1 时序电路的分析

时序电路的分析就是根据给定的时序逻辑电路图,通过分析求出它的输出函数的变化规律,以及电路状态 Q 的转换规律,进而说明该时序电路的逻辑功能和工作特性。

1. 分析时序电路的一般步骤

(1)根据给定的时序电路写出下列各逻辑方程式:

① 各触发器的时钟信号 CP 的逻辑表达式;

② 时序电路的输出方程;

③ 各触发器的驱动(激励)方程。

(2)将驱动方程代入相应的触发器的特征方程,求得各触发器的次态方程,也就是时序逻辑电路的状态方程。

(3)根据状态方程和输出方程,列出该时序电路的状态转移真值表,画出状态图或时序图。

(4)用文字描述给定时序逻辑电路的逻辑功能。

对同步时序电路,各触发器的时钟信号 CP 相同,则分析时 CP 的逻辑表达式可不写;而对异步时序电路,由于各触发器的时钟信号 CP 不相同,则分析时 CP 的逻辑表达式就必须列写出。

2. 时序电路的分析举例

【例 8.2.1】试分析图 8.2.1 所示时序电路的功能。

解 这是同步时序电路。

(1)列方程:

$$J_0 = 1, K_0 = 1, J_1 = X \oplus Q_0^n, K_1 = X \oplus Q_0^n, Z = Q_1^n Q_0^n$$

（2）求触发器的次态方程：

$$Q_0^{n+1}=J_0\overline{Q_0^n}+\overline{K_0}Q_0^n=\overline{Q_0^n}$$

$$Q_1^{n+1}=J_1\overline{Q_1^n}+\overline{K_1}Q_1^n=(X\oplus Q_0^n)\overline{Q_1^n}+\overline{X\oplus Q_0^n}Q=X\oplus Q_0^n\oplus Q_1^n$$

（3）列状态转移真值表、画状态图和时序图。

列状态转移真值表是分析时序电路的关键一步，具体做法是：先填入电路现态 Q^n 的所有组合状态，以及输入信号的所有组合状态；然后根据输出方程及状态方程，逐行填入次态 Q^{n+1} 的相应值，以及当前输出的相应值，如表8.2.1所示。

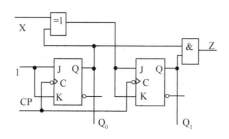

图8.2.1　例8.2.1电路图

表8.2.1　例8.2.1电路状态转移真值表

输入/现态			次态/输出		
X	Q_1^n	Q_0^n	Q_1^{n+1}	Q_0^{n+1}	Z
0	0	0	0	1	0
0	0	1	1	0	0
0	1	0	1	1	0
0	1	1	0	0	1
1	0	0	1	1	0
1	0	1	0	0	0
1	1	0	0	1	0
1	1	1	1	0	1

状态图是状态转移真值表的图形表示，根据状态转移真值表把所有表中列出的状态用圆圈表示，根据状态表中输入和现态确定次态和输出，并用箭头标明转移方向，如图8.2.2所示。设电路的初态均为0，根据状态转移真值表和状态图，可画出在一系列CP作用下的电路时序图，如图8.2.3所示。

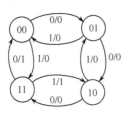

图8.2.2　状态图

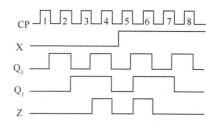

图8.2.3　电路时序图

（4）逻辑功能分析：该电路为同步电路，当X＝0时，电路的状态由00到11，数值递增；当

X＝1时,电路的状态先由 00 到 11,然后由 11 递减。该电路可视为可控计数器,X＝0 时,为加法计数,X＝1 时,为减法计数。

8.2.2　时序电路的设计

时序电路设计又称为电路的综合,它是时序电路分析的逆过程,即根据给定的逻辑功能要求,选择适当的逻辑器件,设计出符合要求的时序逻路。与组合电路的设计类似,时序电路可以采用触发器设计,也可以采用专门的中规模芯片设计。

采用触发器设计时序逻辑电路的一般过程为:

(1) 由给定的逻辑功能求出原始状态图;

(2) 状态化简;

(3) 状态编码;

(4) 选择触发器的类型及个数;

(5) 列写电路的输出方程及各触发器的驱动方程;

(6) 画逻辑电路并检查自启动能力。

用触发器设计时序电路比较复杂,这里仅给出设计思路,本章后几节将介绍采用中规模集成电路设计各种时序电路。

8.3　计 数 器

8.3.1　一般概念

计数器是数字系统中应用十分广泛的一种逻辑部件,其功能是对输入时钟脉冲个数进行计数以实现数字测量、运算和控制。

计数器种类繁多,通常按以下方法分类。

(1) 按计数体制分:可分成二进制计数器和非二进制计数器两大类。在非二进制计数器中,最常用的是十进制计数器,其余的统称为任意进制计数器。

所谓几进制计数器是指计数器的循环状态数,又称为模数。如八进制计数器,可称为模 8 计数。

(2) 按计数增减方式分:可分为加法计数器、减法计数器和可逆计数器。

(3) 按计数脉冲引入方式分:可分为同步计数器和异步计数器。

最简单的计数器是由常用的 JK 触发器或 D 触发器作适当连接后,构成 T′触发器组成的,如图 8.3.1 所示。将 JK 触发器 J、K 输入端悬空,即 J＝K＝1;或将 D 触发器 D 输入端与 $\overline{Q}$ 端相连,这两个触发器便转换成 T′触发器,具有 $Q^{n+1}=\overline{Q^n}$ 的逻辑功能。此时,将时钟脉冲 CP 输

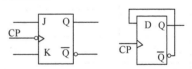

图 8.3.1　最简单的计数器

入端作为计数输入端,当触发器初始状态为 0 态时,送入一个计数脉冲后,触发器变为 1 态;再送入第二个计数脉冲,触发器又变成 0 态。表明一个 T′触发器两个状态可记两个数,即 1 位二进制数,成为基本的计数单元。两个 T′触发器串接,4 个状态可计 $2^2＝4$ 个数,称为四进制计数器或 2 位二进制计数器;以此类推,n 个 T′触发器串接,就构成 2^n 进制计数器,又称为 n 位二进制计数器。

8.3.2 触发器组成计数器

1. 异步二进制加法计数器

（1）电路

电路如图8.3.2所示。它由3个JK触发器组成。每个触发器的J、K端悬空，都处于J＝K＝1的计数工作状态，即具有T′触发器功能。计数输入脉冲由触发器F_0的CP端输入，低位触发器的输出端Q与相邻高位触发器CP端相连接。

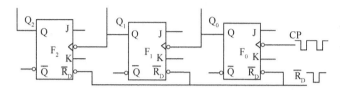

图8.3.2 异步二进制加法计数器

（2）工作原理

计数器工作前应先清0。在$\overline{R}_D$端加一负脉冲，则$Q_2Q_1Q_0＝000$。

输入第一个CP计数脉冲，当该脉冲下降沿到来时，触发F_0翻转，Q_0由0变1。Q_0的正跳变加于F_1的CP端，不影响F_1，F_1保持不变，F_2也保持不变，计数器的状态为001。

输入第二个CP计数脉冲，其下降沿又触发F_0翻转，Q_0由1变0。Q_0的负跳变又将触发F_1翻转，Q_1由0变1。Q_1的正跳变加到F_2的CP端，不影响F_2，F_2保持不变，计数器的状态为010。

按此规律，随着CP计数脉冲的不断输入，各触发器的状态如表8.3.1所示。它的工作波形图如图8.3.3所示。

表8.3.1 各触发器的状态表

输入CP 计数脉冲数	计 数 状 态		
	Q_2	Q_1	Q_0
0	0	0	0
1	0	0	1
2	0	1	0
3	0	1	1
4	1	0	0
5	1	0	1
6	1	1	0
7	1	1	1
8	0	0	0

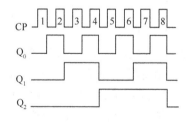

图8.3.3 3位异步二进制加法
计数器工作波形图

由表8.3.1和工作波形图可以看出：

（1）计数器是递增计数的，电路级间遵循"逢二进一"的进位原则，故称为二进制加法计数

192

器。由于输入第八个 CP 计数脉冲后,计数器的状态恢复为 000 初始状态,故该计数器又称为八进制计数器。

(2) 该计数器计数脉冲不是同时加到各位触发器的 CP 输入端,只加到最低位 CP 端。当输入计数脉冲计数器状态表时,3 个触发器的翻转不是同时的,状态更新有先有后,不与 CP 同步,故为异步计数器。

(3) 由工作波形图还可看出,每经过一级触发器,输出矩形脉冲的周期就增加一倍,即频率降低一半。输出 Q_0 的频率是 CP 计数脉冲的 1/2,可实现二分频;Q_1 的频率是 CP 计数脉冲的 1/4,实现四分频;Q_2 的频率是 CP 计数脉冲的 1/8,则实现八分频。可见计数器不仅能记忆输入脉冲数目,而且还具有分频的功能。

计数与分频是两个不同的概念,前者是把各触发器状态一起考虑,利用其二进制编码代表 CP 计数脉冲的数目,后者则指的是计数器中某一级触发器输出脉冲频率与 CP 计数脉冲频率的关系。

2. 同步二进制加法计数器

前面讨论的异步计数器电路简单,但各触发器状态的改变是逐位传递进行的,因而计数速度较慢。为了提高计数速度,可将计数脉冲同时加到各位触发器的 CP 端,使各位触发器的翻转与 CP 计数脉冲同步,采用这种方式组成的计数器称为同步计数器。

(1) 电路

同步二进制加法器的电路如图 8.3.4 所示。由图看出,计数脉冲是同时加到 3 个触发器的 CP 输入端的,故为同步计数器。

(2) 功能分析

(1) 写出各级触发器驱动方程。所谓驱动方程是指触发器输入端的逻辑表达式。依图 8.3.4可得

$$J_0 = K_0 = 1, J_1 = K_1 = Q_0^n, J_2 = K_2 = Q_1^n Q_0^n$$

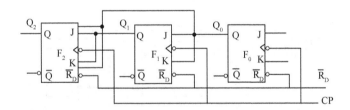

图 8.3.4　同步二进制加法计数器

(2) 求出各级触发器状态方程。把驱动方程式分别代入各触发器的特性方程,即可得该计数器的状态方程

$$Q_0^{n+1} = J_0 \overline{Q_0^n} + \overline{K_0} Q_0^n = \overline{Q_0^n}$$

$$Q_1^{n+1} = J_1 \overline{Q_1^n} + \overline{K_1} Q_1^n = \overline{Q_1^n} Q_0^n + Q_1^n \overline{Q_0^n}$$

$$Q_2^{n+1} = J_2 \overline{Q_2^n} + \overline{K_2} Q_2^n = \overline{Q_2^n} Q_1^n Q_0^n + Q_2^n \overline{Q_1^n Q_0^n}$$

(3) 列状态转换真值表,如表 8.3.2 所示。

表 8.3.2 同步二进制加法计数器状态转换真值表

CP	现 态			次 态		
	Q_2^n	Q_1^n	Q_0^n	Q_2^{n+1}	Q_1^{n+1}	Q_0^{n+1}
1	0	0	0	0	0	1
2	0	0	1	0	1	0
3	0	1	0	0	1	1
4	0	1	1	1	0	0
5	1	0	0	1	0	1
6	1	0	1	1	1	0
7	1	1	0	1	1	1
8	1	1	1	0	0	0

（4）画出状态转换图如图 8.3.5 所示。

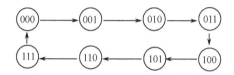

图 8.3.5 同步二进制加法计数器状态转换图

（5）该计数器是一个同步二进制加法计数器，因有 8 个状态依次递增，故又称为同步八进制加法计数器。

3. 其他计数器

用触发器还可以组成异步、同步十进制计数器和其他任意进制计数器。如图 8.3.6 所示，为异步 8421 码二—十进制计数器；如图 8.3.7 所示，为同步 8421 码二—十进制计数器；如图 8.3.8 所示，为同步六进制计数器。这些计数器的分析与前面二进制计数器相同，请读者自行完成。

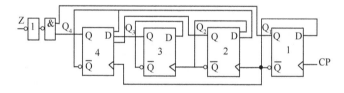

图 8.3.6 异步 8421 码二—十进制计数器

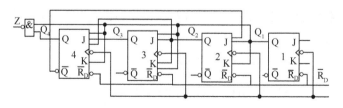

图 8.3.7 同步 8421 码二—十进制计数器

当前广泛使用的是集成计数器，它品种多、功能全、使用方便，应学会正确选择和使用集成计数器。

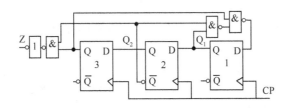

图 8.3.8　同步六进制计数器

8.3.3　集成计数器

计数器是一个十分重要的逻辑部件,如果输入的计数脉冲是秒信号,则可用模 60 计数器产生分信号,进而产生时、日、月和年信号;如果在一定的时间间隔内对输入的周期性脉冲信号计数,就可以测出该信号的频率,计数器也是计算机的主要部件。由于计数器有如此广泛的用途,制造厂已生产了具有不同功能的集成计数器芯片。在设计专用集成电路的软件包中也包含了各种计数器模块。设计人员可以选用这些芯片或模块构成各种逻辑电路和系统。本节将介绍几种典型集成计数器的功能。

1. 集成二进制计数器

(1) 4 位异步二进制计数器 74LS293 (T4293)

图 8.3.9 (a)、(b) 所示是 4 位异步二进制计数器 74LS293 的引脚图和逻辑符号图。图中,Q_3、Q_2、Q_1、Q_0 为输出端;CP_0、CP_1 为两个计数脉冲输入端;其上画有小圆圈,表明计数脉冲下降沿触发计数。$R_{0(1)}$、$R_{0(2)}$ 为复位(清零)端,组成与逻辑关系,高电平有效;NC 为空脚。74LS293 的功能表如表 8.3.3 所示。

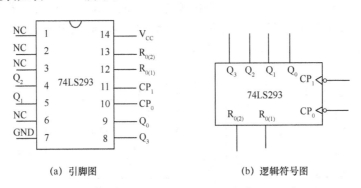

(a) 引脚图　　　　　　　　　　　　　　　(b) 逻辑符号图

图 8.3.9　74LS293 的引脚图和逻辑符号图

表 8.3.3　74LS293 的功能表

输　　入			输　　出			
$R_{0(1)}$	$R_{0(2)}$	CP	Q_3	Q_2	Q_1	Q_0
1	1	×	0	0	0	0
0	×	↓(CP_0)	1 位二进制加法计数(Q_0)			
×	0	↓(CP_1)	3 位二进制加法计数($Q_3Q_2Q_1$)			

（1）当 $R_{0(1)}=R_{0(2)}=1$ 时，不论 CP_0、CP_1 为何种状态，计数器都清零，$Q_3Q_2Q_1Q_0=0000$。

（2）当 $R_{0(1)}$、$R_{0(2)}$ 中有一个为 0 时，在 CP_0、CP_1 计数脉冲下降沿作用下，计数器进行计数。当计数脉冲从 CP_0 输入，Q_0 输出时，为 1 位二进制计数器；从计数脉冲 CP_1 输入，$Q_3Q_2Q_1$ 输出时，为 3 位二进制计数器，因能计 8 个时钟数，故又称为八进制计数器；从 CP_0 输入，将 Q_0 接到 CP_1，$Q_3Q_2Q_1Q_0$ 输出时，为 4 位二进制计数器，因能计 16 个数，故又称为十六进制计数器。该计数器具有上述多种计数功能，所以又把它称为二-八-十六进制计数器。

由于 $R_{0(1)}$、$R_{0(2)}$ 端具有复位（清零）功能 [$R_{0(1)}=R_{0(2)}=1$]，可将 $Q_3Q_2Q_1Q_0$ 输出端中任意 3 个与 $R_{0(1)}$、$R_{0(2)}$ 相连接，可以利用输出的状态形成复位控制信号，将其反馈到复位端，便可以使电路在需要的状态上跳转，从而得到不同进制的计数器。

【例 8.3.1】 试将 74LS293（T4293）接成五进制和十二进制计数器。

解 （1）接成五进制计数器。

电路连接如图 8.3.10(a) 所示。计数脉冲从 CP_0 输入，Q_0 端与 CP_1 端和 $R_{0(1)}$ 端相连，Q_2 接 $R_{0(2)}$ 端。当计数到第 5 个脉冲时，输出为 $Q_3Q_2Q_1Q_0=0101$，此时 $R_{0(1)}=R_{0(2)}=1$，计数器复位为 0000。因计数器只有 0000～0100 这 5 个状态，故为五进制计数器。

（2）接成十二进制计数器。

电路连接如图 8.3.10(b) 所示。Q_0 接 CP_1，Q_3 接 $R_{0(2)}$，Q_2 接 $R_{0(1)}$，计数到 12 个脉冲时数器输出 $Q_3Q_2Q_1Q_0=1100$，因 $Q_3=Q_2=1$，故 $R_{0(1)}=R_{0(2)}=1$，计数器复位，实现十二进制计数。

由上面的例子可知，74LS293 连接成任意进制的计数器，都是利用复位（清零）$R_{0(1)}$、$R_{0(2)}$ 端完成的，关键是确定复位时的计数器状态。

由于 74LS293 复位无须等待时钟 CP，故称为异步的复位。连接不同进制计数器的具体方法是：首先根据要连接成计数器的进制，确定复位时的状态；由于复位端 $R_{0(1)}$ 和 $R_{0(2)}$ 高电平有效，再将复位状态中 1 对应的 Q 取出，直接接复位端 $R_{0(1)}$ 或 $R_{0(2)}$ 即可。若复位状态中 1 的个数有两个以上，如七进制 0111、十三进制 1101 等，则借助与门完成。这种将输出状态反向引入到复位端的方法，称为反馈复位（清零）法。

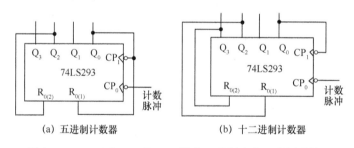

（a）五进制计数器　　　　　　　（b）十二进制计数器

图 8.3.10　74LS293（T4293）接成五进制和十二进制计数器

（2）4 位同步二进制计数器 74LS161（T4161）

74LS161 是 4 位同步二进制计数器，具有计数、保持、预置、清零功能，它的引脚图和逻辑符号如图 8.3.11(a)、(b) 所示。图中 $\overline{R_D}$ 为复位（清零）端，低电平有效；$\overline{L_D}$ 为置数控制端，低电平有效；CP 为计数脉冲输入端，其上未画小圆圈表明上升沿触发计数；Q_3、Q_2、Q_1、Q_0 为计数器输出端；D_3、D_2、D_1、D_0 为置数输入端；S_1 和 S_2 为计数控制（使能）端，高电平有效；C 为进位信号输出端，$C=S_2Q_3Q_2Q_1Q_0$，只有在 $S_2=1$，$Q_3Q_2Q_1Q_0=1111$ 时，才有进位输出，即 $C=1$。表 8.3.4 是 74LS161 的功能表。

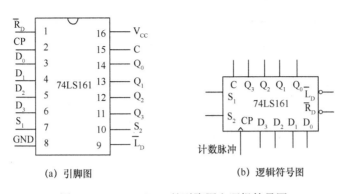

(a) 引脚图　　　　　　　(b) 逻辑符号图

图 8.3.11　74LS161 的引脚图和逻辑符号图

表 8.3.4　74LS161 的功能表

输　入									输　出				说明
$\overline{R}_D$	$\overline{L}_D$	CP	S_1	S_2	D_3	D_2	D_1	D_0	Q_3	Q_2	Q_1	Q_0	
0	×	×	×	×	×	×	×	×	0	0	0	0	清零
1	0	↑	1	1	d_3	d_2	d_1	d_0	d_3	d_2	d_1	d_0	置数
1	1	↑	1	1	×	×	×	×	4 位二进制计数				
1	1	×	0	×	×	×	×	×	保持				
1	1	×	×	0	×	×	×	×	保持				

根据功能表可知 74LS161 具有下述功能。

（1）清零（复位）功能

将复位（清零）端 $\overline{R}_D$ 接低电平，即 $\overline{R}_D = 0$ 时，不论其他输入端为何状态，均将 $Q_3 \sim Q_0$ 全部清零，又称为异步清零。

（2）并行置数功能

当 $\overline{R}_D = 1$，$\overline{L}_D = 0$，$S_1 = S_2 = 1$ 时，在 CP 计数脉冲上升沿作用时，可将置数输入端 D_3、D_2、D_1、D_0 加入的数据 d_3、d_2、d_1、d_0 分别送至输出端 $Q_3 \sim Q_0$ 实现置数功能。由于置数操作需要 CP 计数脉冲配合，并与其上升沿同步，故称为同步置数。

（3）计数功能

当 $\overline{R}_D = \overline{L}_D = S_1 = S_2 = 1$ 时，在 CP 计数脉冲上升沿作用下，实现计数功能，计数状态表如表 8.3.5 所示。

由状态表可见，74LS161 的状态转换规律与 4 位二进制数递增规律完全一致，所以称为 4 位二进制加法计数器，因其有 16 个状态 0000～1111，故又称为十六进制计数器。

（4）保持功能

当 $\overline{R}_D = \overline{L}_D = 1$ 时，只要 S_1 和 S_2 有一个为 0，不论其余各输入端的状态如何，计数的状态保持不变。

集成计数器 74LS161 具有复位（清零）$\overline{R}_D$ 端和置数控制端 $\overline{L}_D$，与 74LS293 一样，可以利用复位（清零）$\overline{R}_D$ 端和置数控制端 $\overline{L}_D$ 组成任意进制计数器。

表 8.3.5　计数状态表

计数脉冲	输　　出				对应十进制数
	Q_3	Q_2	Q_1	Q_0	
0	0	0	0	0	0
1	0	0	0	1	1
2	0	0	1	0	2
3	0	0	1	1	3
4	0	1	0	0	4
5	0	1	0	1	5
6	0	1	1	0	6
7	0	1	1	1	7
8	1	0	0	0	8
9	1	0	0	1	9
10	1	0	1	0	10
11	1	0	1	1	11
12	1	1	0	0	12
13	1	1	0	1	13
14	1	1	1	0	14
15	1	1	1	1	15

【例 8.3.2】试用 4 位同步二进制计数器 74LS161 组成六进制计数器。

解　(1)利用 $\overline{R}_D$ 端清零(即反馈复位法),组成六进制计数器。

设计思路同例 8.3.1。首先确定六进制计数器的复位状态 0110,将复位状态中 1 对应的计数器输出端 $Q_2 Q_1$ 分别引出。因清零端为低电平有效,故将两引出端作为与非门的输入端,再把其出端与 $\overline{R}_D$ 端相连接,电路如图 8.3.12(a)所示。当计数到 $Q_3 Q_2 Q_1 Q_0 = 0110$ 时,$\overline{R}_D = 0$,$Q_3 \sim Q_0$ 立即清零,故计数器只有 0000～0101 共 6 个稳定状态,能计 6 个 CP 数,组成六进制计数器。

(2) 利用置数控制端 $\overline{L}_D$ 控制预置数(称为反馈置数法),组成六进制计数器。

该方法就是控制置数控制端 $\overline{L}_D$,使其接低电平,强迫计数器在计数脉冲 CP 上升沿来到时进行并行置数,当 $\overline{L}_D = 0$ 消失后,计数器就从被置入的数开始计数,成为跳过若个状态的任意进制计数器。

图 8.3.12(b)所示,就是采用反馈置数法组成的六进制计数器电路图。当计数到 $Q_3 Q_2 Q_1 Q_0 = 0101$ 时,使 $\overline{L}_D = 0$,等下一个计数脉冲 CP 上升沿到来时,计数器便被置成 0000 状态,计数器具有 0000～0101 这 6 个稳定状态,即为六进制计数器。

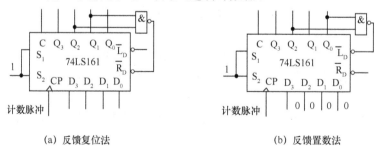

(a) 反馈复位法　　　　　　　　　　　　　　(b) 反馈置数法

图 8.3.12　六进制计数器电路图

利用集成芯片的复位(清零)端和置数端,采取反馈复位法和反馈置数法,可设计各种进制的计数器。反馈复位法适合于有清零输入端的集成计数器,反馈置数法适合于有预置数功能的集成计数器。两者设计的基本思路是:根据设计要求确定计数器的循环状态,利用集成计数器的置数或复位功能,从设定的计数器的最后一个状态直接回到初始态,跳开不需要的状态。

根据芯片的不同,置数端与复位端的使用条件不同,两种方法有所区别,关键在于反馈状态的确定。

利用反馈复位法和反馈置数法接成任意进制计数器的基本步骤如下:

(1) 确定计数器的循环状态,找到对应反馈状态的输出代码;

(2) 将代码中 1 对应的计数器输出端分别引出;

(3) 将引出端分别与复位端或置数端相连。反馈的引入需借助门电路实现,如复位(清零)端和置数端低电平有效,则借助与非门完成,高电平有效则用与门完成。

要注意的是,由于 74LS161 的置数与复位功能,一个是异步(复位)一个是同步(置数),且异步复位是回到 0000 状态,而同步置数有多种选择,两者的反馈的状态是不同的。上例中,如置数初值设为 0000 时,两者的反馈代码差一位,两种方法没有本质区别。

还有一种情形,采用反馈置数法设计计数器,且置数初值较大时,不能简单取反馈状态中的 1 引入反馈,需把所有状态都引入,下面通过例 8.3.3 说明。

【例 8.3.3】试用 4 位同步二进制计数器 74LS161 组成六进制计数器,要求采用反馈置数法,初始状态为 1100。

解 (1)确定循环状态为

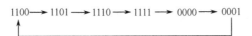

(2) 反馈状态为 0001。与前面不同,此时不能仅取 Q_0 的状态反相后接置数端,为可靠起见,可将 $Q_3 Q_2 Q_1 Q_0$ 的状态全部引入。用与非门实现反馈,$Q_3 Q_2 Q_1 Q_0$ 中取值为 1 的直接输入,取值为 0 的反相后输入与非门。电路如图 8.3.13 所示。

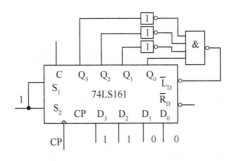

图 8.3.13 置 1100 初态的六进制计数器

下面还要讲到的减法计数器,在用反馈置数法设计时也有同样的问题。在确定反馈状态时,同样应把全部状态引入。

2. 集成十进制计数器

二进制计数器结构简单,但计数结果不符合人们的日常习惯。所以,在需要直接观察计数结果的地方,通常采用十进制计数器。

十进制计数器是在二进制计数器基础上得出的,故又称为二—十进制计数器。4 位二进制计数器共有 16 种状态,0000～1111。若采用 8421 编码方式,以 0000～1001 状态分别表示十进制数码 0～9,而去掉后面 1010～1111 共 6 种状态,则可推出十进制计数器的计数规律:当计数器计到第 9 个脉冲后,再来一个计数脉冲,计数器的状态即由 1001 变为 0000,每 10 个计数脉冲循环一次。

（1）异步十进制计数器 74LS290（T4290）

图 8.3.14 所示是异步十进制计数器 74LS290（T4290）的引脚图和逻辑符号图。图中,Q_3、Q_2、Q_1、Q_0 为计数器输出端;CP_1、CP_0 为两个计数脉冲输入端下降沿触发计数;$R_{0(1)}$、$R_{0(2)}$

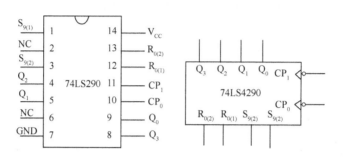

图 8.3.14　异步十进制计数器 74LS290(T4290)的引脚图和逻辑符号图

为复位(清零)端;$S_{9(1)}$、$S_{9(2)}$ 为置 9 端,均为高电平有效。表 8.3.6 是它的功能表,简要说明如下。

（1）当 $R_{0(1)} = R_{0(2)} = 1$ 时,只要 $S_{9(1)}$、$S_{9(2)}$ 中有一个为 0,不管 CP_0、CP_1 为何种状态,计数器均清零,即 $Q_3Q_2Q_1Q_0 = 0000$。

（2）当 $S_{9(1)} = S_{9(2)} = 1$ 时,只要 $R_{0(1)}$、$R_{0(2)}$ 中有一个为 0,不管 CP_0、CP_1 为何种状态,计数器均置 9,$Q_3Q_2Q_1Q_0 = 1001$

（3）当 $R_{0(1)}$、$R_{0(2)}$ 中有一个为 0,$S_{9(1)}$、$S_{9(2)}$ 中也有一个为 0,在 CP_0、CP_1 计数脉冲下降沿作用下,计数器进行计数。当计数脉冲从 CP_0 输入,Q_0 输出时,为 1 位二进制计数器;从 CP_1 输入,Q_3、Q_2、Q_1 输出时,仅具有 5 种计数状态 000～100(由内部结构决定),构成五进制计数器;从 CP_0 输入,将 Q_0 接到 CP_1 由 Q_3、Q_2、Q_1、Q_0 输出时,则为十进制计数器,因此,74LS290(T4290)又称为二-五-十进制计数器。

表 8.3.6　74LS290(T4290)的功能表

输　入					输　出				说明
$R_{0(1)}$	$R_{0(2)}$	$S_{9(1)}$	$S_{9(2)}$	CP	Q_3	Q_2	Q_1	Q_0	
1	1	$\times$ 0	0 $\times$	$\times$	0	0	0	0	清零
0 $\times$	$\times$ 0	1	1	$\times$	1	0	0	1	置 9
$\times$	0	$\times$	0	↓(CP_0)	1 位二进制计数				
0	$\times$	0	$\times$	↓(CP_0)					
0	$\times$	$\times$	0	↓(CP_1)	五进制计数				
$\times$	0	0	$\times$	↓(CP_1)					

同理,利用反馈复位法可将 74LS290 连接成各种进制计数器。

【例 8.3.4】数字钟表的分、秒计数都是六十进制,试利用两片 74LS290 接成六十进制计数电路。

解 六十进制由二片 74LS290 组成,分别连成六进制和十进制。个位为十进制,十位为六进制。当十位计到 6 时,个位、十位同时清零,电路连接如图 8.3.15 所示。

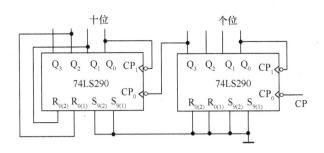

图 8.3.15 用 74LS290 组成的六十进制计数器

计数脉冲由个位的 CP_0 端加入,个位的 Q_3 接十位的 CP_0,十位的 Q_2、Q_1 分别与其 $R_{0(1)}$、$R_{0(2)}$ 端相接。当个位计数器每计满 10 个计数脉冲时,由 Q_3 输出一个进位脉冲,其下降沿触发十位计数器进行计数。当十位计数器计到 6 时,其状态为 0110,于是有 $R_{0(1)} = Q_1 = 1$,$R_{0(2)} = Q_1 = 1$,将十位计数器清零,即 $Q_3Q_2Q_1Q_0 = 0000$,此时个位计数器也处于 0000 状态,从而实现了六十进制计数。

用多片集成计数芯片设计计数器时,用二进制计数器和十进制计数器有所不同。另外,在例 8.3.4 中,六十进制计数器的十位芯片的时钟来自于个位的 Q_3,是异步方式。实际多位计数芯片的连接,常常采用同步连接方式,下面通过举例说明。

如图 8.3.16 示,这是用同步二进制计数器 74LS161 组成的六十进制计数器,两片74LS161 接相同的时钟 CP,这是同步电路。

芯片(1)的进位 C 连接芯片(2)的 S_1S_2。当芯片(1)计满 15 个 CP 后,S_1S_2 有效,再来一个 CP 芯片(2)才计数一次。即芯片(2)每 16 个 CP 计数一次,故其输出分别对应的(时钟)CP 数为 16、32、64、128。由于芯片(1)的输出对应 1、2、4、8,所以反馈状态为 60 = 32 + 16 + 8 + 4。

用多片二进制计数芯片构成几十、几百进制计数器,可按相同的思路设计。它不同于十进制计数芯片的个、十、百……对应位,而是按二进制数的方式 1、2、4、8、16、32……依次对应输出,在确定反馈状态时要多加注意。

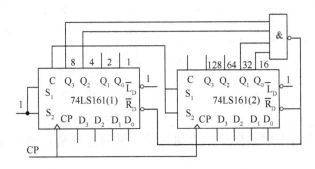

图 8.3.16 用 74LS161 组成的六十进制计数器

（2）同步十进制计数器 74LS160（T4160）

同步十进制计数器 74LS160（T4160）的引脚图、逻辑符号图,各引脚符号的含义及功能表与前面介绍的 4 位同步二进制计数器 74LS161（T4161）类似（参见图 8.3.7 和表 8.3.4）,所不同的仅为 74LS160 的计数状态为 0000～1001,完成十进制计数。每次计满 10 个时钟脉冲,从进位输出端输出进位脉冲,即 $CO = Q_3 Q_0 S_2 = 1$。

（3）同步十进制可逆计数器 74LS192（T4192）

同步十进制可逆计数器 74LS192（T4192）的引脚图、逻辑符号图如图 8.3.17 所示。图中,Q_3、Q_2、Q_1、Q_0 为计数器输出端;CP_U、CP_D 分别为加法和减法计数脉冲输入端,上升沿触发计数;CR 为复位（清零）端,高电平有效;$\overline{LD}$ 为置数端,低电平有效。

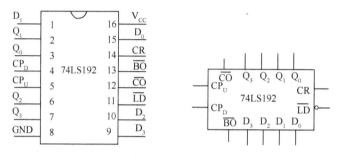

图 8.3.17　74LS192 的引脚图、逻辑符号图

它的功能表如表 8.3.7 所示,简要说明如下。

① 异步预置并行数据。当 $\overline{LD}$ 为 0,不管 CP_U、CP_D 为何种状态,可将预置数置入计数器（为异步置数）,计数器输出 $Q_3 Q_2 Q_1 Q_0 = D_3 D_2 D_1 D_0$。

② 异步清零。当 CR 为 1 时,不管 CP_U、CP_D 为何种状态,计数器输出 $Q_3 Q_2 Q_1 Q_0 = 0000$。

③ 可逆计数。当计数脉冲 CP 加至 CP_U,CP_D 为 1 时,在 CP 上升沿作用下,计数器进行加法计数。当加法计数到状态为 1001 时,在 CP 下降沿,进位输出端 $\overline{CO}$ 产生一个负的进位脉冲,第 10 个 CP 的上升沿作用后,计数器复位。当计数脉冲 CP 加至 CP_D,CP_U 为 1 时,在 CP 上升沿作用下,计数器进行减法计数。同样,计数器进行减法计数时,设初态为 1001,在第 9 个 CP（CP_D）上升沿作用下,计数器状态为 0000,借位输出端 $\overline{BO}$ 产生一个负借位脉冲,第 10 个 CP 的上升沿作用后,计数器复位。

表 8.3.7　同步十进制可逆计数器 74LS192 的功能表

输　入								输　出				功能说明
CR	$\overline{LD}$	CP_U	CP_D	D_3	D_2	D_1	D_0	Q_3	Q_2	Q_1	Q_0	
1	×	×	×	×	×	×	×	0	0	0	0	异步清零
0	0	×	×	D_3	D_2	D_1	D_0	D_3	D_2	D_1	D_0	并行置数
0	1	↑	1	×	×	×	×			加法计数		
0	1	1	↑	×	×	×	×			减法计数		
0	1	1	1	×	×	×	×	Q_3	Q_2	Q_1	Q_0	保持

将 74LS192 进位输出端或借位输出端与后一级的脉冲输入端相连,可以实现多位计数器。

以上介绍了几种常用的集成计数器及其应用,它们的不同点主要表现在触发方式、复位、预置、计数规律、码制等几方面,在应用中要注意。表 8.3.8 列出了部分常用的集成计数器。

表8.3.8　常用集成计数器

型　号	计数方式	模及码制	计数规律	预　置	复　位	触发方式
74LS90	异步	2×5	加法	异步	异步	下降沿
74LS92	异步	2×6	加法		异步	下降沿
74LS160	同步	模10,8421码	加法	同步	异步	上升沿
74LS161	同步	模16,二进制	加法	同步	异步	上升沿
74LS162	同步	模10,8421码	加法	同步	同步	上升沿
74LS163	同步	模16,二进制	加法	同步	同步	上升沿
74LS190	同步	模10,8421码	单时钟,加/减	异步		上升沿
74LS191	同步	模16,二进制	单时钟,加/减	异步		上升沿
74LS192	同步	模10,8421码	双时钟,加/减	异步	异步	上升沿
74LS193	同步	模16,二进制	双时钟,加/减	异步	异步	上升沿
74LS290	异步	模10,8421码	双时钟,加法	异步	异步	下降沿
74LS293	异步	二进制	双时钟,加法		同步	下降沿

8.4　移位寄存器

　　在数字系统中,经常要用到可以存放数码的部件,这种部件称为数码寄存器。因为一个触发器可以存放1位二进制数码,n个触发器就可以组成一个能存n位二进制数码的寄存器。所以,n位寄存器,实际上就是受同一时钟脉冲控制的n个触发器,如前面提及的4D触发器74LS175(T4175)、6D触发器74LS174(T4174)、8D触发器74LS377(T4377)等均可作为寄存器使用。

　　有时为了处理数据的需要,寄存器中的各位数据要依次(低位向高位或高位向低位)移位,具有移位功能的寄存器称为移位寄存器。

　　移位寄存器分为单向移位寄存器和双向移位寄存器。

8.4.1　单向移位寄存器

　　单向移位寄存器又分为左移(由低位至高位)寄存器和右移(由高位至低位)寄存器。它们的差别仅是移动方向不同,其工作过程类似。

　　图8.4.1所示是具有移位功能的寄存器。电路由4级D触发器构成,由图可见$Q_0^{n+1}=I$,$Q_1^{n+1}=Q_0^n$,$Q_2^{n+1}=Q_1^n$,$Q_3^{n+1}=Q_2^n$。

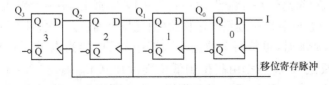

图8.4.1　4位左移移位寄存器

　　在移位寄存脉冲的作用下,输入信息I依次由第0级触发器向高位移动,实现数码的向左移存。同理可构成右移移位寄存器。

实际使用的主要是集成移位寄存器。图 8.4.2(a)、(b)所示是集成 8 位左移(由低位至高位)寄存器 74LS164 (T4164)的引脚图和逻辑符号图。

图中,$Q_7 \sim Q_0$ 为输出端;$\overline{C}_r$ 为复位(清零)端,其上有小圆圈表明低电平有效;CP 为时钟脉冲(此处称为移位脉冲)输入端,其上无小圆圈表明上升沿触发有效;D_{SA}、D_{SB} 为数据输入端。它的功能表如表 8.4.1 所示。

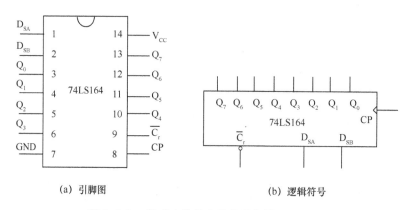

(a) 引脚图　　　　　　　　　(b) 逻辑符号

图 8.4.2　集成 8 位单向移位寄存器 74LS164

由功能表可以看出,74LS164 单向移位寄存器具有如下功能:

(1) 清零。只要在复位(清零)端加低电平,即 $\overline{C}_r = 0$,74LS164 就清零,即

$$Q_7 Q_6 Q_5 Q_4 Q_3 Q_2 Q_1 Q_0 = 00000000$$

表 8.4.1　74LS164 功能表

输　　入				输　　出								说明
$\overline{C}_r$	CP	D_{SA}	D_{SB}	Q_7	Q_6	Q_5	Q_4	Q_3	Q_2	Q_1	Q_0	
0	×	×	×	0	0	0	0	0	0	0	0	清零
1	0	×	×	Q_7	Q_6	Q_5	Q_4	Q_3	Q_2	Q_1	Q_0	保持
1	↑	1	1	Q_6	Q_5	Q_4	Q_3	Q_2	Q_1	Q_0	1	
1	↑	0	×	Q_6	Q_5	Q_4	Q_3	Q_2	Q_1	Q_0	0	移位
1	↑	×	0	Q_6	Q_5	Q_4	Q_3	Q_2	Q_1	Q_0	0	

(2) 保持。当 $\overline{C}_r = 1$,CP 为 0 时,74LS164 不动作,处于保持状态。

(3) 移位。当 $\overline{C}_r = 1$,$D_{SB} = D_{SA} = 1$ 时,在 CP 脉冲上升沿到来时,74LS164 的输出 $Q_0 \sim Q_7$ 逐级向左移位(由低位至高位)一次,且 $Q_0 = 1$;$\overline{C}_r = 1$,D_{SA} 或 D_{SB} 有一个输入数码为 0 时,在 CP 脉冲上升沿到来时,$Q_0 \sim Q_7$ 也是逐级向左移位(由低位至高位)一次,且 $Q_0 = 0$。

实际使用 74LS164 时,可将两个数据输入端中的 D_{SA} 接高电平,即 $D_{SA} = 1$,而将 D_{SB} 作为数据输入端(或反之)。将数据由高位到低位逐次加到 D_{SB} 端,在 $\overline{C}_r = 1$ 的条件下,每来一个 CP 上升沿,数据便会由 Q_0 向 Q_7 逐级移位一次。现以输入数据 10111011 为例,说明输入过程。

74LS164 工作前先清零,使 $Q_7 Q_6 Q_5 Q_4 Q_3 Q_2 Q_1 Q_0 = 00000000$。将输入数据最高位 1 加到 D_{SB} 端,第一个 CP 上升沿到来时,$Q_7 \sim Q_0 = 00000001$。再加入次高位数据 0,第二个 CP

上升沿到来时，$Q_7 \sim Q_0 = 00000010 \cdots \cdots$ 就这样由高位到低位逐次输入数据加到 D_{SB} 端，每个 CP 上升沿作用后，数据左移 1 位。8 个 CP 后，输入数据全部移入寄存器，$Q_7 \sim Q_0 = 10111011$。

（4）输出。输出方式有两种，并行输出和串行输出。同时取出数据叫作并行输出，若仅从 Q_7 端输出，来一个 CP 上升沿，输出 1 位，需输入 8 个 CP 后，8 位数据才能全部从 Q_7 端顺序输出，这就是串行输出。

【例 8.4.1】分析图 8.4.3 所示，用 74LS164 构成的环形计数器。

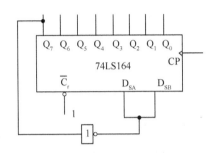

图 8.4.3　74LS164 构成的环形计数器

解　设 74LS164 的初态为 00000000，由于 $\overline{C}_r = 1$，寄存器在 CP 上跳后开始移位，输入 1 到 Q_0，在 8 个 CP 后寄存器的状态变为 11111111，第 9 个 CP 来到后，0 输入到 Q_0，16 个 CP 后寄存器的状态重新回到 00000000，故该环形计数器为十六进制。0 和 1 依次在输出端出现，状态规则变化，称为环形计数器。

8.4.2　双向移位寄存器

在数字电路中，经常需要寄存器能够按不同的控制信号，向右或向左移位。具有这种既能右移又能左移两种工作方式的寄存器称为双向移位寄存器。

74LS194（T4194）是集成 4 位双向移位寄存器，它的引脚图和逻辑符号图如图 8.4.4 所示。

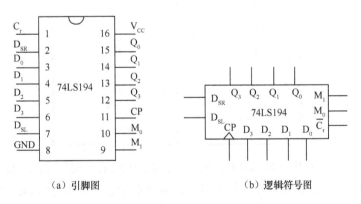

（a）引脚图　　　　　　　（b）逻辑符号图

图 8.4.4　集成 4 位双向移位寄存器 74LS194

图中，$Q_3 \sim Q_0$ 为输出端，$D_3 \sim D_0$ 为数据并行输入端，CP 为时钟脉冲（移位脉冲）输入端，其上无小圆圈表明上升沿有效，$\overline{C}_r$ 为复位（清零）端，其上有小圆圈表明低电平有效，D_{SR} 为右移数据串行输入端，D_{SL} 为左移数据串行输入端，M_1、M_0 为工作方式选择控制端。它的功能表如

表8.4.2所示。

表8.4.2　74LS194功能表

输　　入									输　　出				说　　明
清零 $\overline{C_r}$	工作方式控制		时钟 CP	串行		并行				Q_3	Q_2	Q_1	Q_0	
	M_1	M_0		D_{SL}	D_{SR}	D_3	D_2	D_1	D_0					
0	×	×	×	×	×	×	×	×	×	0	0	0	0	清零
1	×	×	0	×	×	×	×	×	×	Q_3	Q_2	Q_1	Q_0	保持
1	1	1	↑	×	×	d_3	d_2	d_1	d_0	d_3	d_2	d_1	d_0	并行置数
1	0	1	↑	×	1	×	×	×	×	1	Q_3	Q_2	Q_1	右移
1	0	1	↑	×	0	×	×	×	×	0	Q_3	Q_2	Q_1	
1	1	0	↑	1	×	×	×	×	×	Q_2	Q_1	Q_0	1	左移
1	1	0	↑	0	×	×	×	×	×	Q_2	Q_1	Q_0	0	
1	0	0	×	×	×	×	×	×	×	Q_3	Q_2	Q_1	Q_0	保持

由功能表看出74LS194功能如下：

（1）异步清零。只要给复位（清零）端$\overline{C_r}$加低电平，即$\overline{C_r}=0$，寄存器就清零，$Q_3Q_2Q_1Q_0$$=0000$。

（2）具有4种工作方式。在$\overline{C_r}=1$的前提下，由工作方式选择控制端M_1、M_0的状态决定寄存器工作方式，如表8.4.3所示。值得注意的是所有工作方式，只有在CP上升沿作用时才能实现。

表8.4.3　74LS194工作方式

工作方式选择控制		工作方式
M_1	M_0	
0	0	保持
0	1	右移
1	0	左移
1	1	并行置数

（3）保持。无CP上升沿时，输出状态保持不变；当$M_1M_0=00$时，输出状态保持不变。

（4）并行置数。当$M_1M_0=11$时，并行置数端的数据置入到对应的输出端。

【例8.4.2】用74LS194设计一个模4计数器，其状态变化序列为1100,0110,0011,1001。

解　为满足计数状态的变化，由74LS194的功能表可知，用置数方式确定初态，D_3、D_2、D_1、D_0应置成1100；采取右移方式实现环形计数，D_{SR}应与Q_0连接，M_1、M_0应接成01；$\overline{C_r}$置1不用，D_{SL}置1不用。电路连接如图8.4.5所示。

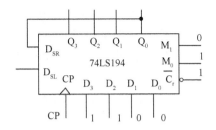

图 8.4.5 74LS194 设计的模 4 计数器

8.5 中规模时序逻辑器件综合应用

1. 计数器的几种置数方法

（1）同步置数法

如图 8.5.1 所示,二进制计数器 74LS161 的置数信号产生是固定的,来自于进位输出 C。只要改变输入数据就可以改变计数器的进制。也可以利用电路的全部输出状态作反馈,接成图 8.5.2 所示形式。

由于 74LS161 具有同步置数的功能,即 $\overline{L_D}$ 有效时还必须等待 CP 上跳沿到来才能起作用,所以图 8.5.1 所示电路的状态转移关系为:

$$1111 \rightarrow 0100 \rightarrow 0101 \rightarrow 0110 \rightarrow 0111 \rightarrow 1000$$
$$\uparrow \quad （置入） \qquad\qquad\qquad\qquad \downarrow$$
$$1110 \leftarrow 1101 \leftarrow 1100 \leftarrow 1011 \leftarrow 1010 \leftarrow 1001$$

由此可以看出该电路为十二进制计数器。

图 8.5.2 电路的状态转移关系为:

$$0000 \rightarrow 0101 \rightarrow 0110 \rightarrow 0111 \rightarrow 1000 \rightarrow 1001$$
$$\uparrow \quad （置入） \qquad\qquad\qquad\qquad \downarrow$$
$$1111 \leftarrow 1110 \leftarrow 1101 \leftarrow 1100 \leftarrow 1011 \leftarrow 1010$$

该电路的置入数为 0101,仍为十二进制计数器。

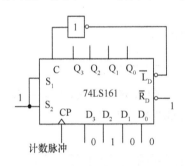

图 8.5.1 利用进位反馈的计数器

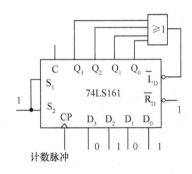

图 8.5.2 利用全部输出反馈的计数器

（2）异步置数法

图 8.5.3 所示的是用 74LS192 构成的计数器。由于 74LS192 是异步置数,即 $\overline{LD}$ 有效时不必等待 CP 边沿到来就能起作用,该电路的状态转移为:

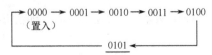

当电路的输出状态变为 0101 后，置数输入端$\overline{LD}$低电平有效，立即将电路的数据端数据置入，使电路输出状态跳变为 0000，状态 0101 停留的时间很短暂，不到一个时钟周期，所以不是一个有效的状态，因此电路实际有效工作状态有 5 个，电路为五进制计数器。当置入数为 0000 时，异步置数法与异步复位(清零)法是一致的。

利用芯片的低电平有效的进位或借位输出端，也可直接连置数端，构成所需计数器，如图 8.5.4 所示。

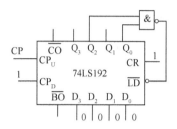

图 8.5.3　异步置数计数器

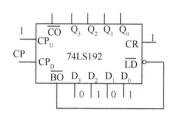

图 8.5.4　利用借位端置数的异步减法计数器

该电路的状态转移为：

$$\text{0101} \longrightarrow \text{0100} \longrightarrow \text{0011} \longrightarrow \text{0010} \longrightarrow \text{0001}$$
（置入）

$$\underline{\text{0000}}$$

电路的初态为 0101，当电路减到 0000 后，借位端产生的低电平信号反馈到置数端，将初态为 0101 重新置入，电路完成五进制计数。

（3）其他形式置数法

通过将输出状态反馈到置数输入，这种方式也能实现对电路工作状态的控制。如图 8.5.5 所示电路，二进制计数器 74LS161 的输入信号 D_3 取自其输出 Q_3，输出 Q_2 作为反馈置数信号。

电路的状态转移为：

$$\text{0110} \longrightarrow \text{0111} \longrightarrow \text{1000} \longrightarrow \text{1110} \longrightarrow \text{1111} \longrightarrow \text{0000}$$
（置入）　　　　　　　　（置入）

电路在状态循环过程中，当 Q_2 为低电平时就置数，共有两次数据置入，电路为六进制计数。图 8.5.6 是用两个输出做反馈置数输入的计数器，其原理及分析同上。

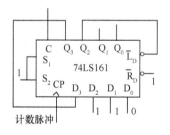

图 8.5.5　利用输出直接连置数端的计数器

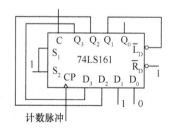

图 8.5.6　利用两路输出直接连置数端的计数器

2. 综合应用举例

集成计数器和寄存器的应用十分广泛，典型的应用有分频器、定时器、并/串行数据转换、序列信号的产生与检测等。

（1）分频器

图 8.5.7 所示电路是用 3 片十进制计数器 74LS160 构成的分频电路。十进制计数器 74LS160 工作在计数状态，低位 74LS160 的进位输出接高位芯片的计数控制，使得高位计数器分别为百进制和千进制。若输入时钟 CP 的频率为 $f=10\text{kHz}$，则 3 片 74LS160 的输出（C）信号频率分别为 1000Hz，100Hz 和 10Hz。

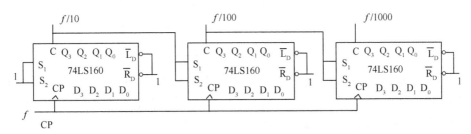

图 8.5.7　用 74LS160 构成的分频器

（2）并行/串行转换电路

如图 8.5.8 所示电路是由八进制加法计数器和 8 选 1 数据选择器构成的并行/串行数据转换电路。74LS161 设计为八进制计数器，它的状态输入到 8 选 1 数据选择器的控制端。当计数器在时钟信号控制下进行加法计数时，其状态改变控制数据选择器数据（并行）依次输出（串行），输入与输出波形参见 7.2.5 节有关内容。

（3）序列检测与产生

如图 8.5.9 所示，电路由双向移位寄存器 74LS194 外加门电路构成。74LS194 设定为右移工作状态，数据序列 D_{in} 由 D_{SR} 端逐位右移输入，与非门的输出为 $Y=D_{in}Q_0\overline{Q_1}Q_2Q_3$，当输入序列为 11011 时，输出 Y 为 1。因此，当输出为 1 时表明输入了 11011 序列，电路实现对 11011 序列的检测。

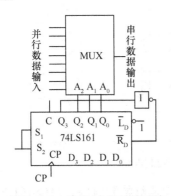

图 8.5.8　并行/串行转换电路

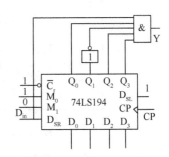

图 8.5.9　11011 序列检测器

图 8.5.10 所示是由双向移位寄存器 74LS194 和 8 选 1 数据选择器构成的电路，74LS194 设置在左移工作状态，它的输出状态连到数据选择器的控制端，数据选择器的输出则作为 74LS194 的左移输入。

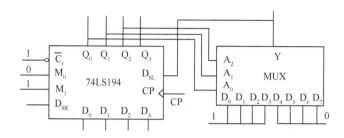

图 8.5.10   双向移位寄存器 74LS194 和 8 选 1 数据选择器构成的电路

设电路的初态为 0000,可以分析电路的状态($Q_3 Q_2 Q_1 Q_0$)转移为:

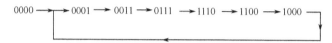

该电路不论初始态是什么,最后总会进入 6 个状态的循环,在 Y 端得到 111000 序列,电路可作为序列产生器。实际上,前面的并行/串行转换电路,在数据选择器的输入端加上固定的数,其输出即为设定的序列,它也是一种序列产生电路。

(4)其他电路

图 8.5.11 所示是一个由 4 位二进制计数器 74LS193、4 线-16 线译码器 74LS154 和 4 双输入与非门 74LS00 组成的可逆循环彩灯控制电路。

电路中计数器 74LS193 对 CP 脉冲计数,计数结果送入 74LS154 译码,译码器输出的低电平使该路发光二极管点亮。同时,译码器输出 Y_{15} 和 Y_0 的低电平送到两个与非门组成的 RS 触发器,控制彩灯的循环。

电路的初态随机,若计数器加法计数,则输出数逐渐增大,经译码后彩灯依次向上(Y_{15} 方向)点亮,直到计数器计满,Y_{15} 对应的灯亮,RS 触发器状态翻转,计数器由加法计数变为减法计数,下一时钟后,计数器状态使由 1111 递减。译码后彩灯依次向下点亮,直至计数器状态为 0000,经译码后使得 Y_0 为 0,RS 触发器状态再次翻转,计数器重新加法计数,以后周期性重复循环。

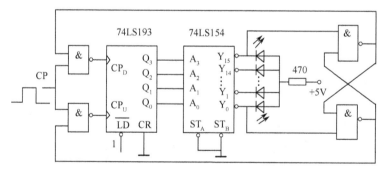

图 8.5.11   可逆循环彩灯控制电路

图 8.5.12 所示是一个由计数器和译码器组成的交通灯控制电路。74LS161 连接成八进制计数器,74LS138 译码器作为反码输出的数据分配电路,与门电路实现输出译码。在 CP 作用下,计数器循环计数,若 CP 的周期为 10s,输出信号 R(红灯)持续亮 3 个 CP 周期为 30s 后,是 Y(黄灯)亮 1 个 CP 周期 10s,然后 G(绿灯)亮 3 个 CP 周期 30s,再是 Y(黄灯)亮 10s,周而复始。则电路的工作波形如图 8.5.13 所示。

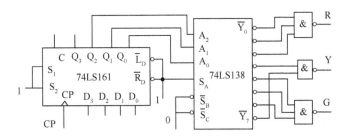

图 8.5.12　交通灯控制电路

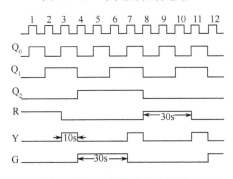

图 8.5.13　电路的工作波形

本 章 小 结

（1）时序电路是由触发器和组合电路构成的，时序电路具有反馈支路，电路的输出与当时的输入以及以前的状态有关。

（2）触发器有 RS、D、JK 等几种类型，触发方式分为上升沿和下降沿两种，触发器均有专门的置数和清零端。

（3）描述触发器功能的有特征方程、状态表、状态图、时序图等工具。

（4）JK 触发器具有置 0、置 1、计数、保持 4 种功能，是触发器中功能最全的。D 触发器使用方便，常用作寄存器。用触发器可以组成各种时序电路。

（5）时序电路根据电路中的时钟形式不同而分为异步电路和同步电路。由于同步电路的速度相对较快，应用比较广泛。时序电路主要有：计数器、寄存器、序列产生器、序列检测器等。

（6）对时序电路可进行逻辑分析或根据实际要求设计出电路，各种时序逻辑电路设计主要采用集成器件，主要集成时序器件是计数器和移位寄存器。

（7）常用集成计数器分为同步和异步两类，根据进制不同又分为二进制计数器、十进制计数器和任意进制计数器。集成计数器使用清零端或置数端，采用反馈清零法或反馈置数法可以方便实现任意进制计数。

（8）寄存器可分为数据寄存器和移位寄存器。移位寄存器既能接收、存储数据，又可将数据按一定方式移动。

思考题与习题

8.1　画出由与非门构成的基本 RS 触发器，在图题 8.1 所示输入信号作用下 Q 和 $\overline{Q}$ 端的波形。

8.2　试画出 D 触发器在图题 8.2 所示 CP 和 D 端输入波形作用下输出端 Q 的波形。设触发器初态为 0，上升沿触发。

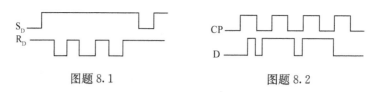

图题 8.1 图题 8.2

8.3 电路如图题 8.3 所示,设各触发器初态均为 0,试画出在时钟脉冲 CP 作用下各触发器输出端 Q 的波形。

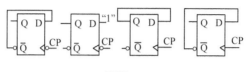

图题 8.3

8.4 电路如图题 8.4 所示,设各触发器初态均为 0,试画出在时钟脉冲 CP 作用下各触发器输入端 Q 的波形。

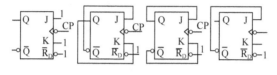

图题 8.4

8.5 已知 CP、D 波形,试画出图题 8.5 所示电路的 Q_1、Q_2 波形。设触发器的初态均为 0。

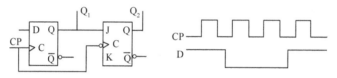

图题 8.5

8.6 图题 8.6 所示 JK 触发器电路,其输出端 Q 是高电平还是低电平?为什么?要使该电路作为二分频器使用,请更改该电路。

8.7 试分析图题 8.7 所示电路,画出电路 Q_1、Q_2、F 的波形。

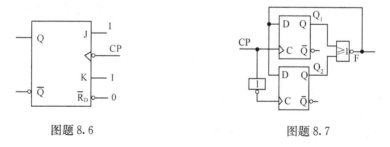

图题 8.6 图题 8.7

8.8 试分析图题 8.8 所示电路是几进制计数器。

8.9 试分析图题 8.9 所示电路是几进制计数器,并画出 Q_1、Q_2 的波形,设触发器初态均为 0。

8.10 试写出图题 8.10 示电路的激励、输出方程,列状态表,画状态图,分析其功能。

8.11 试用 4 个 D 触发器连接组成一个 4 位二进制异步加法计数器。

8.12 将 4 位异步二进制计数器 74LS293 接成图题 8.12 所示的两个电路时,各为几进制计数器?

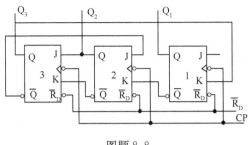

图题 8.8

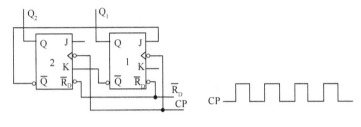

图题 8.9

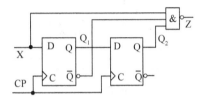

图题 8.10

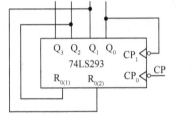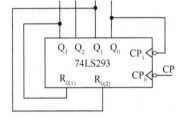

图题 8.12

8.13 试分析图题 8.13 示出 74LS161 组成的计数电路进制,列出状态转移真值表。

8.14 图题 8.14 示出 74LS161 组成的可变进制计数电路,试分析当控制变量 A 为 1 和 0 时,电路各为几进制计数器。

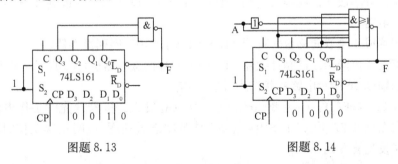

图题 8.13   图题 8.14

8.15 图题 8.15 示出 74LS161 组成的可变进制计数电路,试分析当控制变量 A 为 1 和 0 时,电路各为几进制计数器。

8.16 图题 8.16 示出 74LS161 组成的可变进制计数电路,试分析当控制变量 A 为 1 和 0 时,电路各为几进制计数器。

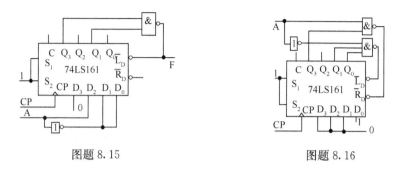

图题 8.15　　　　　　　　图题 8.16

8.17 试分析图题 8.17 所示电路的分频比。

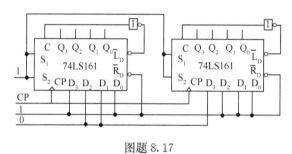

图题 8.17

8.18 试利用集成 4 位同步二进制计数器 74LS161 设计一个五进制计数器。要求分别用反馈置数法(初值为 0000)和反馈复位法设计。

8.19 试利用集成 4 位同步二进制计数器 74LS161 分别接成十二进制、二十四进制计数器。可以附加必要的门电路。

8.20 试利用集成同步十进制计数器 74LS160 分别接成六进制、八进制计数器。可以附加必要的门电路。

8.21 试利用集成 4 位同步二进制计数器 74LS161 设计一模可变计数器,用 A 控制模数。当 A=1 时,为十三进制计数器;当 A=0 时,为十一进制计数器。

8.22 试利用集成 4 位同步二进制计数器 74LS161 和 4 选 1 数据选择器,设计一个模可变计数器,用 AB 控制模数。当 AB=00 时,为七进制计数器;当 AB=01 时,为九进制计数器;当 AB=10 时,为十一进制计数器;当 AB=11 时,为十二进制计数器。

8.23 试利用两片集成 4 位同步二进制计数器 74LS161 设计八十一进制计数器,可以附加必要的门电路。

8.24 试利用集成 4 位双向移位寄存器 74LS194 设计"101"序列检测器。

8.25 利用集成 4 位同步二进制计数器 74LS161 和数据选择器设计"1011"序列产生器。

8.26 列出图题 8.26 所示电路的状态表,说明功能。

8.27 已知 TTL 与非门的 $I_{OH}=800\mu A$,$I_{OL}=16mA$,发光二极管发光时工作电流为 10mA。试画出图题 8.27 所示 74LS194 电路工作的状态转换图,说明正常工作时,$Q_3Q_2Q_1Q_0$ =? 时发光管发光。

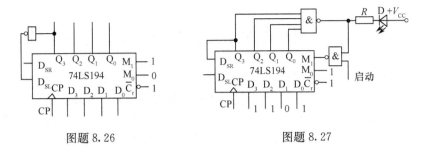

图题 8.26   图题 8.27

8.28 分析图题 8.28 所示 4 位双向移位寄存器 74LS194 和 8 选 1 数据选择器构成的电路的功能,画出 Q_0、Q_1、Q_2、Q_3 的状态图,设 Q_0、Q_1、Q_2、Q_3 的初态均为 0。

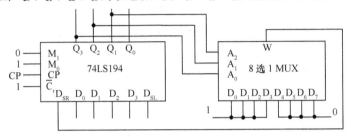

图题 8.28

8.29 利用 74LS194 的异步置数端实现如下循环:1100—1101—1110—1111—1100…。

8.30 设计一个时序电路,只有在连续两个或两个以上时钟作用期间,两个输入信号 $X_1 X_2$ 一致时,输出才为 1,其余情况输出为 0。

第9章　中规模信号产生与变换电路

在数字系统或电路中,常常需要各种脉冲波形,这些信号可以利用脉冲信号产生器直接产生,也可以对已有信号进行变换。由于系统的实际对象往往都是一些模拟量,数字系统或电路要识别、处理这些模拟信号,必须首先将这些模拟信号转换成数字信号;而经数字系统分析、处理后的输出数字量也要转换成模拟信号才能为执行机构所接受。本章介绍了555定时器及其在信号产生、变换中的应用,并对常用的数/模、模/数转换器的原理及应用进行分析。

9.1　555集成定时器

555定时器是一种将模拟电路和数字电路结合在一起的混合集成电路。它设计新颖,构思奇巧,用途广泛,深受电子专业设计人员和电子爱好者青睐。目前世界上各大电子公司均生产这种产品且都以555命名,如NE555、SE555、LC555、CA555等。我国20世纪80年代由上海元件五厂仿制生产,取名5G1555。

9.1.1　555定时器电路

555定时器是由模拟与数字混合电路构成的,包含4部分:一个基本RS触发器,一个放电晶体管VT,两个电压比较器C_1和C_2以及3个5kΩ电阻组成的分压器。555定时器共有8个引脚,在5脚不接外加电压时,比较器C_1的参考电压为$\frac{2}{3}V_{CC}$,加在同相输入端;比较器C_2的参考电压为$\frac{1}{3}V_{CC}$,加在反相输入端,两参考电压均取自分压器。555定时器电路图及引脚图如图9.1.1(a)、(b)所示。

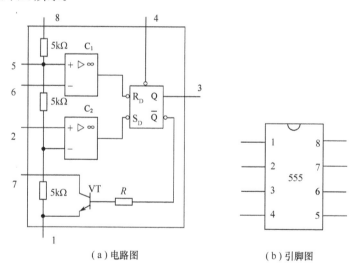

（a）电路图　　　　（b）引脚图

图9.1.1　555定时器电路图及引脚图

555定时器的8个引出端具体定义如下。

引出端1:接"地"端。

引出端 2：低电平触发端。由此端可输入触发信号。当输入信号电压高于 $\frac{1}{3}V_{CC}$ 时，比较器 C_2 输出高电平 1；当输入信号电压低于 $\frac{1}{3}V_{CC}$ 时，C_2 输出低电平 0，使基本 RS 触发器置 1，定时器输出为 1。

引出端 3：输出端。

引出端 4：复位端。此端输入低电平 0 时，定时器清零，即输出为 0。

引出端 5：为电压控制端，可由此引出端外加电压以改变比较器 C_1、C_2 的参考电压。

引出端 6：高电平触发端。引出端也可以输入触发信号，当输入信号电压低于 $\frac{2}{3}V_{CC}$ 时，比较器 C_1 输出高电平 1；当输入信号电压高于 $\frac{2}{3}V_{CC}$ 时，C_1 输出低电平 0，使基本 RS 触发器置 0，定时器输出为 0。

引出端 7：放电端。当基本 RS 触发器 $\overline{Q}=1$ 时，放电晶体管 VT 导通，外接在晶体管 VT 上的电容器可通过电流。

引出端 8：外接电源 V_{CC} 端。

9.1.2　555 定时器的功能

根据 555 定时器的内部电路，我们可以分析 555 定时器所具有的功能。通常引出端 5 不加外加电压时，根椐输入信号的差异，555 定时器具有 4 种功能：直接复位（清零）；输出低电平；输出高电平；保持不变。其功能表如表 9.1.1 所示。

表 9.1.1　555 定时器功能表

复位端（引出端 4）	高电平触发端 （引出端 6）	低电平触发端 （引出端 2）	输出脚（引出端 3）	输出说明
0	×	×	0	复位
1	$>\frac{2}{3}V_{CC}$	$>\frac{1}{3}V_{CC}$	0	低电平
1	$<\frac{2}{3}V_{CC}$	$>\frac{1}{3}V_{CC}$	保持原态	保持不变
1	$<\frac{2}{3}V_{CC}$	$<\frac{1}{3}V_{CC}$	1	高电平

9.1.3　555 定时器的应用

555 定时器采用单电源供电，电源电压适应范围为 4.5～15V。555 定时器具有很多优点，尤其是输出电流达 200mA，带负载能力很强。因而，应用极其广泛，可以构成各种应用电路。

1. 用 555 定时器组成单稳态触发器

（1）电路

用 555 定时器构成的单稳态触发器电路及工作波形如图 9.1.2(a)、(b) 所示。将 555 定时器高电平触发端 6 与放电端 7 相连，外接定时元件 R、C，输入触发信号加到低电平触发端 2，低电平有效，引出端 5 与地之间接 $0.01\mu F$ 的滤波电容，以提高比较器电压的稳定性。

单稳态触发器与第 8 章介绍的 D、JK 等双稳态触发器是不同的。双稳态触发器具有两个

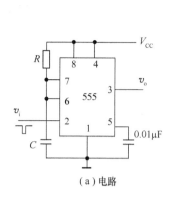 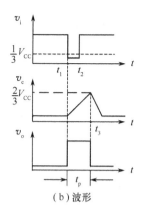

（a）电路　　　　　（b）波形

图 9.1.2　555 定时器构成的单稳态触发器电路

稳定状态,在无外加信号触发时,它就工作在其中的一个稳定状态,当外加信号触发时,它从一个稳定状态转变到另一个稳定状态,其特点是有外部触发脉冲,才有电路稳定状态转变。而单稳态触发器只有一个稳定状态,在无外加信号触发时,它就工作在这个稳定状态,当外加信号触发时,电路先从稳定状态转变到暂稳状态,然后由暂稳状态自动返回稳定状态,具有一次触发两次状态改变的特点。

（2）工作原理

① 电路的稳定状态。

当无外加触发信号输入时,即当 v_i 为高电平且其值大于 $\frac{1}{3}V_{CC}$ 时,比较器 C_2 输出为 1,这时 555 定时器输出端（引出端 3）一定处于低电平 0 态。这是因为,若输出高电平时;放电管 VT 就会截止,则 V_{CC} 经 R 给 C 充电。当电容上电压达 $\frac{2}{3}V_{CC}$ 时,比较器 C_1 输出低电平 0,便将基本 RS 触发器置成 0 态,从而使输出 $v_o=0$。此后,放电管 VT 导通,电容 C 放电,当其上电压下降到低于 $\frac{2}{3}V_{CC}$ 时,比较器 C_1 又输出高电平 1,但基本 RS 触发器保持 0 态不变,电路进入稳态输出为低电平 0。

② 低电平触发,电路由稳态翻转到暂稳态。

当低电平触发端（引出端 2）外加触发负脉冲,使引出端 2 的电平低于 $\frac{1}{3}V_{CC}$ 时,比较器 C_2 输出低电平 0,将基本 RS 触发器置成 1 态,则输出 $v_o=1$,电路进入暂稳态。尔后外加触发负脉冲过去,引出端 2 电平高于 $\frac{1}{3}V_{CC}$,比较器 C_2 输出高电平 1。

③ 自动返回稳态的过程。

在暂稳态状态下,基本 RS 触发器 $\overline{Q}=0$,放电管 VT 截止,V_{CC} 经 R 对电容 C 充电,当电容上电压升高到大于 $\frac{2}{3}V_{CC}$ 时,比较器 C_1 输出 0,基本 RS 触发器被置 0,输出端由高电平 1 自动转到低电平 0,返回到稳态。

④ 恢复过程。

电路返回稳态后,基本 RS 触发器 $\overline{Q}=1$,放电管 VT 导通,电容 C 放电,为下次工作做好准备。

输出脉冲宽度,即暂稳态持续时间为

$$t_P \approx 1.1RC$$

（3）应用

单稳态触发器是常用的基本单元电路,除用 555 定时器组成外,还有现成的集成单稳电路,如 74LS122(T4122)、74LS123(T4123)等,可查手册选用,用途很广,举例说明如下。

① 定时:单稳态触发器在外加负脉冲触发作用下,能产生一定宽度 t_p 的矩形输出脉冲,利用这个脉冲去控制某个电路,就可使该电路在 t_p 时间内工作或不工作。

图 9.1.3(a)是单稳态触发器定时控制电路示意图,利用它可以测量信号频率。调节单稳态触发器的 R、C 值,使 $t_p = 1s$。在外加触发脉冲作用下,单稳态触发器的输出将与门打开 1 秒钟,被测信号通过与门使计数器计数,1 秒钟内所计得的输入脉冲个数,即为测信号的频率。工作波形图如图 9.1.3(b)所示。

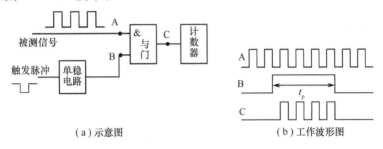

（a）示意图　　　　（b）工作波形图

图 9.1.3　单稳态触发器定时控制电路

② 整形:单稳态触发器一旦外加低电平触发信号就进入暂稳态,输出高电平 1,不再与输入信号状态有关。然后会自动返回稳态,输出低电平 0。利用该特点就可把不规则输入脉冲整形为具有一定宽度,一定幅度,边沿陡峭的矩形波,如图 9.1.4 所示。

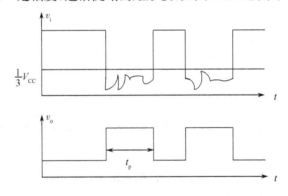

图 9.1.4　单稳态触发器整形电路

③ 延时:由图 9.1.4 所示单稳态触发器工作波形图看出,单稳输出 v_o 波形下降沿比输入 v_i 信号下降沿延迟了 t_p 时间,通过改变单稳电路 R、C 的数值可改变 t_p,即改变延时时间。

2. 用 555 定时器组成多谐振荡器

多谐振荡器能够自动产生确定频率的矩形脉冲,因为其波形中包含丰富的高次谐波,所以习惯称为多谐振荡器。在实际中,多谐振荡器经常用于产生数字电路的时钟信号。

（1）电路

用 555 定时器构成的多谐振荡器电路如图 9.1.5(a)所示,其中 R_1、R_2 和 C 是外接元件。

（2）工作原理

接通电源后，V_{CC} 经 R_1、R_2 对电容 C 充电，当电容上电压 $v_C < \frac{1}{3}V_{CC}$ 时，比较器 C_1 输出为 1，C_2 输出为 0，基本 RS 触发器被置 1，输出电压 v_o 为高电平 1，此时放电管 VT 截止，电容 C 继续充电。

当 v_C 上升到高于 $\frac{1}{3}V_{CC}$ 而低于 $\frac{2}{3}V_{CC}$ 时，C_1 输出不变仍为 1，C_2 输出变为 1，此时基本 RS 触发器状态保持不变，输出 v_o 仍为高电平 1。此时放电管 VT 仍截止，C 继续充电。

当电容充电到 $v_C > \frac{2}{3}V_{CC}$ 时，C_2 输出继续维持为 1，而 C_1 输出变为 0，将基本 RS 触发器置 0，于是输出 v_o 变为低电平 0，这时 $\overline{Q}=1$，放电管 VT 导通，电容 C 经 R_2 和 VT 放电，v_C 下降。

当电容 C 放电使 $v_C < \frac{1}{3}V_{CC}$ 时，C_2 输出低电平 0，将基本 RS 触发器又重新置 1，输出 v_o 由低电平 0 又变为高电平 1，此时 $\overline{Q}=1$，VT 又截止，电源 V_{CC} 又经 R_1、R_2 对电容 C 充电。

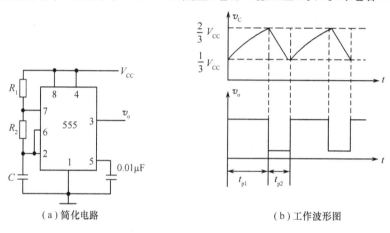

（a）简化电路 （b）工作波形图

图 9.1.5 多谐振荡器

上述过程重复进行，便能由输出端输出连续的矩形波，其波形图如图 9.1.5（b）所示。输出矩形波的周期取决于电容 C 充放电时间常数。C 充电，v_C 由 $\frac{1}{3}V_{CC}$ 上升到 $\frac{2}{3}V_{CC}$ 所需的时间为

$$t_{p1} = 0.7(R_1 + R_2)C$$

C 放电，v_C 由 $\frac{2}{3}V_{CC}$ 下降到 $\frac{1}{3}V_{CC}$ 所需时间为 $t_{p2} = 0.7R_2C$，故输出矩形波周期为

$$T = t_{p1} + t_{p2} = 0.7(R_1 + 2R_2)C$$

其频率为 $$f = 1/T$$

通常振荡频率范围约在 0.1Hz～300kHz 之间，可作为信号源使用。

（3）应用

"叮咚"双音门铃：555 定时器构成的多谐振荡器电路如图 9.1.6 所示。未按下开关 S 时，555 的引出端 4 电位为 0，引出端 3 输出低电平，门铃不响；当按下开关 S 时，VD_1、VD_2 均导通，电源经 VD_2 给 C_3 充电，使引出端 4 电位为 1，电路工作在多谐振荡器状态，振荡频率由

R_2、R_3、C_1 决定,电路发出"叮"声;再放开开关 S 时,VD_1、VD_2 均不导通,电路仍工作在多谐振荡器状态,振荡频率由 R_1、R_2、R_3、C_1 决定,电路发出"咚"声;与此同时,C_3 经 R_4 放电,到引出端 4 电位为 0 时,电路停振。

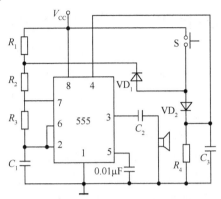

图 9.1.6　555 定时器构成的"叮咚"双音门铃

3. 用 555 构成施密特触发器

施密特触发器是具有两个触发电平的双稳态触发器,可以用来将正弦波形或三角波形转换为矩形波,也可将矩形波整形,并能有效地清除掉叠加在矩形脉冲高、低电平上的噪声。在数字技术中,常用于波形变换、脉冲整形及脉冲幅度鉴别等。

(1) 电路

用 555 定时器构成的施密特触发器电路如图 9.1.7 所示。

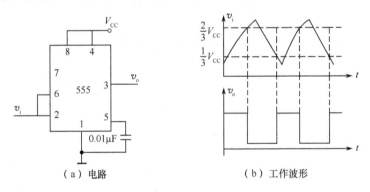

（a）电路　　　　　　　（b）工作波形

图 9.1.7　555 施密特触发器

(2) 工作原理

当输入信号 $v_i < \frac{1}{3}V_{CC}$ 时,输出高电平。

若输入增加,使得 $\frac{1}{3}V_{CC} < v_i < \frac{2}{3}V_{CC}$ 时,电路维持原状态不变,输出为高电平。

若输入 v_i 增加,使得 $v_i \geqslant \frac{2}{3}V_{CC}$ 时,输出变为低电平。输入 v_i 再增加,电路的状态维持在低电平。

若输入 v_i 下降,只有当 v_i 下降到略小于 $\frac{1}{3}V_{CC}$ 时,触发器再次置 1,电路重新翻转到输出高电平状态。

显然,555 定时器构成的施密特触发器,上限触发阈值为 $\frac{2}{3}V_{CC}$,下限触发阈值为 $\frac{1}{3}V_{CC}$,回差为 $V_{CC}/3$。

9.2 数/模(D/A)和模/数(A/D)转换器

随着数字技术的迅速发展,尤其是计算机的普遍应用,模拟量和数字量之间的互相转换日趋广泛。众所周知,计算机所能接受和处理的信息是数字信号,而测量与控制的物理量往往是一些连续变化的模拟量,如温度、速度、压力、流量、位移等,这些模拟量经传感器变成相应的电压或电流等模拟信号。只有将这些模拟信号转换成数字信号,计算机才能对它们进行运算或处理,然后再将运算或处理结果转换成模拟信号,才能驱动执行机构以实现对被控制量的控制。把数字信号转换为模拟信号的电路称为数/模转换器,简称 D/A 转换器(DAC),而把模拟信号转换为数字信号的电路称为模/数转换器,简称 A/D 转换器(ADC)。数/模(D/A)和模/数(A/D)转换器实际上是计算机与外部设备之间的重要接口电路。本节介绍数/模和模/数转换的基本概念及一些典型转换电路的工作原理。

9.2.1 数/模转换器

数/模(D/A)转换器(DAC)的任务是把输入数字量变换成为与之成一定比例的模拟量,按其结构可以分为 4 种:电压输出型、电流输出型、视频型和对数型。

图 9.2.1(a)是模/数转换器的示意图。

图中 D 表示 n 位并行输入的数字量,v_A 是输出模拟量,V_{REF} 是实现转换所必需的参考电压(或基准电压),它通常是一个恒定的模拟量,三者之间应该满足

$$v_A = KDV_{REF} \tag{9.2.1}$$

式中 K 是常数,不同类型的 DAC 对应各自的 K 值。假设

$$D = D_{n-1} \times 2^{n-1} + D_{n-2} \times 2^{n-2} + \cdots + D_0 \times 2^0 = \sum_{i=0}^{n-1} D_i \times 2^i \tag{9.2.2}$$

可得

$$v_A = KV_{REF}(D_{n-1} \times 2^{n-1} + D_{n-2} \times 2^{n-2} + \cdots + D_0 \times 2^0) = KV_{REF}\sum_{i=0}^{n-1} D_i \times 2^i \tag{9.2.3}$$

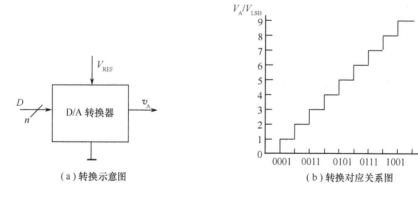

(a)转换示意图　　　　(b)转换对应关系图

图 9.2.1　D/A 转换器

式(9.2.3)说明了 DAC 的输入数字量和输出电压(模拟量)之间的关系。这种对应关系

也可以用图 9.2.1(b)表示。图中数字量的位数 $n=4$。V_{LSB} 是该 DAC 的最小输出电压，即当 $D=0001$ 时的输出电压。如果把式(9.2.3)中的输出电压改成输出电流，则可得数字—电流(模拟量)转换的关系式或曲线。

DAC 主要由数字寄存器、模拟电子开关、位权网络、求和运算放大器和基准电压(或恒流源)组成。根据实现 D/A 转换的位权网络不同，把 DAC 分成不同类型，例如全电阻网络 DAC、T 形电阻网络 DAC、倒 T 形电阻网络 DAC、电流激励型 DAC、双极性转换 DAC 等。位权网络类型不同，但功能都是完成式(9.2.3)的转换，工作原理基本相同。下面以 T 形电阻网络 DAC 为例，讲述 D/A 转换的原理。

1. T 形电阻网络 DAC

(1) 电路组成

DAC 的电路形式有多种，目前广泛应用的是 T 形和倒 T 形电阻网络 DAC。图 9.2.2 所示为 4 位 T 形电阻网络 DAC 原理电路图。

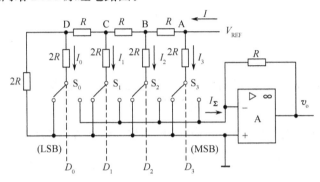

图 9.2.2　4 位 T 形电阻网络 DAC

图中，电阻 R 和 $2R$ 构成 T 形电阻网络。$S_3 \sim S_0$ 为 4 个电子开关，它们分别受输入的数字信号 4 位二进制数 $D_3 \sim D_0$ 的控制，D_3 为最高位，写作 MSB(Most Significant Bit)；D_0 为最低位，写作 LSB(Least Significant Bit)。当 $D_i=0$ 时，电子开关 S_i 置左边接地($i=0,1,2,3$)；当 $S_i=1$ 时，电子开关 S_i 置右边与运算放大器 A 反向输入端相接。运算放大器 A 构成反相比例放大器，其输出 v_o 为模拟信号电压。V_{REF} 为基准电压。

(2) 工作原理

由于运算放大器 A 的反相输入端为"虚地"，因此，无论电子开关 S_i 置于左边还是右边，从 T 形电阻网络节点 A、B、C、D 对"地"往左看的等效电阻均为 R，于是能很方便地求得电路中有关电流的表示式，即

$$I=\frac{V_{REF}}{R}, I_3=\frac{I}{2}, I_2=\frac{I_3}{2}=\frac{I}{4}, I_1=\frac{I_2}{2}=\frac{I}{8}, I_0=\frac{I_1}{2}=\frac{I}{16} \tag{9.2.4}$$

而流向运算放大器 A 反相输入端的总电流 I_Σ，与电子开关 $S_3 \sim S_0$ 所处状态有关(置右边)，考虑到输入数字信号 4 位二进制数 $D_3 \sim D_0$ 对电子开关的控制作用，则

$$\begin{aligned}
I_\Sigma &= I_3 D_3 + I_2 D_2 + I_1 D_1 + I_0 D_0 \\
&= \frac{I}{2} D_3 + \frac{I}{4} D_2 + \frac{I}{8} D_1 + \frac{I}{16} D_0 \\
&= \frac{I}{2^4}(D_3 2^3 + D_2 2^2 + D_1 2^1 + D_0 2^0)
\end{aligned} \tag{9.2.5}$$

由运算放大器工作原理可知

$$v_o = -I_\Sigma R$$

将式(9.2.5)及 $I = \dfrac{V_{REF}}{R}$ 代入,得

$$v_o = -\frac{V_{REF}}{2^4}(D_3 2^3 + D_2 2^2 + D_1 2^1 + D_0 2^0) \tag{9.2.6}$$

可见,输出模拟电压 v_o 与输入数字量成正比,完成了数模转换。

这种 T 形电阻网络的转换原理可以推广到 n 位,对于 n 位 T 形电阻网络 DAC,输出电压 v_o 与输入二进制数 $D = D_{n-1}D_{n-2}\cdots D_1 D_0$ 之间的关系,则为

$$v_o = -\frac{V_{REF}}{2^n}(D_{n-1} 2^{n-1} + D_{n-2} 2^{n-2} + \cdots + D_1 2^1 + D_0 2^0) \tag{9.2.7}$$

综上所述,DAC 的工作过程为:输入数字信号(二进制数)控制相应的电子开关,经 T 形电阻网络将二进制数字信号转换成与其数值成正比的电流,再由运算放大器将模拟电流转换成模拟电压输出,从而实现由数字信号到模拟信号的转换。

2. DAC 的主要参数

(1)分辨率

DAC 的分辨率是指最小输出电压 V_{LSB}(简记为 LSB,对应输入二进制数的最低有效位为 1,其余各位为 0)与最大输出电压 V_{FSR}[简记为 FSR(Full Scale Range),对应输入二进制数的所有位全为 1,即满刻度电压]之比。由此,可写出 n 位 DAC 的分辨率为 $\dfrac{1}{2^n - 1}$。在实际的 DAC 产品性能表中,有时把 2^n、甚至直接把 n 位称为分辨率。例如 8 位 DAC 的分辨率为 2^8 或 8 位。

可见,DAC 输入二进制数的位数越多,能分辨的最小输出电压数值越小,分辨率就越高。

(2)转换误差(精度)

DAC 的转换误差是指它在稳态工作时,实际模拟输出值和理想输出值之间的偏差。这也是一个综合性的静态特性能指标,通常以线性误差、失调误差、增益误差、噪声和温漂等项内容来描述输出误差。

误差分为绝对误差和相对误差。所谓绝对误差就是实际值与理想值之间的最大差值,通常以 V_{LSB} 或 LSB 的倍数来表示,如转换误差(精度)$\leqslant \dfrac{1}{2}$LSB,意味着转换器的转换误差(精度)不大于最低有效位 1 对应的模拟输出电压的一半。相对误差是绝对误差与满量程电压 FSR(V_{FSR} 或 I_{FSR})的百分数。例如一个满量程电压 V_{FSR} 为 8V 的 12 位 DAC,如绝对误差为 $\pm$ 1LSB,则它的绝对误差为 ± 1.9mV,相对误差为 $\pm 0.0244\%$ 或 $\pm 244 \times 10^{-6}\%$。须注意的是,分辨率和转换误差实际上是相关的。转换误差大的 DAC,提高其分辨率是没有意义的。

DAC 的转换误差(精度),常用最低有效位的倍数来表示。造成转换误差的主要原因是由于基准电压 V_{REF} 的不稳定,运算放大器的零点漂移、电子开关的导通电阻以及电路中电阻阻值的偏差等所致。

(3)转换时间

DAC 的转换时间是完成一次转换(输入二进制数从全 0 到全 1,或者从全 1 到全 0)所需的时间。DAC 的位数越多,转换时间就越长。一般在零点几微秒到数十微秒范围内。

【例 9.2.1】若一个 8 位 DAC 的最小输出电压增量为 0.01V,则

(1)当输入为 11001001 时的输出电压为多少?

(2)若输出电压为 1.95V,其输入数字量为多少?

解 $(1)v_o=-\dfrac{V_{REF}}{2^n}(D_{n-1}2^{n-1}+D_{n-2}2^{n-2}+\cdots+D_1 2^1+D_0 2^0)$

$\qquad\quad=0.01\times(2^7+2^6+2^3+2^0)=2.01V$。

(2)1.95/0.01 转化为二进制数是 11000011。

3. 集成 DAC

DAC 的应用十分广泛,随着大规模集成电路工艺和技术的迅速发展,DAC 芯片在集成度上除了增加位数外,还不断将 DAC 的外围器件集成到芯片内部,诸如内设基准电压源、缓冲寄存器、运算放大器等输出电压转换电路及其控制电路,从而提高了 DAC 集成片的性能、丰富了芯片的品种,并且方便了使用。

目前市场上出售的集成 DAC 种类繁多,根据输入数字量(二进制数)的位数分,常用的DAC 有 8 位、10 位、12 位、16 位等规格。就输出模拟量形式而言,DAC 有两类,一类芯片的内部电路不含运算放大器,其输出量为电流;另一类芯片的内部电路包含了运算放大器,其输出量为电压。在选用集成 DAC 时务必注意这些特点。

下面以集成 10 位 T 形电阻网络 DAC5G7520(AD7520)为例,介绍其电路组成,引出端及基本应用电路。5G7520(AD7520)的内部电路只包含 T 形电阻网络和电子开关两部分,其电路图与引脚图如图 9.2.3 所示。各引出端功能如下。

引出端 1:模拟电流 I_{OUT1} 输出端,应用时与外接运算放大器的反相输入端连接。

引出端 2:模拟电流 I_{OUT2} 输出端,应用时与外接运算放大器的同相输入端连接,然后接"地"。

引出端 3:为 GND 接"地"端。

引出端 4~13:D_9~D_0 为数字信号二进制数顺序从 MSB 位至 LSB 位的输入端。

引出端 14:V_{DD} 为电子开关正电源接线端,一般取值为 10V 左右。

引出端 15:V_{REF} 为基准电压接线端,一般在 -10~$+10V$ 范围内选取。

引出端 16:R_F 为集成芯片内一个 R 电阻的引出端[参见图 9.2.3(a)],使用时该端与外接运算放大器的输出端相连。由于该电阻另一端已与 I_{OUT1} 端相接,故此电阻可作为外接运算放大器反馈电阻使用,所以引出端才标以 R_F。

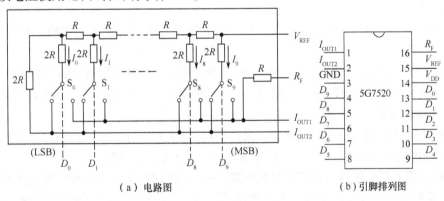

（a）电路图　　　　　　（b）引脚排列图

图 9.2.3　集成 DAC5G7520(AD7520)

5G7520（AD7520）基本应用电路如图 9.2.4 所示,图中

$$v_o = -\frac{V_{REF}}{2^{10}}(D_9 2^9 + D_8 2^8 + \cdots + D_1 2^1 + D_0 2^0)$$

欲提高转换精度,应选用稳定度高的基准电压 V_{REF} 和高质量运算放大器。

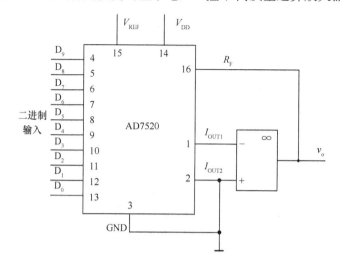

图 9.2.4　5G7520（AD7520）基本应用电路

9.2.2　模/数转换器

模/数转换是一种将模拟输入信号转换为 N 位数字信号的技术,它有三大类,第一类是串行模/数转换;第二类是并行模/数转换;第三类是分量程模/数转换。串行模数转换有积分型、$\Delta-\Sigma$ 型、逐次逼近型、位串行流水线型和算术型。并行模/数转换一般是指并联比较型或闪电式模/数转换,它是高速模/数转换。分量程模/数转换是流水线型和并行模/数转换的结合,具有高速高分辨率的特点。

1. 模/数(A/D)转换器(ADC)的基本概念

与 DAC 相反,ADC 的功能是将时间和幅值都连续的模拟量转换成时间和幅值都离散的数字量。模拟量转换成数字量通常是由采样、保持、量化和编码 4 个过程来实现。

（1）采样和保持

所谓采样是利用电子开关将连续变化的模拟量转换为随时间断续变化的脉冲量,采样过程如图 9.2.5 所示。

图中,电子开关构成采样器。当采样脉冲 v_s 到来时,电子开关接通,采样器工作,$v_o = v_i$;当采样脉冲 $v_s = 0$ 时,电子开关断开,则 $v_o = 0$。于是采样器在 v_s 的作用下,把输入的模拟信号 v_i 变换为脉冲信号 v_o。

合理的采样频率由采样定理来确定。采样定理:设采样信号 v_s 的频率为 f_s,输入模拟信号 v_i 的最高频率分量的频率为 f_{imax},则 f_s 与 f_{imax} 必须满足:$f_s \geq 2f_{imax}$。

将采样所得的信号转换为数字信号往往需要一定的时间,为了给后续的量化编码提供一个稳定值,需要将每次采样取得的采样值暂存,保持不变,直到下一采样脉冲的到来。因此,在采样电路之后,要接一个保持电路,通常利用电容器的存储作用来完成这一功能。

实际上,采样和保持是一次完成的,通称为采样—保持电路。图 9.2.6(a)所示是一个简

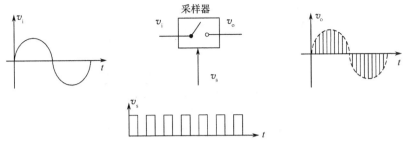

图 9.2.5 采样原理

单的采样保持电路示意图。电路由电子开关、存储电容和缓冲电压跟随器 A 组成。在采样脉冲 v_s 的作用下,将输入的模拟信号 v_i 转换成脉冲信号,经电容 C 的存储作用,从电压跟随器输出阶梯形电压波形 v_o,如图 9.2.6(b)所示。

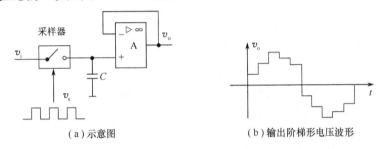

（a）示意图 　　　　　　　　　（b）输出阶梯形电压波形

图 9.2.6　采样和保持电路

（2）量化和编码

采样保持得到的脉冲信号在时间上是离散的,但还不是数字信号,数字信号在数值上也必须是离散的,因此必须对其进行量化。所谓量化,就是把采样电压转换为以某个最小单位电压 Δ 的整数倍的过程。分成的等级叫做量化级,Δ 称为量化单位。量化后的结果称为量化电平,将量化后的量化电平用二进制代码来表示,这一过程称为编码。

量化的方法,一般有舍尾取整法和四舍五入法两种。舍尾取整的处理方法是:如果输入电压 v_i 在两个相邻的量化值之间时,即 $(n-1)\Delta < v_i < n\Delta$ 时,取 v_i 的量化值为 $(n-1)\Delta$。四舍五入的处理方法是:当 v_i 的尾数不足 $\Delta/2$ 时,舍去尾数;当 v_i 的尾数大于或等于 $\Delta/2$ 时,则其量化单位在原数上加一个 Δ。

不管是那一种量化方法,不可避免的都会引入量化误差,舍尾取整法的最大量化误差为 Δ,而四舍五入法的最大量化误差为 $\Delta/2$,由于后者量化误差小,为大多数 ADC 所采用。

例如,要想把变化范围在 $0 \sim 7V$ 之间的模拟信号电压转换成数字信号时,若采用 3 位二进制编码时,由于 3 位二进制代码只能表示 $2^3 = 8$ 个数值,因而必须将模拟电压按变化范围分成 8 个等级,如图 9.2.7 所示。每个等级规定为一个基准值,例如 $0 \sim 0.5V$ 为一个等级,以 1V 为基准值,用二进制代码 000 表示;$6.5 \sim 7V$ 也是一个等级,以 7V 为基准值,用二进制代码 111 表示;其他各等级分别以该级的中间值为基准,凡属于某一等级范围内的模拟电压值,均取整用该等级的基准值表示。如 3.3V,它在 $2.5 \sim 3.5V$ 等级之间,就用该等级的基准值 3V 来表示,它的二进制制代码为 011。显然,相邻两等级之间的差值 $\Delta = 1V$,而各等级基准值则为 Δ 的整数倍。模拟信号经过上述处理后,转换成以 Δ 为单位的数字量了。

按上述等级划分方法实际就是四舍五入法,其最大量化误差为 $\Delta/2$。显然,在整个输入模

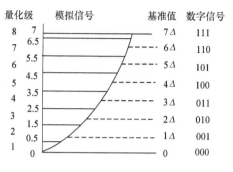

图 9.2.7　量化与编码方法

拟信号变化范围内,量化等级分得越多,量化误差就越小,但是,用来表示量化电平的二进制代码的位数也就越多,对应的转换电路就越复杂。究竟需要多少量化等级,应根据转换精度要求而定。

2. 常用 ADC

常用 ADC 主要有并行比较型、逐次比较型、双积分型、V-F 变换型等 4 种类型,前两种属于直接 ADC,将模拟信号直接转换为数字信号,这类 ADC 具有较快的转换速度;后两种属间接 ADC,其原理是先将模拟信号转换成某一中间变量(时间或频率),然后再将中间量转换成为数字量输出,此类转换器速度较慢,但精度较高。下面介绍两种直接 ADC 的转换原理。

(1) 并行比较型 ADC

并行比较型 ADC 由电阻分压器、电压比较器、触发器和优先编码器组成。其原理图如图 9.2.8所示,这里略去了采样—保持电路。假定输入的模拟电压 v_i 已经是采样-保持电路的

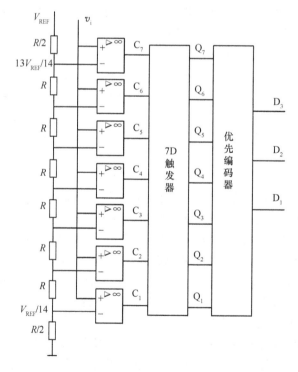

图 9.2.8　3 位并行比较型 ADC

输出电压。优先编码器输入信号 I_7 的优先级别最高，I_1 最低。分压器将基准电压分为 $\dfrac{V_{REF}}{14}$、$\dfrac{2V_{BEF}}{14}$、…、$\dfrac{13V_{REF}}{14}$ 不同电压值，分别作为比较器 $C_1 \sim C_7$ 的参考电压。输入电压 v_I 的大小决定各各比较器输出的状态。例如，当 $0 \leqslant v_I < \dfrac{V_{REF}}{14}$ 时，$C_1 \sim C_7$ 的输出状态都为 0；当 $\dfrac{3V_{REF}}{14} \leqslant v_I < \dfrac{5V_{REF}}{14}$ 时，比较器 C_6 和 C_7 的输出为 1，其余各比较器的状态均为 0。比较器的输出状态由 D 触发器存储，经优先编码器编码，得到数字量输出。其输入和输出的关系如表 9.2.1 所示。

在并行比较型 ADC 中，输入电压 v_I 同时加到所有比较器的输入端，从 v_I 的加入，到稳定输出数字量，所经历的时间为比较器、D 触发器和编码器延迟时间的总和。如果不考虑各器件的延迟，可认为输出数字量是与 v_I 输入时刻同时获得的。所以，并行 ADC 具有最短的转换时间。但也可看到，随着位数的增加，元件数目几乎按几何级数增加，电路复杂程度急剧增加。所以如果要提高其分辨率，则需加载规模相当庞大的代码转换电路，这是并行 ADC 的缺点。

表 9.2.1   3 位并行 ADC 的量化编码表

v_I输入范围	Q_7	Q_6	Q_5	Q_4	Q_3	Q_2	Q_1	d_2	d_1	d_0	量化值
$0 \leqslant v_I < \dfrac{V_{REF}}{14}$	0	0	0	0	0	0	0	0	0	0	0
$\dfrac{V_{REF}}{14} \leqslant v_I < \dfrac{3V_{REF}}{14}$	0	0	0	0	0	0	1	0	0	1	$\dfrac{V_{REF}}{7}$
$\dfrac{3V_{REF}}{14} \leqslant v_I < \dfrac{5V_{REF}}{14}$	0	0	0	0	0	1	1	0	1	0	$\dfrac{2V_{REF}}{7}$
$\dfrac{5V_{REF}}{14} \leqslant v_I < \dfrac{7V_{REF}}{14}$	0	0	0	0	1	1	1	0	1	1	$\dfrac{3V_{REF}}{7}$
$\dfrac{7V_{REF}}{14} \leqslant v_I < \dfrac{9V_{REF}}{14}$	0	0	0	1	1	1	1	1	0	0	$\dfrac{4V_{REF}}{7}$
$\dfrac{9V_{REF}}{14} \leqslant v_I < \dfrac{11V_{REF}}{14}$	0	0	1	1	1	1	1	1	0	1	$\dfrac{5V_{REF}}{7}$
$\dfrac{11V_{REF}}{14} \leqslant v_I < \dfrac{13V_{REF}}{14}$	0	1	1	1	1	1	1	1	1	0	$\dfrac{6V_{REF}}{7}$
$\dfrac{13V_{REF}}{14} \leqslant v_I < \dfrac{15V_{REF}}{14}$	1	1	1	1	1	1	1	1	1	1	$\dfrac{7V_{REF}}{7}$

（2）逐次比较型 ADC

逐次比较型 ADC 电路框图如图 9.2.9 所示。它由控制电路、输出寄存器、DAC 及电压比较器 C 等 4 部分电路组成。

逐次比较型 ADC 的模数转换基本原理与天平称物重的原理十分相似。

现以 3 位 A/D 转换为例，说明它的工作过程。工作时，首先将相当于被称物体的输入模拟电压 v_i 加到比较器 C 的一个输入端（如反相端）；然后，由控制电路控制输出寄存器的输出使之为 100，经 D/A 转换器转换为相应的模拟电压 v_f，加到比较器 C 的另一输入端（如同相端）。v_i 与 v_f 进行比较，若 $v_i > v_f$（相当于物体重于砝码），则将最高位的 1 保留；若 $v_i < v_f$（相当

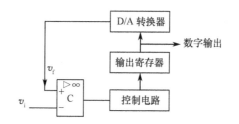

图 9.2.9 逐次比较型 A/D 转换器电路框图

于砝码重于物体），则将最高位的 1 清除，使之为 0。

接着控制电路将输出寄存器次高位置 1，若最高位 1 保留，则输出寄存器输出为 110，否则，输出寄存器输出为 010；然后经 DAC 转换成相应模拟电压，送到比较器 C 与之再次比较，依同样方法决定该位为 1 还是为 0。一直比较到最低位为止。将输出寄存器最终保存的数码输出，就实现了输入模拟量转换成相应的数字量。

从以上分析可见，逐次比较型 ADC 的原理是取一个数字量加到 DAC 上，得到一个模拟电压，再将这个模拟电压和输入的模拟电压信号相比较。在输出位数增加时，所需的转换时间会增加，但电路的规模比并行比较型 ADC 小得多。因此，逐次比较型 ADC 是目前集成 ADC 产品中用得最多的一种电路。

3. ADC 的主要特性参数

（1）分辨率

ADC 的分辨率通常以输出二进制数的位数表示，它说明 ADC 对输入信号的分辨能力。理论上 n 位输出的 ADC 能区分 2^n 个输入模拟电压信号的不同等级，能区分输入电压的最小值为 $\frac{1}{2^n}$ FSR。在最大输入电压一定时，位数越多，分辨率越高。

（2）转换误差（精度）

ADC 的转换误差（精度）有绝对误差和相对误差两种表示方法，绝对误差是指实际输出数字量对应的理论模拟值与产生该数字量的实际输入模拟值之间的差值。这一差值通常用数字量的最低有效位的倍数表示，如转换误差（精度）$\leqslant 1/2$LSB，意味着实际输出的数字量与理论计算输出数字量之间的误差不大于最低位 1 的一半。

引起 ADC 误差的原因除了前面提到过的量化误差外，还有设备误差，包括失调误差、增益误差和非线性误差等。另外，精度和分辨率是两个不同的概念。精度指的是转换结果相对于理论值的准确度；而分辨率指的是能对转换结果产生影响的最小输入量。分辨率高的 ADC 也可能因为设备误差的存在而精度并不一定很高，这两个参数要经精心设计和协调。

（3）转换时间

模拟输入电压在允许的最大变化范围内，从转换开始到获得稳定的数字量输出所需要的时间称为转换时间。不同类型的 ADC，转换时间差别很大，一般高速的约为数十纳秒，中速的约为数十微秒，而低速的约为数十毫秒至数百毫秒范围内。

【例 9.2.2】（1）一个 8 位 ADC，其满量程输入电压为 +5V，它的分辨率是多少？

（2）一个 ADC 满量程输入电压为 +10V，想得到最小的分辨电压为 39mV，则它的分辨率是多少？ADC 至少要多少位？

解 （1）分辨率为 $1/2^8 = 1/256 = 0.0039$

(2)$V_{min}=10/2^n\leqslant0.039V$,则 $n\geqslant8$,分辨率为 $1/2^8=1/256=0.0039$。

4. 集成 ADC

集成 ADC 芯片品种很多,常用的有 8 位、10 位、12 位、16 位等。现以 8 位逐次比较型 ADC 芯片 ADC0809 为例,介绍其电路框图、引出端图及基本使用方法。

ADC0809 的电路框图如图 9.2.10 所示。图中,逐次比较寄存器、DAC 和比较器构成 ADC 电路的主体。在控制与时序电路输出信号控制下实现模数转换。三态输出锁存缓冲器用于锁存转换结束后的数字量并经三态门控制输出。地址锁存译码电路控制 8 路电子开关,在同一时间内只能接通一路输入的模拟信号电压进行 A/D 转换。ADC0809 的引出端图如图 9.2.11 所示。各引出端的功能说明如下。

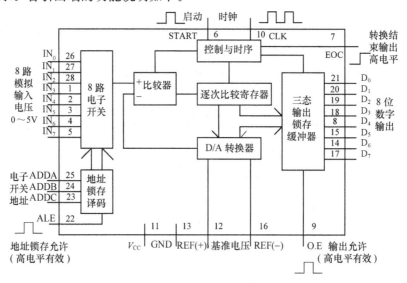

图 9.2.10 ADC0809 电路框图

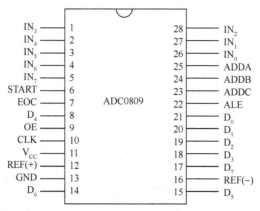

图 9.2.11 ADC0809 引出端图

CLK:时钟信号输入端。

START:启动信号输入端。当正脉冲上升沿到来时使转换电路复位(清零),当正脉冲下降沿到来时转换电路便在时钟信号 CLK 的控制下开始转换。$D_7\sim D_0$ 是 8 位数字输出端,D_7 为最高位(MSB),D_0 是最低位(LSB)。

OE:输出允许控制端。为高电平时允许数字量输出。

EOC:转换结束标识端。当转换结束时该端输出高电平,正在进行转换时该端为低电平。

$IN_7 \sim IN_0$:8 路模拟信号输入端。输入的 8 路模拟信号受 8 路电子开关控制,分时接通,在同一时间内只能接通一路输入。

ADDA、ADDB、ADDC:电子开关的 3 位地址码输入端。其作用是控制选通电子开关,实现从 8 个模拟信号中选择一路输入。输入地址码与控制电子开关选通输入模拟信号通道的关系如表 9.2.2 所示。

ALE:地址锁存允许端。为高电平时允许 3 位地址码输入,可实现对电子开关的选通控制,为低电平时不允许 3 位地址码输入。

V_{CC}:电源电压接线端。一般取 $V_{CC} = +5V$。

GND:接地端。

REF(+)、REF(−):分别为基准电压正、负端。当将 REF(+)与 V_{CC} 连接,REF(−)与地接,则电路内部 D/A 转换器的基准电压 V_{REF} 为正值,要求由 $IN_7 \sim IN_0$ 输入端输入的模拟电压为正值;当将 REF(+)接地,REF(−)接 V_{CC},则意味着 V_{REF} 为负值,则要求由 $IN_7 \sim IN_0$ 输入端输入的模拟电压为负值。

表 9.2.2　地址码与选通输入模拟信号通道的关系

ADDC	ADDB	ADDA	选通模拟信号通道
0	0	0	IN_0
0	0	1	IN_1
0	1	0	IN_2
0	1	1	IN_3
1	0	0	IN_4
1	0	1	IN_5
1	1	0	IN_6
1	1	1	IN_7

图 9.2.12 为 ADC0809 的一个应用例子。简要说明如下:

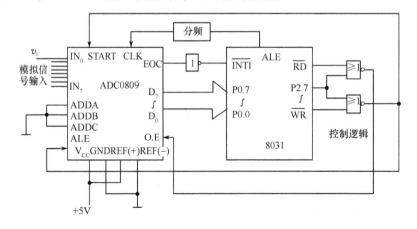

图 9.2.12　ADC0809 应用举例

ADC0809 的时钟信号 CLK 由单片机提供。在软件控制下,单片机的 P2.7 端和 $\overline{WR}$ 端发出负脉冲,经控制逻辑电路输出正脉冲,分别加到 ADC0809 的 START 端和 ALE 端。正脉冲上升沿时,START＝1,使转换电路完成复位(清零),ALE＝1,使输入地址码有效,因 ADDA ＝ADDB＝ADDC＝0,故选通输入模拟信号通道 IN₀;接着正脉冲下降沿到来,ALE＝0,封锁地址码输入,START＝0 开始启动模数转换。此时 EOC 端为低电平,一旦转换结束,则 EOC 端由低电平变为高电平,单片机接收到该信号后,便由 P2.7 端和 $\overline{RD}$ 端发出负脉冲信号,通过控制逻辑电路使 ADC0809 的 OE 端得到正脉冲信号,即 OE＝1,允许输出,转换后得到的数字量 $D_7 \sim D_0$ 送入单片机的 P0.7～P0.0 至此,ADC0809 在单片机控制下,完成了模数转换。

本 章 小 结

(1) 555 集成定时器功能强大、使用方便,其内部有分压电阻、比较器、触发器等模拟和数字部件。

(2) 555 集成定时器有单稳态电路、多谐振荡电路和施密特触发电路三种基本应用电路。

(3) ADC 和 DAC 是现代数字和模拟系统接口的重要桥梁。

(4) DAC 一般采用位权电阻网络,按照输入数字量的位权匹配电流,求和实现转换。

(5) ADC 将模拟量转换为数字量须经取样、保持、量化及编码 4 个过程。

(6) 实际电路采用集成 ADC 和 DAC,如 AD7520、ADC0809 等来实现转换。

思考题与习题

9.1 图题 9.1 所示集成定时器 555 构成的多谐振荡器。(1)写出计算该电路振荡周期的表达式;(2)若要求电路输出方波的占空比为 50%,则 R_1 和 R_2 如何取值?

9.2 图题 9.2 所示集成定时器 555 构成的简易触摸开关电路,当手摸金属片时,发光二极管亮,经一定时间,发光二极管熄灭。已知,$V_{CC}＝6V$,$R＝200k\Omega$,$C＝50\mu F$,试分析电路的原理,并计算发光二极管能发光多长时间?

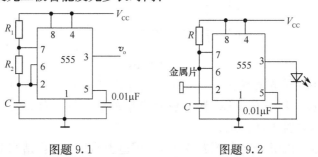

图题 9.1   图题 9.2

9.3 图题 9.3 是由两个多谐振荡器构成的模拟声响发生器,试分析其工作原理。

9.4 DAC 的转换精度取决于什么? n 位 DAC 的分辨率可怎样表示?

9.5 某 10 位 T 形电阻网络 DAC 中 $V_{REF}＝10V$,$R_F＝R_0$ 试问:
(1)该 DAC 的分辨率为多少?
(2)若输入数字量 $d_9 \sim d_0$ 分别为 3FFH、200H、001H、188H,则输出电压 v_0 各为多少?
(提示:H 表示十六进制,A～F 表示十进制中 10～15。)

9.6 某 8 位 T 形电阻网络 DAC 中的反馈电阻 $R_F＝R$,输出最小电压为 $-0.02V$,试计算当输入数字量 $d_7 d_6 \cdots d_0＝01001001$ 时,输出电压 v_0 为多少?

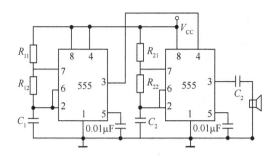

图题 9.3

9.7 已知 T 形电阻网络 DAC 中的 $R_T = R$，$V_{REF} = 10V$，试分别求出 4 位 DAC 和 8 位 DAC 的输出的最小电压，并说明这种 DAC 输出最小电压与位数的关系。

9.8 逐次逼近式 ADC 中的 10 位 DAC 的输出电压最大值 $V_{omax} = 12.276V$，时钟频率 $L_{cp} = 500kHz$。试回答：(1) 若输入电压 $v_I = 4.32V$，则转换后输出数字量的状态 $d_9 d_8 \cdots d_0$ 是什么？(2) 完成这次转换所需的时间为多少？

9.9 有个 10 位逐次逼近型 ADC，其最小量化单位电压为 0.005V，求

(1) 参考电压 V_{REF}？

(2) 可转换的最大模拟电压？

9.10 逐次逼近式 ADC 某时刻的输入电压 v_i 和 DAC 的输出 v_o 的波形如图题 9.10 所示。试写出转换结束后电路输出的状态。

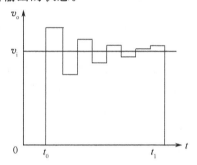

图题 9.10

9.11 某温度测量仪表在测量范围 0～100℃ 之内输出电流 4～20mA，经 250Ω 标准电阻转换成 1～5V 电压，用 8 位 ADC 转换成数字量输入计算机处理，若计算机采样读得为 BCH，问相应的温度为多少度？

9.12 某电路的输入和输出波形如图题 9.12，试用适当的方法选择适当的器件设计并实现该电路。

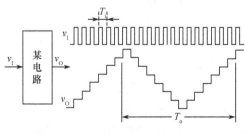

图题 9.12

9.13 某信号采集系统,要求用一片集成 DAC,在 15s 内对 16 个热电偶的输出电压进行 A/D 转换。已知热电偶在 0～450℃范围内输出电压为 0～0.025V,要求分辨率为 0.1℃,应选多少位 DAC?

9.14 选用 ADC0809 集成芯片设计满足下面需求的实验电路。

(1) 选中 IN_0 模拟通道。

(2) 设计一个时钟信号源,频率为 100kHz。

(3) 输出的 8 位二进制数码具有发光二极管的状态显示。

第10章 可编程逻辑器件

半导体存储器是当今数字系统中不可缺少的组成部分,特别是 20 世纪 70 年代后期发展起来的可编程逻辑器件是现代大型复杂数字系统的重要部分。近几年来,专用集成电路(ASIC)异军突起,电子系统的设计方法和手段有了很大的变革,电子设计自动化(EDA)成了潮流,可编程器件及其应用成为当前最热门的技术之一。本章介绍了基本半导体存储器件和典型可编程逻辑器件的基本结构和原理。

10.1 半导体存储器

根据使用功能的不同,半导体存储器件分为随机存取存储器(RAM)和只读存储器(ROM)。RAM 具有易失性,即当电源断电后,存储的数据便随之消失。与 RAM 不同,ROM 一般由专用的装置写入数据,数据一旦写入,不能随意改写,在切断电源后数据也不会消失,具有非易失性。

10.1.1 随机存取存储器(RAM)

1. 基本结构

一般而言,随机存取存储器由存储矩阵、地址译码和输入/输出控制电路 3 部分组成,其结构如图 10.1.1 所示。可以看出进出存储器有 3 类信号线:地址线、数据线和控制线。

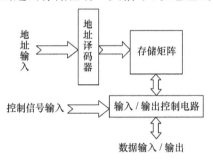

图 10.1.1 随机存取存储器基本结构

(1) 存储矩阵

一个存储器由许多存储单元组成,每个单元存放 1 位二值数据,存储单元通常排列成矩阵形式。存储器以字为单位组织内部结构,一个字含有若干个存储单元。一个字中所含的位数称为字长。存储单元是存储器的最基本存储细胞,有静态(SRAM)与动态(DRAM)之分,由三极管或 MOS 管构成。

在实际应用中,常以字数和字长的乘积表示存储器的容量,存储器容量越大,意味着存储器存储的数据越多。

(2) 地址译码

通常 RAM 以字为单位进行数据的读出与写入,为区别各个不同的字,将存放同一字的存储器编为一组,并赋予一个号码,称为地址。不同的字单元具有不同的地址,从而在进行读/写操作时,可以按照地址选择要访问的单元。字单元也称为地址单元。

地址译码电路实现地址的选择,在大容量存储器中,常常采用双译码结构,即将输入地址分为行地址和列地址两部分,分别由行地址和列地址译码电路译码。

(3) 输入/输出控制电路

为了系统的控制需要,存取存储器必须设输入/输出控制电路,包括读/写控制信号($R/\overline{W}$),片选控制信号($\overline{CS}$)。当片选控制信号($\overline{CS}$)有效时,存储器被选中,可以进行读/写操作,否则存储器不工作。被选中存储器的读、写操作则由读/写控制信号($R/\overline{W}$)具体控制。

2. RAM 芯片及扩展

目前,市场上的 RAM 品种繁多,没有一个统一的命名标准。如 MOTOROLA 公司的 MCM6264 是 8K×8 位的 RAM,该芯片采用 20 引脚塑料双列直插封装,单电源 +5V 供电。

在有些系统中,单个芯片往往不能满足存储容量的要求,因此,必须把若干个存储芯片连接在一起,以扩展存储容量。存储器的字数通常采用 K、M、G 为倍率,其中 $1K = 2^{10} = 1024$,$1M = 1024K$,$1G = 1024M$。

(1) 字长(位数)扩展

位扩展可以利用芯片的并联方式实现,将 RAM 的地址线、读/写控制线和片选信号对应地并联在一起,输入、输出各自独立。如图 10.1.2 所示,用 4 个 4K×4 位芯片扩展成 4K×16 位的存储系统。

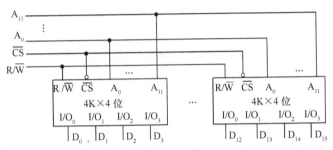

图 10.1.2　4K×4 位芯片扩展成 4K×16 的存储系统

(2) 字数的扩展

字数的扩展可以利用外加译码器,控制存储芯片的片选输入端来实现。如图 10.1.3 所示,利用 2 线-4 线译码器 74LS139 将 4 个 8K×8 位的 RAM 扩展成 32K×8 位的存储器。

实际应用中,常将两种方法相互结合,从而达到字、位均扩展的要求。

10.1.2　只读存储器(ROM)

只读存储器(ROM)是存储器中结构最简单的一种,它存储的信息是固定不变的。工作时,只能读出信息,不能随时写入信息,所以称为只读存储器,它适合大批量生产,成本较低。而在实际应用中,用户往往需要方便地自己编程,将一些新的数据或信息存储到 ROM 中,这样就产生了很多可编程只读存储器。

ROM 器件的种类很多,按存储内容存入方式的不同,可分为固定 ROM 和可编程 ROM。可编程 ROM 又可细分为一次可编程存储器 PROM、光可擦除可编程存储器 EPROM、电可擦除可编程存储器 E^2PROM 和快闪存储器等。

ROM 的结构与 RAM 类似,它主要由地址译码器和存储体两大部分组成。从逻辑器件的角度理解,ROM 的结构是由与门和或门阵列构成。这里以二极管 ROM 存储器为例,具体说明 ROM 的工作原理。二极管 ROM 电路如图 10.1.4 所示。这个存储矩阵有 4 条字线 $W_0 \sim$

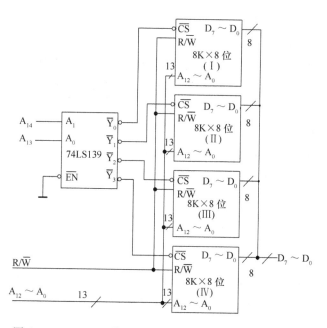

图 10.1.3 8K×8 位的 RAM 扩展成 32K×8 位的存储器

W_3 和 4 条位线 $D_0 \sim D_3$，共有 $4 \times 4 = 16$ 个交叉点，每个交叉点都是一个存储单元，可以存放 1 位二进制数码，交叉点处接有二极管相当于 1，没接二极管相当于 0。

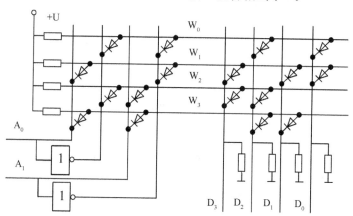

图 10.1.4 二极管 ROM 电路

根据结构电路图，写出 $W_0 \sim W_3$ 的表达式为：

$$W_0 = \overline{A_1} \cdot \overline{A_0}$$

$$W_1 = \overline{A_1} \cdot A_0$$

$$W_2 = A_1 \cdot \overline{A_0}$$

$$W_3 = A_1 \cdot A_0$$

于是，$D_3 = W_1 + W_2$，$D_2 = W_0 + W_2 + W_3$，$D_1 = W_1 + W_3$，$D_0 = W_0 + W_1$。当 $A_1 A_0$ 取 01 时，存储矩阵输出的数据（存储内容）为 $D_3 D_2 D_1 D_0 = 1011$

ROM 出厂后，其内部存储矩阵的结构已定型，内容不能更改，所以是固定存储器。

从图 10.1.4 中可看出：ROM 是由与阵列和或阵列构成的。如果把 ROM 电路中交叉点处的二极管不画,用一圆点".",代替,则可得到 ROM 的阵列图,如图 10.1.5 所示。

ROM 电路中交叉点处也可接双极型晶体管和场效应管,构成双极型和 MOS 型存储矩阵。

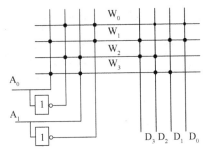

图 10.1.5　ROM 的阵列图

10.2　可编程逻辑器件(PLD)

PLD 是 20 世纪 70 年代开始发展起来的一种新型大规模集成电路。一片 PLD 所容纳的逻辑门可达数百、数千甚至更多,其逻辑功能可由用户编程指定。特别适宜于构造小批量生产的系统,或在系统开发研制过程中使用。

PLD 从最初的 PROM 经历了可编程逻辑阵列(PLA)、可编程阵列逻辑(PAL)、通用阵列逻辑(GAL),发展到目前的在系统编程(ISP)器件,不仅简化了数字系统设计过程、降低成本和系统的体积、提高了系统的可靠性和保密性,而且使用户的设计、使用、选择芯片更加方便快捷,从根本上改变了系统的设计方法。

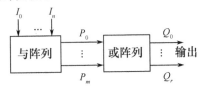

图 10.2.1　PLD 的基本结构图

10.2.1　PLD 的基本结构

PLD 的基本结构如图 10.2.1 所示,它由一个"与"阵列和一个"或"阵列组成,每个输出都是输入的"与或"函数。阵列中输入线和输出线的交点通过逻辑元件相连接。这些元件是接通还是断开,可由用户通过编程决定。

各种不同的 PLD 是在上述基本结构的基础上,附加一些其他逻辑元件,如输入缓冲器、输出寄存器、内部反馈、输出宏单元等构成。

10.2.2　PLD 的电路表示法

对于 PLD 器件,一般的逻辑电路表示方法很难描述其内部电路,为在芯片的内部电路和逻辑图之间建立一一对应关系,把逻辑图和真值表结合在一起构成一种紧凑而易于识读的形式,对描述 PLD 基本结构的有关逻辑符号作了一规定。

PLD 的基本器件是与门和或门,图 10.2.2 给出了两种与门表示方法。

图 10.2.3 表示 PLD 的典型输入缓冲器,它的输出 B 和 C 是其输入 A 的原和反;

图 11.2.4 给出了 PLD 阵列交叉点上的三种连接方式,"·"表示硬线连接、"×"表示可编程连接、没有"·"和"×"表示不连接;

图 10.2.5 列出与门不执行任何功能的连接表示方法。

图 10.2.2　与门表示法

图 10.2.3　PLD 输入缓冲器

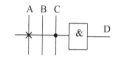

图 10.2.4　PLD 连接方式表示

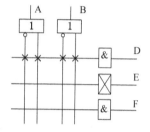

A	B	D	E	F
0	0	0	0	1
0	1	0	0	1
1	0	0	0	1
1	1	0	0	1

图 10.2.5　PLD 与门的缺省状态表示

10.2.3　常用 PLD 器件

1. 可编程 ROM

（1）结构

可编程 ROM,简称 PROM,是一个固定连接的与门阵列和一个可编程连接的或门阵列的组合,其结构如图 10.2.6 所示。它的输出包含了输入变量的所有最小项,所以设计组合电路非常方便。

（2）应用

用 PROM 进行逻辑设计时,只需首先按要求列出真值表,然后把真值表的输入作为 PROM 的输入,把要实现的逻辑函数用对 PROM 或阵列进行编程的代码来代替,画出相应的阵列图。

【例 10.2.1】用 PROM 设计一个代码转换电路,将 4 位二进制码转换为 Gray 码。

解　设 4 位二进制码为 B_3、B_2、B_1、B_0,4 位 Gray 码为 G_3、G_2、G_1、G_0,其对应关系如表 10.2.1所示。将 4 位二进制码作为 PROM 的输入,Gray 码作为 PROM 的输出,可选容量为 $2^4 \times 4$ 的 PROM 实现给定功能。根据表 10.2.1 可直接画出该电路的简化形式的阵列逻辑图（阵列图）,如图 10.2.7 所示。

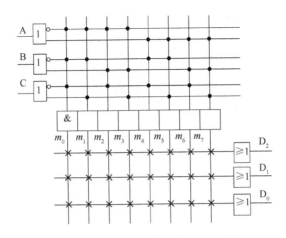

图 10.2.6　PROM 的逻辑结构示意图

表 10.2.1　4 位二进制码转换为 Gray 码

二进制码				Gray 码				二进制码				Gray 码			
B_3	B_2	B_1	B_0	G_3	G_2	G_1	G_0	B_3	B_2	B_1	B_0	G_3	G_2	G_1	G_0
0	0	0	0	0	0	0	0	1	0	0	0	1	1	0	0
0	0	0	1	0	0	0	1	1	0	0	1	1	1	0	1
0	0	1	0	0	0	1	1	1	0	1	0	1	1	1	1
0	0	1	1	0	0	1	0	1	0	1	1	1	1	1	0
0	1	0	0	0	1	1	0	1	1	0	0	1	0	1	0
0	1	0	1	0	1	1	1	1	1	0	1	1	0	1	1
0	1	1	0	0	1	0	1	1	1	1	0	1	0	0	1
0	1	1	1	0	1	0	0	1	1	1	1	1	0	0	0

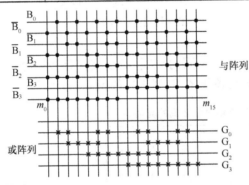

图 10.2.7　4 位二进制码转换为 Gray 码阵列图

2. 可编程逻辑阵列(PLA)

从上面的分析,我们可知 PROM 的地址译码器采用全译码方式,n 个地址码可选中 2^n 个不同的存储单元,且地址译码与存储单元有一一对应的关系。因此,即使有多个存储单元,所存放的内容完全相同,也必须重复存放,无法节省这些单元。从实现函数的角度看,PROM 产生 n 个变量的全部最小项完全没有必要。因此,PROM 芯片的利用率不高。为解决此问题,在 PROM 的基础上出现了可编程逻辑阵列(PLA)。

(1)结构

如图 10.2.8 所示。可编程逻辑阵列(PLA)与 PROM 类似,也是由与、或阵列构成。所不同的是,它的与阵列和或阵列一样是可编程的,n 个输入变量产生的与项由编程决定。

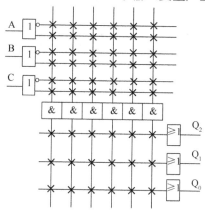

图 10.2.8　可编程逻辑阵列(PLA)结构

(2) 应用

用 PLA 进行组合逻辑设计时,一般应先将函数化简;然后根据简化的逻辑函数表达式确定与项的组合,再确定输出的编程。

【例 10.2.2】用 PLA 设计一个将 8421 码转换成余 3 码的代码转换电路。

解　设 4 位二进制码为 B_3、B_2、B_1、B_0,4 位余 3 码为 W、X、Y、Z,其对应关系如表 10.2.2 所示。将 4 位二进制码作为 PLA 的输入,余 3 码作为 PLA 的输出。根据表 10.2.2 可写出该电路的函数表达式,化简后得

$$W = B_3 + B_2 B_1 + B_2 B_0$$
$$X = \overline{B_2} B_1 + \overline{B_2} B_0 + B_2 \overline{B_1}\ \overline{B_0}$$
$$Y = \overline{B_1}\ \overline{B_0} + B_1 B_0$$
$$Z = \overline{B_0}$$

可见,全部输出函数只包含 9 个不同的与项,所以该代码转换电路可用一个容量为 4-9-4 的 PLA 实现,其简化形式的阵列逻辑图(阵列图),如图 10.2.9 所示。

表 10.2.2　8421 码转换成余 3 码的真值表

B_3	B_2	B_1	B_0	W	X	Y	Z
0	0	0	0	0	0	1	1
0	0	0	1	0	1	0	0
0	0	1	0	0	1	0	1
0	0	1	1	0	1	1	0
0	1	0	0	0	1	1	1
0	1	0	1	1	0	0	0
0	1	1	0	1	0	0	1
0	1	1	1	1	0	1	0
1	0	0	0	1	0	1	1
1	0	0	1	1	1	0	0
1	0	1	0	d	d	d	d
1	0	1	1	d	d	d	d
1	1	0	0	d	d	d	d
1	1	0	1	d	d	d	d
1	1	1	0	d	d	d	d
1	1	1	1	d	d	d	d

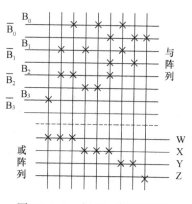

图 10.2.9　例 10.2.2 阵列图

3. 可编程阵列逻辑(PAL)

PAL 由一个可编程的与阵列和固定连接的或阵列组成。图 10.2.10 所示为三输入三输出 PAL 的逻辑结构图。

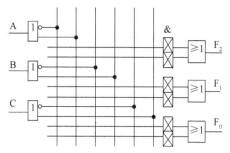

图 10.2.10　PAL 的逻辑结构图

PAL 器件的结构是由生产厂家固定的,从 PAL 问世至今,大约已生产出几十种不同的产品,按其输出和反馈结构可分为 5 种基本类型:专用输出的基本门阵列结构、带反馈的可编程 I/O 结构、带反馈的寄存输出结构、加异或带反馈的寄存输出结构、算术选通反馈结构。

4. 通用阵列逻辑(GAL)

GAL 是 1985 年开发出来的一种新的 PLD 器件,它是在 PAL 器件的基础上综合了 E^2PROM 和 CMOS 技术发展起来的。GAL 器件具有 PAL 器件所没有的可擦除、可重新编程及其结构可组的特点。

通用型 GAL 包括 GAL16V8 和 GAL20V8 两种器件。其中 GAL16V8 是 20 脚器件,器件型号中的 16 表示最多有 16 个引脚作为输入端,器件型号中的 8 表示器件内有 8 个 OLMC(输出逻辑宏单元),最多有 8 个引脚作为输出端。同理,GAL20V8 的最大输入引脚数是 20,GAL20V8 是 24 脚器件。

GAL 器件按其门阵列的可编程结构可分为两大类:一类是与 PAL 基本结构相似的普通型 GAL 器件,其与门阵列是可编程的,或门阵列是固定连接的;另一类是与 PLA 器件相似的新一代 GAL 器件。

此外,还有复杂的可编程逻辑器件(CPLD)、现场可编程门阵列(FPGA)等,CPLD 具有"在系统可编程"(ISP)特性,它们在应用时需要专门的开发软件,如 ISP Synario 等进行设计分析。可编程器件 CPLD/FPGA 生产厂商众多,比较知名的有 Altera、Lattice、Xilinx 和 Actel 公司等,上述几家公司推出的芯片均配有功能强大的开发软件,能支持多种电路设计方法,如硬件描述语言(VHDL)等,使用方便。

5. 复杂可编程逻辑器件(CPLD)

前面所介绍到的可编程逻辑器件都属于简单的 PLD。随着微电子技术的发展和应用上的需求提高,简单 PLD 在集成度和性能方面难以满足要求,因此集成度更高、功能更强的复杂可编程器件(CPLD)便迅速发展起来。

高集成度的 CPLD 具有更多的输入信号、更多的乘积项和更多的宏单元。尽管各厂商生产的 CPLD 器件结构千差万别,但它们仍有共同之处,一般 CPLD 的结构框图如图 10.2.11 所示。其中逻辑块就相当于一个 GAL 器件,CPLD 中有多个逻辑块,这些逻辑块之间可以使用可编程内部连线实现相互连接。为了增强对 I/O 的控制力,提高引脚的适应性,CPLD 中还增加了 I/O 控制块。每个 I/O 块中有若干个 I/O 单元。

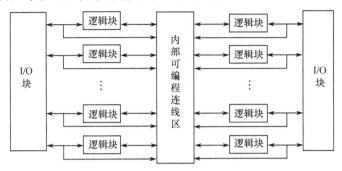

图 10.2.11　CPLD 结构框图

6. 现场可编程门阵列(FPGA)

(1) FPGA 中实现逻辑功能的基本原理

现场可编程门阵列是 20 世纪 80 年代中期发展起来的另一种类型的可编程器件。它不像 CPLD 那样采用可编程的"与—或"阵列来实现逻辑函数,而是采用查找表(LUT)实现逻辑函数。这种不同于 CPLD 结构的特点,使得 FPGA 中可以包含数量众多的 LUT 和触发器,从而能够实现更大规模,更复杂的逻辑电路,避免了"与—或"阵列结构上的限制和触发器及 I/O 端口数量的限制。

近年来,生产工艺上的进步大大降低了 FPGA 的成本,其功能及性能上的优越性更为突出。因此,FPGA 已成为目前设计数字电路或系统的首选器件之一。

在 FPGA 中,实现组合逻辑功能的基本电路是 LUT 和数据选择器,而触发器仍然是实现时序逻辑功能的基本电路。LUT 本质上就是一个 SRAM。目前 FPGA 中多使用 4 个输入、一个输出的 LUT,所以每一个 LUT 可以看成是一个有 4 根地址线的 16×1 位的 SRAM。例如,要实现逻辑函数 $F = \overline{A}B + \overline{C}D$,则可列出 F 的真值表,如表 10.2.3 所示,可将 F 的值写入 SRAM 中,如图 10.2.12 所示。这样,每输入一组 ABCD 信号进行逻辑运算,就相当于输入一个地址进行查表,找出地址对应的内容输出,在 F 端便得到改组输入信号逻辑运算的结果。

表 10.2.3　8421 码转换成余 3 码的真值表

地址 ABCD	内容 F	地址 ABCD	内容 F
0000	0	1000	0
0001	1	1001	1
0010	0	1010	0
0011	0	1011	0
0100	1	1100	0
0101	1	1101	1
0110	1	1110	0
0111	1	1111	0

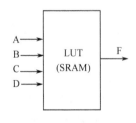

图 10.2.12　4 输入查找表

当用户通过原理图或 HDL 语言描述了一个逻辑电路以后,FPGA 开发软件会自动计算逻辑电路的所有可能的结果(真值表),并把结果写入 SRAM,这一过程就是所谓的编程。此后,SRAM 中的内容始终保持不变,LUT 就具有了确定的逻辑功能。由于 SRAM 具有数据易失性,即一旦断电,其原有的逻辑功能将消失。所以 FPGA 一般需要一个外部的 PROM 保存编程数据。上电后,FPGA 首先从 PROM 中读入编程数据进行初始化,然后才开始正常工作。

由于一般的 LUT 为 4 输入结构,所以,当要实现多于 4 变量的逻辑函数时,就需要用多个 LUT 级联来实现。一般 FPGA 中的 LUT 是通过数据选择器完成级联的。

在 LUT 和数据选择器的基础上再增加触发器,便可构成既可实现组合逻辑功能又可实现时序逻辑功能的基本逻辑单元电路。FPGA 中就是由很多类似这样的基本逻辑单元来实现各种复杂逻辑功能的。可编程数据选择器 MUX 在 FPGA 中也充当着重要角色。例如,在图 10.2.13(a)中,编程时在 SRAM 存储单元 M_1、M_2 中写入 0 或 1,就可以确定被选中的输入通道与输出相连。此时 MUX 就是可编程的数据开关,编程后,开关的位置也就确定了。为简明起见,在 FPGA 逻辑图中,通常采用图 10.2.13(b)所示的简化符号。

(a)可编程 4 选 1 MUX　　　(b)可编程 MUX 简化符号

图 10.2.13　可编程数据选择器 MUX

由于 SRAM 中的数据理论上可以进行无限次写入,所以,基于 SRAM 技术的 FPGA 可以进行无限次的编程。

(2) FPGA 的结构

目前,虽然 FPGA 产品种类较多,但 Xilinx 公司的 FPGA 最为典型。这里以该公司的产品为例,介绍 FPGA 的内部结构及各模块的功能。

FPGA 的结构示意图如图 10.2.14 所示。它主要由可编程逻辑模块(Configurabale Logic Block)、RAM 块(Block RAM)、输入/输出模块(Input/Output Block)、延时锁环(Delay-Locked Loop)和可编程布线矩阵(Programmable Routing Matrix)等组成。FPGA 的规模不同,其所含模块的数量也不同。可编程逻辑模块(CLB)是实现各种逻辑功能的基本单元,包括组合逻辑、时序逻辑、加法器等运算功能。可编程的输入/输出模块 IOB 是芯片外部引脚数据与内部数据进行交换的接口电路,通过编程可将 I/O 引脚设置成输入、输出和双向等不同的功能。IOB 分布在芯片的四周。

延时锁环 DLL 可以修正和控制内部各部分时钟的传输延迟时间,保证逻辑电路可靠地工作。同时也可以产生 0°、90°、180°和 270°的时钟脉冲,还可产生倍频或分频时钟,分频系数可以是 1.5、2、2.5、3、4、5、8、16 等。

CLB 之间的空隙部分是布线区,分布着可编程布线资源。通过它们实现 CLB 与 CLB 之间、CLB 与 IOB 之间,以及全局时钟等信号与 CLB 和 IOB 之间的连接。

在 Xilinx 公司的高性能产品中,已将乘法器、数字信号处理器等集成在 FPGA 中,大大增强了 FPGA 的功能。同时,为了使芯片稳定可靠地工作,其内部都设有数字时钟管理模块。

7. PLD 的编程与配置

当利用 PLD 开发系统完成数字系统设计后,就需要将 PLD 编程或配置数据下载到 PLD 中,以便最后获得满足设计要求的数字系统。

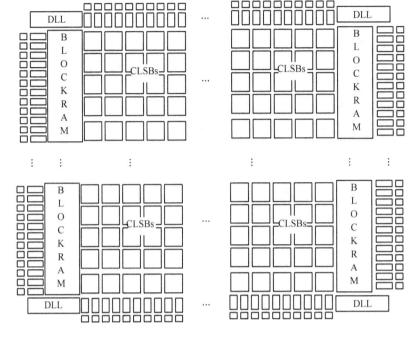

图 10.2.14 Spartan-II 系列 FPGA 的结构示意图

PLD 制造工艺和结构不同,器件编程或配置的方式也就不同。

(1) 根据与计算机端接口分类

① 串口下载:下载电缆的一端连接到 PC 的 9 针标准串行 RS-232 接口(COM 口),另一端连接到 PLD 下载控制端。

② 并口下载:下载电缆的一端连接到 PC 的 25 针标准并行接口(LPT 口),另一端连接到 PLD 下载控制端。

③ USB 接口下载:下载电缆的一端连接到 PC 的 USB 口。另一端连接到 PLD 下载控制端。

(2) 根据 PLD 制造工艺分类

① CPLD 编程:对采用 EPROM、E^2PROM 和 Flash 工艺的 CPLD 器件,由于这类器件存储的编程数据是非失性的,所以只需简单地利用专门的下载电缆,将编程数据下载到编程器即可。

② FPGA 配置:对采用 SRAM 工艺的 FPGA 器件,它的配置数据存储在 SRAM 中。由于 SRAM 具有编程数据的易失性,所以需将配置数据存储在外部的 E^2PROM、Flash 存储器或计算机硬盘中,每次系统上电时,必须重新配置数据,只有在数据配置正确的情况下系统才能正常工作。

(3) 根据下载过程状态分类

① 主动配置方式:在这种配置模式下,由 PLD 引导配置操作过程,并控制外部存储器和初始化过程。

② 被动配置方式:在这种配置模式下,由外部计算机或单片机控制配置过程。

(4) 根据配置数据传送方式分类

① 串行配置方式:在这种配置模式下,配置数据以串行位流方式向 PLD 提供数据。

② 并行配置方式:在这种配置模式下,配置数据以并行字节方式向 PLD 提供数据。

CPLD/FPGA 在器件正常使用和编程数据下载工作状态是不同的,一般分为以下 3 种:

① 用户状态:此时 PLD 器件处于正常工作状态,完成预定逻辑功能。

② 配置状态:此时 PLD 处于编程数据下载的过程,其用户 I/O 端口无效。

③ 初始化状态:此时 PLD 内部的各类寄存器复位或置位,让 I/O 引脚为使器件正常工作做好准备。

最后必须指出,各种 PLD 的编程工作都需要在开发系统的支持下进行。开发系统的硬件部分由计算机和编程器组成,软件部分是专用的编程语言和相应的编程软件。开发系统种类很多,性能差别很大,各有一定的适用范围。因此在设计数字系统选择 PLD 的具体型号的同时,必须考虑到所使用的开发系统能否支持所选 PLD 型号器件的编程工作。

10.3 编程器简介

编程器是一种专门用于对可编程器件如 EPROM、E^2PROM、GAL、CPLD、FPGA 等进行编程的专业设备,常见的编程器有台湾河洛公司的 ALL 系列、西尔特公司的 Super 系列等。通过计算机的并行打印口将 JED 文件下载到编程器中,编程器再将 JED 文件根据器件的特点写入器件内部,实现器件的编程。这个过程叫作"下载"。

1. 西尔特(XELTEK)公司的 SUPER 系列编程器

西尔特(XELTEK)公司于 1988 年成立于美国硅谷,专门从事编程器生产,1993 年进入中国设立研发和生产部门,在编程器的研制和开发上有一定优势,产品性能遥遥领先。销售网络遍及全球 23 个国家和地区,SUPER 系列编程器获得众多 IC 厂家的认可和推荐。

SUPERPRO 系列编程器采用了先进的软硬件方案,支持 80 多个厂家的 8000 多种封装的器件,且在不断升级中。它有先进的万用驱动电路和万用适配器,节省了用户成本,并支持将来生产的器件。它有极高的烧写速度,烧写 8M Flash 存储器仅需 11s,同时可保证有极高的烧写成品率。它还有完善的检测和保护功能,保护用户芯片和编程器不受损坏。它的产品型号有 SUPERPRO/680/2000/3000Ⅲ/V/L+/Z 系列通用编程器。表 10.3.1 所示是 SUPERPRO/3000U/580U/280U 产品的性能指标。

表 10.3.1 **SUPERPRO/3000U/580U/280U 的产品性能**

性　　能	SUPERPRO/3000U	SUPERPRO/580U	SUPERPRO/280U
算法时序引	内置高速 CPU	内置高速 CPU	内置高速 CPU
引脚 I/O 电平	256 级程控	256 级程控	256 级程控
引脚驱动电路规模	48 脚全驱动(基本配置)/100 脚全驱动(需加驱动扩展)	48 脚全驱动	48 脚统计配置,支持 DIP 流行器件,无须特殊适配器
适配器	通用(100 脚以下)	通用(48 以下)	通用(48 以下)
脱机模式	有	无	无
PC 通信接口	USB 接口	USB 接口	USB 接口
支持器件	11000+(目前有 10002+)E/EPROM, PLD, Flash,单片机	8000 + E/EPROM, PLD,Flash,单片机	5000+E/EPROM,PLD,Flash,单片机

性　能	SUPERPRO/3000U	SUPERPRO/580U	SUPERPRO/280U
支持的最低工作电压	1.5V	1.5V	1.5V
编程速度	13.5s	13.5s	13.5s
引脚侦测功能	有	有	有
Windows98/95/ME	支持	支持	支持
Windows/2000/NT/XP	支持	支持	支持
TTL/SRAM 测试	支持	支持	支持
量产方式	高速脱机复制,自开启,批处理命令,自动序列号生成	高速脱机复制,自开启,批处理命令,自动序列号生成	高速脱机复制,自开启,批处理命令,自动序列号生成

2. 国产编程器

(1) 深圳市思泰佳电子有限公司 Genius SP＋通用编程器

深圳市思泰佳电子有限公司是国产通用编程器的重要厂商,Genius SP＋系列编程器采用 9V/300mA 电源转换器,静态功耗＜45mW。

主要功能:

支持 EPROM、E²PROM、Flash、MPU/CPU、PLD 及 Serial E²PROM 等 6 大类器件的编程;RAM 器件及 CMOS/TTL 器件的测试等。

具有生产厂家及 ID 探测功能;采用 Pins 万用锁紧插座 0;RS-232 串口通信。软件可以在 Windows 95/98/2000/XP 上运行。

(2) 台湾河洛公司 ALL03/07A 通用编程器

台湾河洛公司 ALL03/07A 通用编程器,支持单片机及各种存储器,支持 PLD 芯片的编程,具有时 TTL、COMS 芯片测试的功能。软件可支持 Windows 95/98,可于计算机的串、并口连接,可支持低于 1.8V 电压器件。

本 章 小 结

(1) 半导体存储器件分为随机存取存储器(RAM)和只读存储器(ROM),前者属于时序电路,后者属于组合电路。

(2) 通过增加芯片可以对 RAM 的容量进行扩展。

(3) ROM 内部是与或结构,用 ROM 可以实现各种组合逻辑电路。

(4) 用可编程器件可以设计任何组合和时序逻辑电路。

(5) 可编程器件包括 PROM、EPROM、PLA、PAL、GAL、CPLD、FPGA 等各种通用和专用器件,有专门的编程器和开发软件。

思考题与习题

10.1　存储器是计算机系统中的记忆设备。它主要用来做什么,存储周期是指什么?

10.2　半导体动态存储器必须刷新的原因是什么?

10.3　试用 ROM 实现下列组合逻辑函数。

$$L_1 = \overline{A}\,\overline{B} + AB\overline{C} + \overline{A}BC$$
$$L_2 = \overline{A}\,\overline{B}\,\overline{C} + A\overline{B}C + AB$$

10.4 试用 1KB×1 位的 RAM 扩展成 1KB×8 位的存储器,说明需要几片如图题 10.4 所示 RAM,画出连线图。

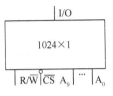

图题 10.4

10.5 用 ROM 实现全加器。

10.6 图题 10.6 所示是 4×4 位二极管固定只读存储器(ROM)。试将地址码 $A_1 A_0$ 在不同取值时所读出的存储内容 $D_3 D_2 D_1 D_0$ 列表表示。

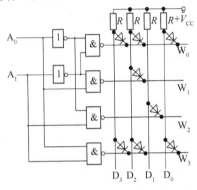

图题 10.6

10.7 现有 1024×1 位静态 RAM 芯片。欲组成存储容量为 32KB×8 位的存储器。试问需要多少 RAM 的芯片? 有多少条片内地址选择线和多少条芯片选择线?

10.8 现有 RAM2114 芯片(1024B×4),试回答下列的问题:

(1) 该 RAM 有多少个存储单元?

(2) 该 RAM 共有多少条地址线?

(3) 访问该 RAM 时,每次会选用几个存储单元?

(4) 若组成 4KB×4、4KB×8 的存储器,各需要几片 2114 芯片?

10.9 用 PLA 实现 8421BCD 码转换成余 3 码的组成电路。

10.10 现有 3 台设备 A、B、C,其功率 10kW,由 Y_1、Y_2 两台发电机供电,已知 Y_1 的功率为 10kW,Y_2 功率为 20kW,为节省电能试根据投入运行的设备,用 PLA 设计一个控制电路,以决定电机组的启停。

(1) 列出电路真值表,写出控制电路输出函数式。

(2) 画出 PLA 的与或阵列。

参 考 文 献

［1］康华光,陈大钦.电子技术基础 模拟部分(第五版).北京:高等教育出版社,2006.

［2］康华光,邹寿彬.电子技术基础 数字部分(第五版).北京:高等教育出版社,2006.

［3］华成英,童诗白.模拟电子技术基础(第四版).北京:高等教育出版社,2006.

［4］冯军,谢嘉奎.电子线路 线性部分(第五版).北京:高等教育出版社,2010.

［5］冯军,谢嘉奎.电子线路 非线性部分(第五版).北京:高等教育出版社,2010.

［6］博伊尔斯塔德.模拟电子技术.李立华,译.北京:电子工业出版社,2008.

［7］尼曼.电子电路分析与设计.王宏宝,译.北京:清华大学出版社,2009.

［8］王毓银,陈鸽.数字电路逻辑设计(第二版).北京:高等教育出版社,2005.

［9］霍亮生.电子技术基础.北京:清华大学出版社,2011.

［10］稻叶保,著.胡圣尧,译.模拟电子技术应用技巧 101 例.北京:科学出版社,2006.

［11］赛尔吉欧.佛朗哥.基于运算放大器和模拟集成电路的电路设计.西安:西安交通大学出版社,2009.

［12］保罗.模拟集成电路的分析与设计.张晓林,译.北京:高等教育出版社,2005.

［13］费洛伊德.数字电子技术.余璆等.北京:电子工业出版社,2008.

［14］皮埃曼.半导体器件基础.黄如,译.北京:电子工业出版社,2010.

［15］梁明理.电子线路.北京:高等教育出版社,2008.

［16］安毓英.光电子技术(第三版).北京:电子工业出版社,2011.

［15］李雪飞.数字电子技术基础.北京:清华大学出版社,2011.